Interaktion mit komplexen Informationsräumen

Visualisierung, Multimodalität, Kooperation

von
Jürgen Ziegler und
Wolfgang Beinhauer (Hrsg.)

Oldenbourg Verlag München Wien

Bibliografische Information der Deutschen Nationalbibliothek

Die Deutsche Nationalbibliothek verzeichnet diese Publikation in der Deutschen Nationalbibliografie; detaillierte bibliografische Daten sind im Internet über <http://dnb.d-nb.de> abrufbar.

© 2007 Oldenbourg Wissenschaftsverlag GmbH
Rosenheimer Straße 145, D-81671 München
Telefon: (089) 45051-0
oldenbourg.de

Lektorat: Angelika Sperlich
Herstellung: Anna Grosser
Coverentwurf: Kochan & Partner, München
Gedruckt auf säure- und chlorfreiem Papier
Gesamtherstellung: Druckhaus „Thomas Müntzer" GmbH, Bad Langensalza

ISBN 978-3-486-27517-9

Inhalt

1   Vorwort

Seit etwa 25 Jahren werden weltweit Forschungs- und Entwicklungsprojekte zur Mensch-Technik-Interaktion (MTI) mit dem Ziel verfolgt, die Kommunikation und Interaktion des Menschen mit der Technik den Bedürfnissen des Menschen anzupassen und nicht umgekehrt. Erst in den letzten 10 Jahren sind mit der Entwicklung einzelner Interaktionsformen wie der Sprachverarbeitung oder der Visualisierung wesentliche Fortschritte in der praktischen Umsetzung der Forschungsresultate zu erkennen. Es ergab sich die Frage, ob sich weitere, einfach zu bedienende multimodale Nutzerschnittstellen entwickeln ließen, die ein attraktives Marktpotenzial hatten.

Hier setzten die interdisziplinären Forschungsarbeiten zur Mensch-Technik-Interaktion von sechs großen strategischen Verbundprojekten mit Partnern aus Wissenschaft und Wirtschaft an, die 1998 als Sieger aus einem Ideenwettbewerb der Bundesregierung mit insgesamt 89 Bewerbern hervorgegangen sind. Sie wurden von Juli 1999 bis September 2003 mit Bundesmitteln in Höhe von 82,4 Mio. Euro (zuzüglich 69,6 Mio. Euro Eigenmittel der Industrie) gefördert. Die Ergebnisse dieser Forschungsprojekte sollten es dem Menschen im privaten wie im beruflichen Umfeld erlauben, technische Systeme mit seinen natürlichen Interaktionsformen, wie Sprache, Zeigegesten, Gesichtsausdruck, Greif- oder Druckbewegungen und visuellen Methoden multimodal zu steuern und zu nutzen. Ergonomie und Benutzerakzeptanz waren entscheidende Kriterien bei der Entwicklung von Prototypen, die sowohl eine große wissenschaftliche Attraktivität als auch ein hohes Marktpotenzial haben sollten.

Eines der Leitprojekte ist INVITE (Intuitive Mensch-Technik-Interaktion für die vernetzte Informationswelt der Zukunft), das sich unter der Konsortialführung der ISA GmbH aus Stuttgart und unter der wissenschaftlichen Leitung des Fraunhofer-Instituts für Arbeitswirtschaft und Organisation (FhG-IAO) im Verbund mit zwei namhaften Industriekonzernen, zwölf kleinen und mittleren Unternehmen sowie sechs weiteren Forschungseinrichtungen und Hochschulen mit Fragen eines einfachen, intuitiven und effektiven Umgangs des Menschen mit komplexen Systemen der Informationstechnik unabhängig von den Vorkenntnissen und Fähigkeiten des Benutzers befasste. Die Leitidee sollte anhand der Forschungsschwerpunkte des kooperativen Explorierens, der dynamischen Visualisierung und der multimodalen Interaktion verfolgt werden.

Die ambitionierten Projektziele von INVITE konnten dank des Einsatzes aller Forschungspartner mehr als erreicht werden. So unterstützt INVITE innovative Prozesse in immersiven Umgebungen, indem z.B. bei der Automobilentwicklung in einem virtuellen Umfeld CAD-Daten so dargestellt werden, dass eine Begutachtung und Auswertung ohne die Herstellung eines Prototyps ermöglicht wird – im (räumlich verteilten) Team, an unterschiedlichen Orten mit beliebig bewegbaren Objekten. Die Exploration von Wissen ist einer der Aspekte des Prototyps der INVITE Business Community. Ein besonderes Highlight von INVITE ist die Exploration und Extraktion von Wissensstrukturen durch die Integration von Spracherkennung, Textmining und Ontologien. Es wurde ein System entwickelt das in der Lage ist, ein Gespräch einer weltweit verteilten Gruppe zu verfolgen, Inhalte zu erkennen, zu strukturieren, in einem Graphen festzuhalten und im Gespräch erledigte Punkte und offene Punkte festzuhalten.

Der Transfer der Forschungsergebnisse von INVITE zur Anwendung verlief bisher sehr erfolgreich. Neben zwei ausgegründeten Spin-off-Unternehmen wurden vier Spin-off-Produkte entwickelt. Im wissenschaftlichen Bereich entstanden 83 Veröffentlichungen und Konferenzbeiträge, es wurden 19 Diplomarbeiten, Promotionen und Habilitationen abgeschlossen und zwei Forscher erhielten Berufungen an Hochschulen. Einer der Forschungspartner in INVITE, das kleine und mittlere Unternehmen Linguatec aus München, erhielt den European Information Technology Prize der Europäischen Union 2003 für ein System zur Unterstützung einer multilingualen Diskussion.

Für das Projekt INVITE wurden vom BMBF im Zeitraum Juli 1999 bis Juni 2003 13,1 Mio. Euro bereitgestellt. Der Gesamtmittelansatz inklusiv Eigenmittel der Industrie betrug 26,8 Mio. Euro.

Das vorliegende Buch liefert einen umfassenden Eindruck der vielfältigen Ergebnisse dieses großen Forschungsprojekts. Mein Dank und meine Anerkennung gilt allen am Projekt Beteiligten, insbesondere dem professionellen Projektmanagement unter der Leitung von Herrn Velioglu von der ISA GmbH und der wissenschaftlichen Leitung von Herrn Prof. Ziegler vom Fraunhofer IAO (inzwischen Universität Duisburg-Essen).

Dr. Bernd Reuse

Referatsleiter Softwaresysteme

Bundesministerium für Bildung und Forschung.

2 Intuitive Interaktion mit vernetzten Informationsräumen – Das Projekt INVITE

Wolfgang Beinhauer, Jürgen Ziegler

2.1 Einleitung

In der Wissengesellschaft sind Arbeit, Lernen und Freizeit in einem starken Maße dadurch gekennzeichnet, dass Menschen ständig auf die enormen Informationsmengen zugreifen, die durch die vernetzte Welt des Internet bereitgestellt werden. Menschen nutzen diese, verändern Informationen und werden vielfach selbst zu Informationsproduzenten. Fast jeder ist in direkter oder indirekter Form zu einem Nutzer dieser Technologien geworden. Die Nutzer sehen sich konfrontiert mit überwältigenden Informationsmengen, mit komplexen Informationsstrukturen und sehr häufig mit schwer verständlichen und handhabbaren Geräten oder Nutzerschnittstellen. In vielen Fällen führt die Informationüberlastung zur Frustration und verhindert eine produktive Verwendung der angebotenen Informationen oder Dienste. Mangelndes Vertrauen in die Anwendungen oder emotional wenig ansprechende Darstellungen können weiterhin die Kluft zwischen den Anwendern und der Welt der Informations- und Kommunikationstechnologien vergrößern.

Das im Rahmen des Programms Mensch-Technik-Interaktion des BMBF (Bundesministerium für Bildung und Forschung) geförderte Leitprojekt INVITE (Intuitive Mensch-Technik-Interaktion für vernetzte Informationswelten) wurde mit dem Ziel durchgeführt, die Interaktion mit großen Informationsräumen benutzerfreundlicher bzw. gebrauchstauglicher zu machen, d.h. die Nutzung der Technologie effektiver, effizienter und subjektiv befriedigender zu gestalten. Intuitivität der Interaktion wurde als Schlüsselfaktor gesehen, um diese Ziele zu erreichen. Ein bestimmendes Charakteristikum für den Grad der Intuitivität bei der Nutzung einer Technologie ist die Vertrautheit der Nutzer mit den verwendeten Konzepten, Interaktionsmöglichkeiten und Darstellungsformen. Um möglichst intuitive Mensch-Technik-Interaktion zu erreichen, ist es deshalb entscheidend, menschliche Wahrnehmungs- und Ausdrucksmöglichkeiten möglichst optimal zu berücksichtigen und des weiteren stabile

Interaktionsmuster zu entwickeln, die einen einfachen Wissenstransfer von einem System zum anderen zu ermöglichen.

Das Projekt INVITE wurde mit dem Ziel etabliert, zur Überwindung der genannten Hindernisse beizutragen. Hierbei richteten sich die Forschungsaktivitäten insbesondere auf den Umgang mit großen und komplexen Informationsstrukturen. Das Projekt verfolgte eine anwendungsgetriebene Strategie, bei der die Untersuchung und Entwicklung von Interaktionstechniken maßgeblich von zwei Applikationsszenarien bestimmt wurden, die durch eine hohe wirtschaftliche Relevanz und einen realistischen Umfang gekennzeichnet waren. Die Struktur wurde dementsprechend in vier Bereiche aufgeteilt (siehe Abbildung 1):

- INVITE-Interaction: Entwicklung der grundlegenden Interaktionstechniken und Werkzeuge
- INVITE-Innovation: Untersuchung und Realisierung eines komplexen Anwendungsszenarios im Bereich Produktinnovation und Wissensmanagement
- INVITE-Contact: Entwicklung eines Anwendungsszenarios im Bereich Kundeninteraktion
- INVITE-Common: übergreifende Arbeitspakete wie kontinuierliche Usability-Evaluation und Projektmanagement

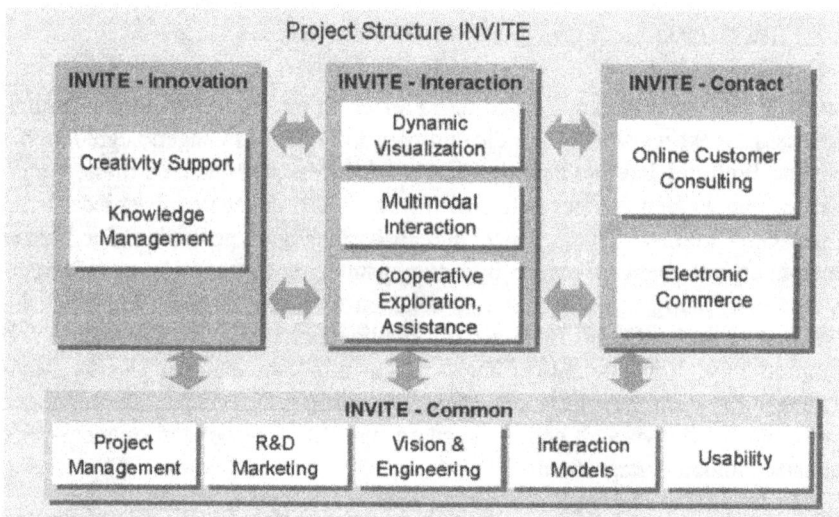

Abb. 1: Struktur des INVITE-Projekts

Das INVITE-Konsortium umfasste 19 Organisationen aus Wirtschaft und Forschung und schloss insbesondere kleinere und mittelständische Unternehmen ein. Zwei Großunternehmen übernahmen die Rolle der Anwender und waren federführend in der Spezifikation der Anwendungsanforderungen und in der Gestaltung und Evaluierung realistischer Anwendungsszenarien. Der Forschungsansatz und die konkreten Technikentwicklungen wurden entscheidend von diesen Anwendungsszenarien determiniert, was die anwendungsbezogene Herangehensweise im Projekt INVITE unterstreicht. Auf Basis der Szenarien wurden auch

Integrationsarchitekturen entwickelt, in denen die verschiedenen Einzelentwicklungen zusammengebunden wurden.

2.2   Interaktionsparadigmen und -techniken

In diesem Abschnitt wird der grundlegende Forschungsansatz innerhalb des Projektes beschrieben. Forschung und Entwicklung wurden in INVITE in drei Hauptzyklen organisiert, so konnte der Ansatz unter Berücksichtigung der neuesten Entwicklungen überprüft und revidiert werden. In jedem Zyklus wurden benutzerorientierte Technologie- und Anwendungsszenarien entwickelt und deren Nutzen durch Prototypen und Usability-Evaluationen validiert. Detailbeschreibungen der jeweiligen Techniken finden sich in den korrespondierenden Kapiteln des vorliegenden Bandes.

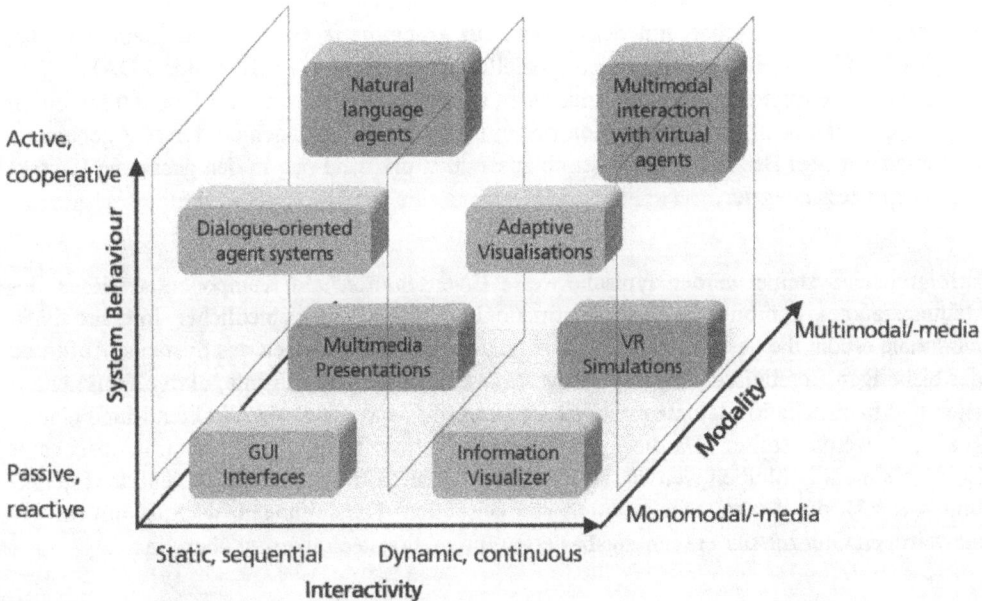

Abb. 2: Gestaltungsdimensionen für Interaktionstechniken

2.2.1   Die INVITE-Interaktionsparadigmen

Die Entwicklung von Benutzungsschnittstellen im Projekt beruht auf einem Modell des Gestaltungsraums für interaktive Techniken wie in Abbildung 2 dargestellt. Dieses Modell zeigt drei Hauptdimensionen, anhand derer Interaktionstechniken differenziert werden können und die gleichzeitig wichtige Entwicklungstrends im HCI-Bereich darstellen. In der Dimension Interaktivität geht die Entwicklung zu hoch-interaktiven Darstellungen, die dynamisch und kontinuierlich manipuliert werden können. Informationsvisualisierungen wie der Hyperbolic Browser (Lamping & Rao 1994) für abstrakte Informationsstrukturen oder Virtual Reality-Systeme zeichnen sich durch ihr kontinuierliches visuelles Feedback aus, das in Einklang mit dem Konzept der direkten Manipulation steht (siehe Card et al. 1999). Auf der Modalitätsachse verbessern die Einführung multipler, integrierter Eingabe-Modalitäten sowie unterschiedliche Ausgabemedien die Natürlichkeit und Leistungsfähigkeit der Interaktion. Schließlich ist zu beobachten, dass das Systemverhalten durch die Nutzung intelligenter Funktionalitäten und verschiedener Grade von Systemautonomie kooperativer wird (siehe z.B. Maybury & Wahlster 1998). Hierdurch ist ein Übergang von rein reaktivem, nutzergesteuerten Verhalten zu aktivem, synergistischem Verhalten des Systems gekennzeichnet.

Vor diesem Hintergrund wurden drei Interaktionsparadigmen formuliert, die die Forschungsrichtung in INVITE bestimmen:

- Dynamische Visualisierung: Merkmale sind kontinuierlich manipulierbare Informationsstrukturen, Kontext und Fokustechniken sowie 2D-, 3D- und immersive Informationsdarstellungen.
- Multimodale Interaktion mit dem Fokus auf kombinierte Gesten- und Spracheingabe, einschließlich Textübersetzung und spezieller Eingabegeräte (Laserpointer, PDA)
- Kooperative Exploration bietet Funktionen zum Explorieren von Web-Inhalten sowohl in Gruppen wie auch in Kollaboration mit intelligenten Systemagenten. Diese Agenten arbeiten mit dem Benutzer synergistisch zusammen und sind eng in den gesamten Interaktionsprozess integriert.

Erfolgreiche Systeme werden typischerweise Eigenschaften und Komponenten dieses Gestaltungsraumes kombinieren. Eine optimale Integration unterschiedlicher Interaktivitätsmerkmale erhöht die gesamte Intuitivität, Effektivität und Robustheit des Systems. Aufgrund der bisherigen Ergebnisse scheint sich herauszustellen, dass intelligente, aktive Funktionalitäten und natürliche Modalitäten wie Sprache eng mit Merkmalen der direkten Manipulation gekoppelt werden sollten. Da die Leistungen intelligenter Komponenten auch in absehbarer Zeit fehleranfällig bleiben werden, ist eine enge Integration mit benutzergesteuerter Interaktion, wie z.B. die direkte Manipulation von (visuellen) Darstellungen, wichtig, um die gegenwärtigen Grenzen der erkennungsbasierten Interaktionstechniken zu überwinden.

2.2.2   Dynamische Visualisierung von Informationsräumen

Der Fokus der Arbeiten in der Informationsvisualisierung lag darauf, komplexe Informationsstrukturen, wie z.B. große Hierarchien, Netze oder mehrstufige Strukturen (Metadaten und angeschlossene Informationsressourcen etc.) in einer intuitiveren Form explorierbar und manipulierbar zu machen. Typische Beispiele solcher Strukturen sind Internetverzeichnisse (wie z.B. Yahoo), Produktkataloge und Taxonomien oder Konzeptnetzwerke und Ontologien (z.B. für den Einsatz im Wissensmanagement). Mehrere Partner im INVITE-Projekt hatten das Ziel, eine verbesserte visuelle Oberfläche für die entsprechenden Anwendungen und Werkzeuge anzubieten, indem sie Themen untersuchten wie die Dokumentenstrukturvisualisierung für große Hypermedia-Content-Management-Systeme, die Präsentation komplexer ontologischer Informationen in Form von Topic Maps, XML-basierter Produktklassifikationen oder visuelles Data Mining von großen Mengen quantitativer Daten.

Für die effektive Informationssuche und das Auffinden von Verbindungen sind neue visuelle und interaktive Modelle erforderlich. Der Ansatz für die Unterstützung dieser Aufgabenarten basiert auf zwei Leitgedanken: (1) hohe Interaktivität mit entweder kontinuierlichen oder stark überlappenden Systemfeedback über Benutzeraktionen, (2) Fish-Eye-ähnliche Techniken, die einen Überblick über die Gesamtstruktur ermöglichen und gleichzeitig Teile davon detailliert explorieren können.

Einen Überblick über einige unterschiedliche in INVITE entwickelte Visualisierungen zeigt Abbildung 3. Die Einordnung der Visualisierungstechniken erfolgt hier anhand dreier Dimensionen. Die erste beschreibt den Datentyp der abzubildenden Information, die zweite die Struktur der gewählten Visualisierung. Hierbei ist zu beachten, dass eine bestimmte Ausgangsdatenstruktur wie etwa ein Baum von Konzepten auf sehr unterschiedliche Weise (d.h. mit unterschiedlichen Zielstrukturen) visualisiert werden kann. Schließlich kann unterschieden werden, ob quantitative oder qualitative Daten dargestellt werden sollen. Detaillierte Beschreibungen zu den Techniken finden sich in den entsprechenden Kapiteln dieses Bandes.

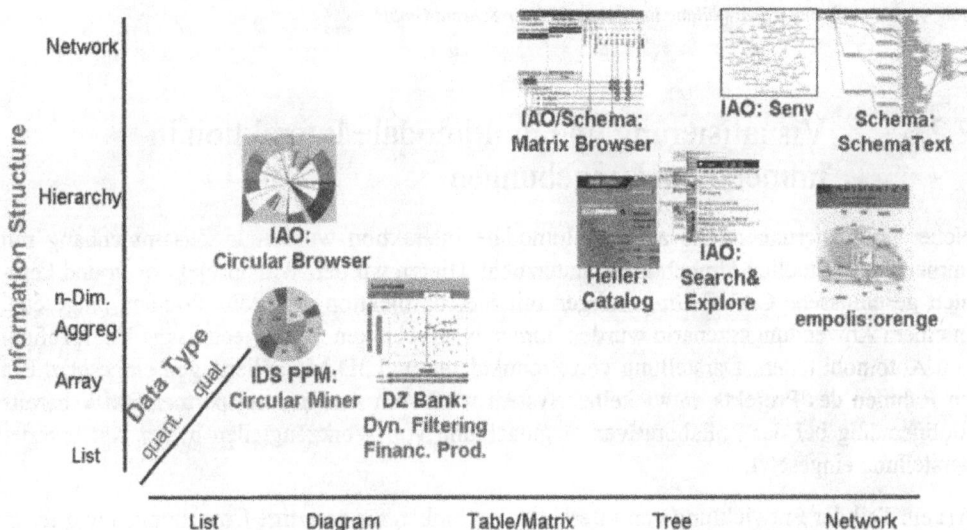

Abb. 3: Beispiele der entwickelten interaktiven Visualisierungen

Eine besonders effektive interaktive Visualisierung für komplexe vernetzte Informationsstrukturen bildet das im Projekt entwickelte System Matrix Browser, das in Kapitel 3.1 näher vorgestellt wird. Matrix Browser stellt Netzwerke mit einem interaktiven visuellen Modell einer Adjazenzmatrix dar. Unterschiedliche Teilhierarchien können auf den beiden Achsen

einer Matrix dargestellt und interaktiv exploriert werden. Die Zellen der Matrix werden
markiert, wenn eine Relation zwischen zwei Konzepten auf der horizontalen und vertikalen
Achse existiert. Das System wurde bereits während der Projektlaufzeit in einem kommerziellen Content Management System der Firma Schema GmbH integriert (Abbildung 4).

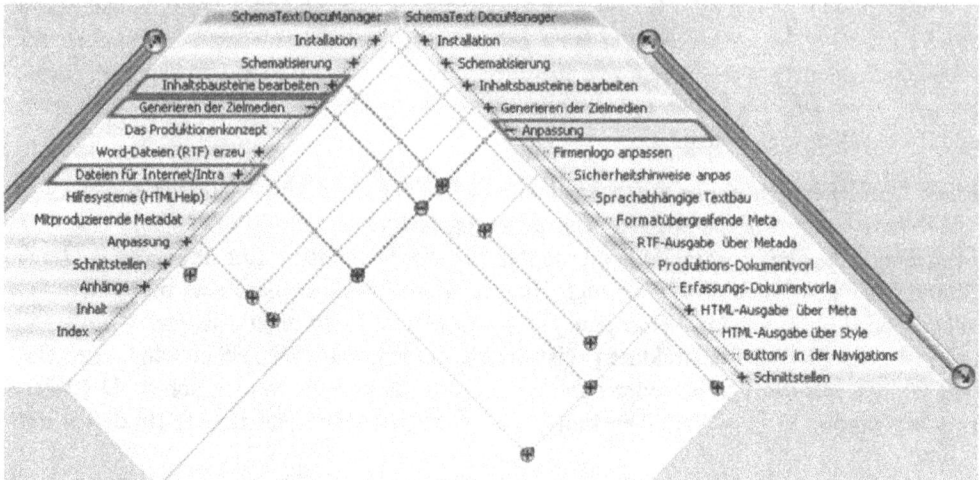

Abb. 4 : Matrix Browser Darstellung im System ST4 der Schema GmbH

2.2.3   Visualisierung und multimodale Interaktion in immersiven Umgebungen

Neue Visualisierungen wie auch multimodale Interaktion wurden in Zusammenhang mit
immersiven virtuellen Umgebungen untersucht. Hierzu wurden Wandprojektionen und komplett geschlossene CAVE-Umgebungen mit Stereoprojektion auf sechs Wänden eingesetzt.
In einem Anwendungsszenario wurden immersive Techniken für die technische Überprüfung
von Automobilteilen, Darstellung von Produktdaten und 3D-Modellierungen eingesetzt. Ein
im Rahmen des Projekts entwickeltes System wird vom Anwendungspartner BMW bereits
routinemäßig bei der kollaborativen Begutachtung von Werkzeugteilen in der Karrosserie-
herstellung eingesetzt.

Als ein Teil der Entwicklung von Interaktionstechniken für derartige Umgebungen wurde ein
räumlicher Interaktionswerkzeugsatz entwickelt, der die Benutzerorientierung und Objekt-
auswahl in 3D erleichtert und u.a. Funktionen für Beleuchtung und Vermessung anbietet. Ein
innovativer Menuball wurde zur einfachen Auswahl von Befehlen mit einem 6DOF-Inter-
aktionsgerät entwickelt (Abbildung 5).

Multimodalität wird auf zwei Arten in immersive Umgebungen eingebracht. Spracheingabe
für die Befehlauswahl in Verbindung mit dem 6DOF-Interaktionsgerät wird angewendet, um
umfassendere und effektivere Interaktionsmöglichkeiten zur Verfügung zu stellen. Spracher-
läuterung und Diktat werden zur bequemen Dokumentierung der Ergebnisse von Inspekti-

onssitzungen verwendet. Projektpartner, die an ständigen Verbesserungen von Spracherkennungstechnologien arbeiten, haben dazu beigetragen, einen beträchtlichen Grad an Robustheit in diesem hoch-spezialisierten Interaktionskontext zu erreichen.

2.2.4   Multimodale Interaktion für kreative Teamsitzungen

Im MetaChart-System wurden Methoden und Werkzeuge zur Unterstützung kreativer Teamkooperation entwickelt, insbesondere in den frühen Phasen der Produkt- und Dienstleistungsentwicklung. Solche Aktivitäten sind u.a. Ideengenerierung, Informationsentwicklung, Informationsstrukturierung, Kategorisierung und Management von detaillierten Content, Generierung von Wissensstrukturen und Contentansicht. Die Kooperation in gemeinsamen oder verteilten Arbeitssituationen muss unterstützt werden. Die spezifischen Merkmale einer solchen Arbeit erfordern Interaktionsmethoden, die besonders intuitiv sind und nicht vom eigentlichen Kooperationsvorgang ablenken.

Das MetaChart-System stützt sich auf ein umfassendes Ideen- und Content-Management-System, das auf einer Karteikarten-Metapher basiert. Derartige Karteikarten oder MetaChart Container können jegliche Art von Content oder Funktionalität aufweisen und miteinander verschachtelt werden. Über die Basisarchitektur und Funktionalität des Systems wird an anderer Stelle berichtet (Wissen & Ziegler 2001). Im Gegensatz zu bestehenden Ansätzen unterstützt das System vollständig die verteilte und synchrone Interaktion sowie asynchrone Modi, z.B. zur Auflösung und Strukturierung des in einer gemeinsamen Sitzung erarbeiteten Contents.

Ein wichtiger Teil der Arbeit betrifft die Verbesserung der Front-End-Interaktion, insbesondere in Teamräumen mit großflächigen, wandgroßen Displays. Eine auf dem Laserstift basierende Interaktionstechnik wurde entwickelt. Sie ermöglicht Zeigen, Gestik und Zeichnen sowohl in einiger Entfernung von der Oberfläche als auch direkt darauf, die in Kapitel 3.5 näher vorgestellt wird. Zudem wurde eine gerätefreie Interaktion durch videobasierte Gestenerkennung entwickelt (Abbildung 6). Gestenerkennung wird mit Spracheingabe kombiniert, um ein breiteres Spektrum von interaktiven Möglichkeiten anzubieten. Ein entsprechendes System wird in Kapitel 3.4 detailliert präsentiert. Leicht handhabbare Eingabetechniken und Multimodalitäten sind in Teamraumumgebungen besonders wichtig, da Benutzer sich nicht mit komplizierten Eingabegeräte (oder irgendwelchen Geräten) bei Teamsitzungen befassen wollen. Zusätzlich zu diesen Techniken werden weitere drahtlose Eingabegeräte in die Umgebung integriert (z.B. PDAs), um es den Teilnehmern zu ermöglichen, ihre Ideen erst zu skizzieren und sie später anderen Gruppenmitgliedern zugänglich zu machen.

Eine in der letzten Projektphase erarbeitete Entwicklung, auf die in Kapitel 5.2 detailliert eingegangen wird, erweitert die multimodalen Möglichkeiten der Teamunterstützung. Das System SemanticTalk erlaubt es, automatisch Themenstrukturen aus der gesprochenen Konversation in Teamsitzungen zu extrahieren. Die so gewonnenen Themenstrukturen können in Echtzeit in einer Graphendarstellung visualisiert werden. Das System wird durch die Integration von Spracherkennungskomponenten mit einer großen Wortschatzdatenbank mit semantischen Beziehungen sowie einer Visualisierungskomponente realisiert. Durch die Echtzeitrückkopplung können Aktivitäten der Gruppe wie Brainstorming oder Concept Mapping unterstützt werden.

2.2.5   Kooperative Exploration in Communities

Im E-Business und E-Commerce ist die Einrichtung von Benutzer-Communities ein viel versprechender Ansatz zur Bereitstellung neuer Kommunikations- und Kooperationsmechanismen zur Unterstützung von z.B. Kundengruppen oder Fachcommunities. In einer Community-Umgebung können Teilnehmer voneinander profitieren, da sie Zugang zu relevanten Wissen und Erfahrungen haben bzw. direkte Beratung von erfahreneren Benutzern erhalten können. In INVITE wurde eine Reihe von Prototypentwicklungen ausgeführt, damit diese Gruppen virtuelle 3D-Multi-User-Umgebungen zur Verfügung hatten. In mehreren Evaluationsstufen wurde die Zweckmäßigkeit eines solchen Ansatzes im Rahmen von Kundenbetreuungs- und E-Commerceszenarien analysiert.

Aufgrund der Analysen der ersten Projektphasen wurden die weiteren Entwicklungen darauf ausgerichtet, verbesserte Funktionalitäten für die kooperative Informationsexploration anzubieten, z.B. für umfangreiche Produktkataloge oder Marktplätze. In Übereinstimmung mit der Bestimmung des Interaktionsparadigmas impliziert der Begriff Cooperative Exploration, dass sowohl menschliche Benutzer wie auch Systemagenten miteinander kooperieren, um ein Ziel zu erreichen, z.B. die Auswahl eines Produktes aufgrund von (möglicherweise vagen und widersprüchlichen) Anforderungen, bisheriger Kundenerfahrung und intelligenter Unterstützung durch Such- und Beratungssystemagenten. Gemeinsames Betrachten und Explorieren von Produkten wird unter anderem durch MPEG-4-basierte, verteilte Manipulation von 3D-Objekten unterstützt.

Um Agenten effektiver und glaubwürdiger zu gestalten, werden multimodale Charakteristiken wie z.B. Gesichtsbewegungen und lippensynchrone Sprachsynthese entwickelt und in das Szenario integriert.

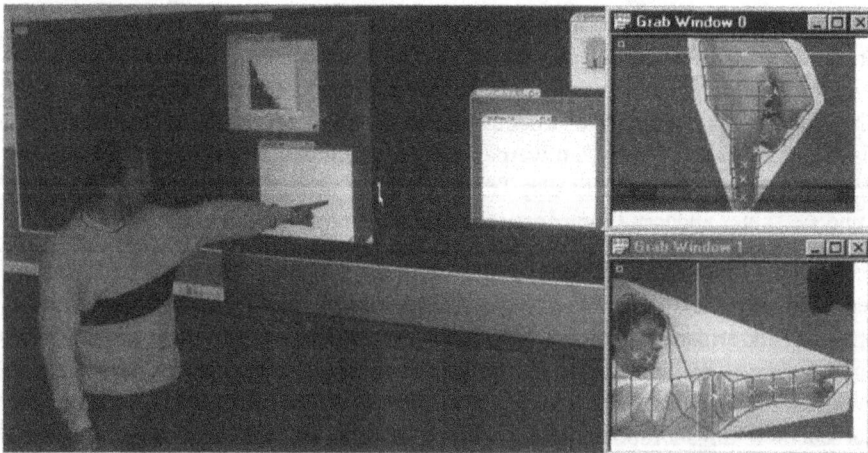

Abb. 5: Videobasierte Erkennung für gerätefreies Zeigen und Gestik

2.3   Anwendungsszenarien und Einsatzerfahrungen

INVITE geht über die losgelöste Entwicklung bloßer Interaktionselemente hinaus: Im Projekt sollte der Nutzen in tatsächlichen Einsatzszenarien nachgewiesen und evaluiert werden.
Die gewählten Einsatzszenarien unterstreichen die Produktivität der Einwicklungen und
dienen als Grundlage für die Evaluation. Im INVITE Projekt lag die Konzentration auf zwei
Anwendungsfällen: Zum einen wurden die oben dargestellten, generischen Einzelkomponenten und deren Zusammenspiel in einem Wissensmanagement Szenario aus dem Bereich der
Finanzdienstleister integriert. Zum anderen wurden die Interaktions- und Visualisierungs-
werkzeuge für immersive Umgebungen in ein Szenario zur Qualitätssicherung im Automobilbau eingebracht. Beide Szenarien demonstrieren, wie die in INVITE entwickelten Innovationen ihre Wirkung entfalten und zu einer intuitiveren Interaktion von Mensch und
Computer führen und deren Nutzungsfreundlichkeit erhöhen.

2.3.1   Anwendungsszenario Business Community

Das erste Anwendungsszenario zeigt, wie vernetzte Informationsstrukturen in einem praktischen Einsatzfeld zusammengebracht werden können und wie sie zu Fortschritten in Usability und Effizienz derartiger Anwendungen beitragen können. Beim ersten Anwendungsszenario handelt es sich um die prototypische Implementierung einer integrierten Wissens-
managementplattform des Anwendungspartners DZ Bank, der Dachorganisation der Volks-
und Raiffeisenbanken, sowie des zugehörigen Finanzverbundes. Ein besonderes Augenmerk
wird auf den Mehrwert der Unterstützung einer großen Nutzergruppe gegenüber einer Zahl
von Einzelnutzern gelegt, d.h. es steht insbesondere der Community-Charakter der Plattform
im Fokus des Interesses.

Hintergrund des Anwendungsszenarios ist die verteilte Aufstellung der DZ Bank. Unter dem
Dach der DZ Bank ist die große Zahl autonom agierender Volks- und Raiffeisenbanken
zusammengefasst, die den größten Teil des Umsatzes ausmachen. Darüber hinaus gehören
mit der R&V Versicherung, Union Investment und anderen Instituten auch ein Versicherer,
eine Fondsgesellschaft und ein Baufinanzierer zum Finanzverbund der DZ Bank.

Hauptwissensträger im Unternehmen sind die Berater in den Filialen; darüber hinaus tragen
auch Beschäftigte der DZ Zentrale, externe Lieferanten und natürlich die Kunden zum intel-
lektuellen Kapital der Finanzgruppe bei. Ziel der INVITE Business Community ist es nun,
das gesamte in der Unternehmensgruppe vorhandene Wissen zu sammeln und in Dokumen-
tenform vorzuhalten, um Berater mit dem für ihre jeweiligen Tätigkeiten benötigten Informationen zu versorgen und den Managern der Zentrale bzw. den externen Lieferanten ein quali-
fiziertes Feedback über Verkäufe und Kundenwünsche zu übermitteln. Zur Erreichung dieser
Ziele werden vernetzte Informationsstrukturen eingesetzt.

Aufgrund der Komplexität der Systemarchitektur sollen an dieser Stelle lediglich die Kern-
komponenten des Szenarioprototyps vorgestellt werden; eine detailliertere Darstellung findet
sich in Kapitel 6.1, Wissensmanagement bei Finanzdienstleistern.

Kern der INVITE Business Community ist eine zentrale Ontologie, d.h. eine formale Repräsentation von Begriffen aus dem Finanzwesen, so genannte Topics, und deren gegenseitiger Abhängigkeiten. Eine derartige Ontologie – potenziell modelliert und verfeinert durch MetaCharts und MatrixBrowser – dient in der Business Community als semantische Kernkomponente, für ein intelligentes Content Retrieval, ein vorausschauendes Nutzermodell und als Basis für eine adaptive Darstellung der Inhalte sowie für die Klassifikation neu eingestellter Dokumente.

Das Nutzermodell

Das Nutzermodell stellt den grundlegenden Mechanismus für die Auswahl situativ geeigneter Inhalte und ihre adäquate Präsentation dar. Eine effektive Nutzermodellierung bedeutet unabdingbar auch die Kenntnis der Präferenzen der vorhandenen Nutzergruppen sowie Wissen um die Struktur und Aufbereitung der vorgehaltenen Inhalte. Mit seiner Mittelposition zwischen Nutzern und einem großen Vorrat an verfügbaren Inhalten dient das Nutzermodell mehreren Zwecken: Zum einen muss die Benutzungsschnittstelle einer Community entsprechend des Bedarfs und der Interessen eines Nutzers individuell angepasst dargestellt werden, zum anderen muss auch die Auswahl der gezeigten Inhalte personalisiert werden, und drittens wird das Nutzermodell für die dynamische Identifikation von Nutzergruppen und Interessensverbünden benötigt. Um diesen Aufgaben zu genügen, ist das Nutzermodell direkt mit einer Content Retrieval Komponente, einem Tracking System und einem adaptiven User Interface gekoppelt. Alle drei Komponenten sind um eine domänenspezifische Ontologie gruppiert, die für ein semantisches Verständnis der Dokumente und der Nutzerinteressen sorgt.

Das INVITE Nutzermodell basiert auf einer domänenspezifischen Ontologie, die durch eine Topic Map repräsentiert wird. Diese Ontologie wird zunächst in ihrem initialen Zustand im Rahmen eines kooperativen Gruppenprozesses kreiert, wie etwa in einer MetaChart Sitzung oder mittels einer Semantik Talk Sitzung. Hierbei werden relevante Topics der Anwendungsdomäne gruppiert und miteinander in Beziehung gesetzt. Der resultierende Graph wird anschließend mit einer initialen Gewichtung der einzelnen Themen versehen, die die entsprechende Signifikanz eines jeden Topics für die jeweilige Nutzergruppe wiedergibt, sei es für eine einzelne Person, eine Gruppe, eine Rolle oder eine in Bearbeitung befindliche Aufgabe.

Die Einflussfaktoren auf das Systemverhalten sind jedoch nicht statisch, sondern variieren mit der Zeit. Daher unterliegen die zugeordneten Gewichtungsfaktoren der einzelnen Topics wie auch die Gewichtungen der Verbindungskanten permanenten Veränderungen. Aus diesem Grund ist das Nutzermodell eng mit einer Tracking Komponente verbunden, die Benutzeraktionen auf Ebene der betroffenen Topics verfolgt. Entsprechend der Trackingdaten werden die Gewichtungsfaktoren der vorgehaltenen Ontologie ständig neu angepasst. Um ein unendliches Anwachsen des „Gesamtinteresses" zu verhindern, sorgen eine Reihe von Anpassungsregeln für eine Normalisierung der Interessensgewichtungen und ein asymptotisches Anwachsen der Relevanz eines Themas bis zu einer Sättigung.

Content Retrieval

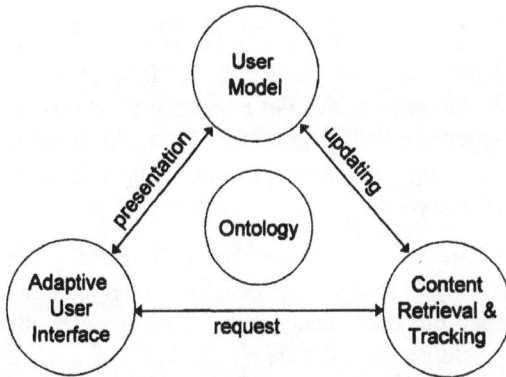

Abb. 6: Abhängigkeit von Nutzermodell, Content Retrieval und adaptivem User Interface

Die Effektivität eines Wissensmanagementsystems hängt entscheidend davon ab, welche Eignung und Angemessenheit die präsentierten Inhalte für die Aufgaben und Bedürfnisse der Nutzer in ihrer jeweiligen Situation haben. Neben der thematischen Relevanz kann die Eignung eines Dokuments davon abhängen, aus welcher Quelle es stammt, welchen Spezialisierungsgrad es aufweist, welche Länge es besitzt, wie aktuell es ist, oder um welchen Dokumenttyp es sich handelt. Diese Attribute müssen mit der durch das Nutzermodell repräsentierten Situation soweit als möglich in Übereinstimmung gebracht werden. So könnte etwa ein Derivate-Spezialist eher an verfügbaren Optionsscheinen und ihren Restlaufzeiten zu einem Basiswert interessiert sein als an allgemeinen Erklärungen zu derivativen Finanzinstrumenten. Mithilfe der INVITE Business Community wird es möglich, derartige Metadaten Dokumenten zuzuordnen und somit die Nutzer mit situativ passenden Dokumenten und Informationen zu versorgen.

Eine besondere Innovation wurde mit der automatisierten Dokumentklassifikation geschaffen. Zur Charakterisierung einer Reihe von Dokumenttypen wie Marktberichten, Produktbeschreibungen oder Finanznachrichten wurden formale Modelle definiert, die den Dokumententyp anhand einer gewissen Zahl von Attributen festmachen. Entsprechend der Belegungsdichte dieser Attribute kann zur Laufzeit ein Dokumenttyp bestimmt und zugeordnet werden.

Adaptives User Interface

Die anpassbare Nutzungsschnittstelle ist verantwortlich für die personalisierte Darstellung relevanter Inhalte. Sie kombiniert das Nutzerprofil aus dem Nutzermodell und die Metainformationen aus dem Content Retrieval für eine personalisierte Darstellung der Inhalte sowie eine individuelle dynamische Navigationsstruktur zu deren Exploration. Die Navigationsstrukturen werden direkt aus dem Nutzermodell abgeleitet und berücksichtigen hierarchische Abhängigkeiten und Assoziationen zwischen benachbarten Topics. Auf diese Weise erlaubt das adaptive Interface sowohl eine gerichtete Suche nach Informationsquellen zu spezifischen Themen wie auch ein nicht-zielgerichtetes Durchstöbern der Themenstruktur etwa im Zuge eines Lernprozesses. Das User Interface unterstützt Multimodalität beispielsweise auf Basis eines Sprachzugangs.

Eine volle Darstellung der technologischen Ansätze und Möglichkeiten der INVITE Business Community findet sich in Kapitel 6.1. Ein vorrangiges Ziel der Forschungsarbeit ist es, den Prozess der Wissensakquise durch das System implizit zu gestalten, d.h. nicht in die ja zu unterstützenden Arbeitsprozesse der Nutzer einzugreifen, sondern Informationen implizit aus dem Nutzerverhalten herauszuziehen und zu verwerten.

Eine weitere innovative Komponente stellt das Feedback System dar, das die Bewertung von Inhalten oder von Produkten hinsichtlich ihrer Aufgabenangemessenheit bzw. ihrer Eignung erlaubt. Über ein Kundenfeedbacksystem werden die Bankberater in die Lage versetzt, die Wünsche und Abneigungen ihrer Kunden zu verfolgen und auf sie einzugehen. Schließlich werden all diese Informationen in einem Recommender System konsolidiert, das geeignete Produktvorschläge basierend auf den Kundenwünschen, ihrer Lebenslage und ihrer Anlagehistorie generiert.

Einsatzerfahrung und Usability

Die erste Evaluation der INVITE Business Community ergab in erster Linie positive Akzeptanzergebnisse. Das intelligente Content Retrieval und die detaillierte Nutzung scheinen zur Effektivität bei der wissensintensiven Arbeit beizutragen. Die neben den Inhalten dargestellte Strukturinformation wird als echter Mehrwert empfunden.

Hingegen wurden die dynamischen Adaptionsmechanismen und die veränderlichen Navigationsstrukturen zum Teil als verwirrend empfunden, da mit ihnen der für die Orientierung wichtige Wiedererkennungseffekt bereits aufgerufener Seiten und Inhalte verloren geht. Aus diesem Grunde wurden Mechanismen, die Adaptionen vorschlagen, besser akzeptiert als solche, die Änderungen an der Navigationsstruktur sofort vornehmen.

2.3.2   Anwendungsszenario Qualitätskontrolle in immersiven Umgebungen

Die zweite Applikation betrifft den hoch spezialisierten Anwendungskontext immersiver virtueller Umgebungen in der Produktentwicklung und der Qualitätskontrolle. Immersive Umgebungen werden zum Beispiel für kooperative Qualitätskontrolle und Entwicklung von Baugruppen in der mechanischen Konstruktion wie etwa der Automobilindustrie eingesetzt. Immersive virtuelle Umgebungen können mittels einer großformatigen stereoskopischen Projektion an die sechs Flächen eines Würfels realisiert werden, die beim Betrachter den Eindruck räumlicher Tiefe entstehen lassen.

Im INVITE Projekt wurde ein Werkzeugsatz zur räumlichen Interaktion entwickelt, der dem Benutzer eine bessere Orientierung und einfachere Navigation im virtuellen dreidimensionalen Raum ermöglicht. Zusätzlich erlaubt dieses Spatial Interaction Toolkit die Interaktion mit virtuellen Objekten, so z.B. das Aufheben oder Bewegen von Objekten im virtuellen Raum.

In diesem Zusammenhang sind die intuitiven Interaktionsmechanismen solche, die die Aufmerksamkeit des Ingenieurs nicht von seiner aktuellen Tätigkeit ablenken, sondern sich nahtlos in seinen dreidimensionalen Arbeitskontext einfügen. Aufgrund der Komplexität der Installation an sich und der sechs Freiheitsgrade im dreidimensionalen Raum sind multimodale Interaktionsformen gefordert, um die verschiedenen Formen des Zusammenspiels mit dem System zu bewältigen.

Weil die Nutzer von der virtuellen Umgebung komplett umgeben sind, müssen auch Interaktionsgeräte wie z.B. einfache Schalter, Cursor und Menüs in die virtuelle 3D-Welt eingefügt werden. Für diesen Zweck enthält das Spatial Interaction Toolkit (siehe Kapitel 3.6) verschiedene Werkzeuge für die intuitive Interaktion mit virtuellen Zeigegeräten in immersiven Umgebungen bereit. Insbesondere wurden ein Menü für die virtuelle Auswahleinheit und ein spezieller virtueller Pointer entwickelt, der die Notwendigkeit einer räumlichen Referenz berücksichtigt. Der Pointer kann in sechs Freiheitsgraden durch einen speziellen Stift, den der Benutzer hält, bewegt und gewendet werden.

Innerhalb des INVITE Kontext wurde eine Anwendung zur Qualitätskontrolle entwickelt, die auf dem VR Entwicklungssystem Lightning vom Fraunhofer IAO und dem Virtual Interaction Toolkit beruht. Eine detaillierte Szenariobeschreibung findet sich in Kapitel 6.4. Die Anwendung zur Qualitätskontrolle beinhaltet folgende Hauptfunktionen:

- Interaktiver Flächenschnitt (sechs Freiheitsgrade)
- Messwerkzeuge
- Marker, rote Konturlinien auf Objekten und sprachbasierte Kommentareingabe
- Speichern und Laden der Systembeschaffenheit
- Konfiguration der Benutzungsschnittstelle

Beim Anwendungspartner BMW ist diese Technologie bereits in den Werkzeugentwicklungsprozess integriert. Eine 3D stereoskopische Power-Wall wurde für die Bewertung von CAD-Daten in einen Meeting Raum installiert. Hier können etwa externe Entwickler, die Teile eines Pressewerkzeugs entwickelt haben, mit BMW Ingenieuren über mögliche Probleme des zusammengebauten Werkzeugs diskutieren. Um die Funktionalität zu verbessern, führte BMW intern Usability Tests mit etwa hundert Benutzern durch.

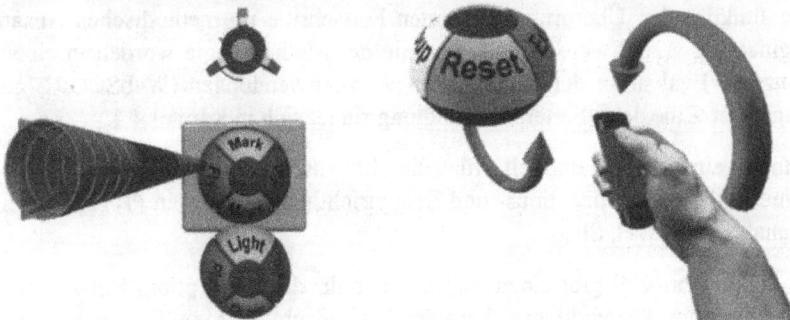

Abb. 7: Virtuelle Interaktionsmittel: Kursor und Menü

Nach einer gewissen Testphase wurde das System zu einer verteilten Umgebung ausgebaut, bei der es mehreren Entwicklern möglich ist, an der Arbeitssitzung auch aus der Distanz über eine Zuschaltung teilzunehmen. In Hinblick auf die Kosteneffizienz des Entwicklerkreises ist dies ein wichtiges Merkmal, da Werkzeuge heute an verschiedenen Orten geplant und entwickelt werden.

Zusätzlich wurden multimediale Interaktionskomponenten wie ein sprachbasiertes Kommentierungswerkzeug für die Dokumentation des Inspektionsprozesses eingefügt. Seit Einführung des virtuellen CAD-Reviews in einer immersiven Umgebung ist BMW in der Lage, die Zeit für den Akzeptanztest extern entwickelter Werkzeuge drastisch zu verkürzen, was den Wert der INVITE Interaktionsmechanismen belegt.

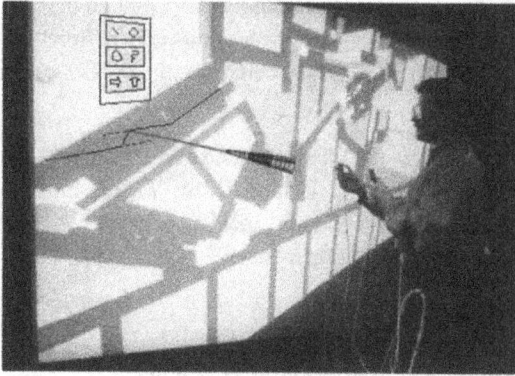

Abb 8: Anmerkungen auf dem interaktiven Flächenabschnitt der BMW Power-Wall.

2.4   Methodik zur Bewertung von Web-Anwendungen

Infolge der fortlaufenden Begleitung der systematischen Entwicklung mit Hilfe von Usability Tests und der funktionalen Überprüfung konnten Fortschritte im methodischen Ansatz des Usability-Engineering erzielt werden. Die Vorteile der Methodologie wurden in einem holistischen Ansatz zur Evaluation der Qualität von Web-Anwendungen (WebSCORE genannt) zusammengefasst. Eine detailliertere Abhandlung findet sich in Kapitel 4.4.

WebSCORE enthält ein Referenzmodell für die holistische Evaluation von Web-Anwendungen, eine Reihe von Konzeptions- und Designrichtlinien sowie ein Prozessmodell für eine Expertenanalyse von Web Sites.

Das WebSCORE Referenzmodell gibt einen Rahmen vor für die Konzeption, Entwicklung und Bewertung webbasierter Anwendungen, bestehend aus einem Satz von Designdomänen und einem Satz von Evaluationsdomänen. Anhand dieser Validierungskriterien schlägt Web-SCORE ein Bewertungsschema vor, das nicht nur für die Benutzungsschnittstelle der Web-

Anwendung geeignet ist, sondern darüber hinaus eine umfassende Abdeckung der übergeordneten wirtschaftlichen Zielstellung des Seitenanbieters, der Glaubwürdigkeit aus Sicht der
Nutzer und andere Belange leistet, die nicht mit der reinen Schnittstellenevaluation in Beziehung stehen.

Zusätzlich beinhaltet WebSCORE einen speziellen Satz an Methoden für die Qualitätssicherung während der Entwicklung von Web Applikationen. Dies schließt Methoden für das
Design, zur Entwicklung der Anwendungslogik sowie Prüflisten für Qualitätskriterien bei
der Entwicklung ein.

Schließlich definiert WebSCORE eine Vorgehensweise für die Expertenevaluation durch
einen einzelnen Usability Engineer. Es hat sich herausgestellt, dass die in WebSCORE definierten Leitlinien es fachkundigen Usability Experten ermöglichen, den Prozentsatz der
erkannten und korrigierten Usability Probleme wesentlich zu erhöhen. Demzufolge stellt das
WebSCORE Experten-Screening eine effiziente Methode des Usability-Engineering ohne
die langwierige und kostenintensive Einbeziehung von Testpersonen dar. Die Ergebnisse von
INVITE hinsichtlich des Usability-Engineerings haben die Bemühungen der ISO-
Standardisierung der Anforderungen an nutzerfreundliche, webbasierte Anwendungen maßgeblich beeinflusst.

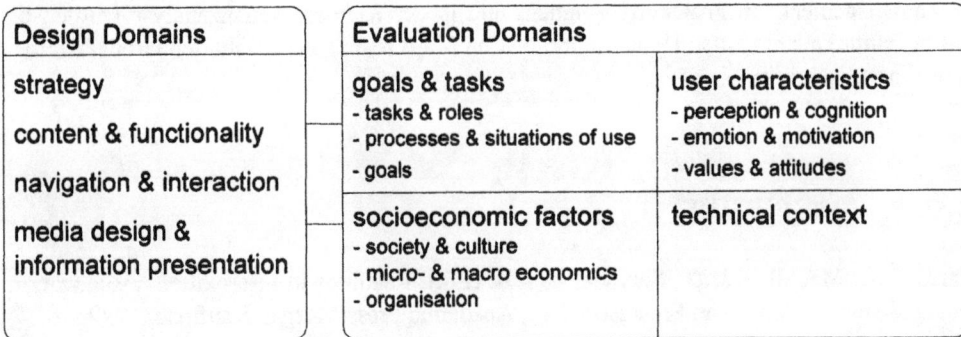

Design Domains	Evaluation Domains	
strategy	**goals & tasks** - tasks & roles - processes & situations of use - goals	**user characteristics** - perception & cognition - emotion & motivation - values & attitudes
content & functionality		
navigation & interaction		
media design & information presentation	**socioeconomic factors** - society & culture - micro- & macro economics - organisation	**technical context**

Abb. 9: Das WebSCORE Referenzmodell für das Design und die Evaluation von Webanwendungen

2.5 Verwertungspotenzial und Ausblick

Das von INVITE adressierte Themengebiet weist ein enormes wirtschaftliches Potential auf.
Mit der beinahe alle Bereiche durchdringenden Präsenz webbasierter Inhalte und Dienste ist
ein effektiver und intuitiver Umgang mit komplexen Informationsräumen zu einer wichtigen
Voraussetzung im Wirtschaftsleben geworden. Einerseits hat INVITE eine Reihe generischer
Technologien entwickelt, die in verschiedenen Gebieten anwendbar, z.B. im E-Business,
betrieblichen Communities, bei wissensintensiver Arbeit oder in der Produktentwicklung.
Andererseits wurden konkrete Anwendungsszenarien entwickelt, die zum Teil bereits in
industrielle Anwendungen überführt werden konnten.

Ein Teil der in INVITE entwickelten Technologien und Komponenten wurde bereits in der Industrie aufgenommen und hat zu Produktinnovationen geführt. Aufgrund der Fokussierung von INVITE auf kleine und mittelständische Partner erfolgt die Markteinführung der technologischen Entwicklungen überwiegend über die industriellen Forschungspartner.

Auf Basis der erzielten Resultate konnten eine Reihe von Produkten konzipiert oder signifikant weiterentwickelt werden. Neuentwicklungen in der Folge von INVITE sind z.B. das Content Retrieval System orenge 5.0, der Process Performance Manager von IDS Scheer und das Customer Communication Portal der Infoman AG, die allesamt zu den führenden Systemen ihrer Gattung am Markt gehören. Der MatrixBrowser wurde bereits mehrfach erfolgreich lizensiert und hat Eingang in verschiedene Produkte gefunden, unter anderem in das Content Management System ST4 des Projektpartners Schema GmbH. Das System VoicePro von Linguatec wurde signifikant weiterentwickelt und gehört zu den führenden Spracherkennern am Markt. Mit der ISDT GmbH konnte aus INVITE heraus ein neues Start-Up Unternehmen gegründet werden, das eine Fortentwicklung der MetaCharts als professionelle Moderationssoftware erfolgreich am Markt vertreibt. Eine Anwendung, die auf die Kerntechnologien von INVITE zurückgreift und multimodale Eingabetechniken, dynamische Visualisierung von Begriffsnetzen und kooperative Exploration von Informationsräumen miteinander verbindet ist das System SemanticTalk der ISA GmbH. Mit Anwendungen im Trendmanagement, im Projektmanagement und in der Kundenresonanzanalyse wurden die mit SemanticTalk erstellten Dynamic Innovation Maps bereits bei namhaften Großkonzernen zum Einsatz gebracht.

2.6   Literatur

Card, S. K.; MacInlay, J. D.; Shneiderman, B. (Ed.): Readings in Information Visualization: Using Vision to Think. San Francisco, Cal., Academic Press/Morgan Kaufman, 1999.

Lamping, J.; Rao, R.: Laying Out and Visualizing Large Trees Using a Hyperbolic Space, Proceedings of the ACM Symposium on User Interface Software and Technology, ACM Press, Seite 13-14, 1994.

Leubner, C.; Brockmann, C.; Müller, H.: Computer-vision-based Human-Computer Interaction with a Back Projection Wall Using Arm Gestures. Proceedings of 27th Euromicro Conference, Warsaw, IEEE Press, 2001.

Maybury, M.; Wahlster, W.: Readings in Intelligent User Interfaces. Morgan Kaufman, 1998.

Rathke, C.; Wischy, M.A.; Ziegler, J.: Semantic lenses: exploring large information spaces more efficiently. In Proceedings of the 9th Int. Conference on Human-Computer Interaction (HCI International 2001), Vol. 1. Mahwah, N.J.: Lawrence Erlbaum, Seite 1314-1317, 2001.

Wissen, M.; Wischy, M.; Ziegler, J.: Realisierung einer laserbasierten Interaktionstechnik für Projektionswände. In Tagungsband Mensch & Computer 2001, GI & German Chapter ACM. Stuttgart: Teubner, Seite 135-143, 2001.

Ziegler, J.; El Yerroudi, Z.; Böhm, K.: Generating semantic contexts from spoken conversation in meetings. Proceedings ACM Conference on Intelligent User Interfaces (IUI 2005), San Diego, Seite 290-292, 2005.

Ziegler, J.; El Yerroudi, Z.; Böhm, K.; Beinhauer, W.; Busch, R.; Raether, C.: Automatische Themenextraktion aus gesprochener Sprache. Proceedings GI-Konferenz Mensch & Computer 2004, München: Oldenbourg, Seite 281-290, 2004.

Ziegler, J.; Kunz, C.; Botsch, V.; Schneeberger, J.: Matrix Browser as a New Interactive Visualization for Large Networked Information Spaces. Proceedings Information Visualization 2002, London, UK.

3 Interaktionskonzepte und -techniken

3.1 Dynamische Visualisierung komplexer Informationsstrukturen

Jürgen Ziegler, Christoph Kunz, Joseph Schneeberger, Veit Botsch

3.1.1 Einleitung

Vernetzte Informationsstrukturen werden für die Exploration und Navigation in komplexen Informationsräumen wie Internetseiten oder Wissensdatenbanken immer wichtiger. Konzeptnetze bzw. formalisierte Ontologien werden auch zunehmend als Metadaten eingesetzt, um Informationen zu indexieren und eine inhaltsbezogene Suche zu unterstützen. Solche komplexen ontologischen Informationen können zum Beispiel in Formalismen wie Topic Maps (Biezunski et al. 1999) oder DAML+OIL (Hendler 2001) zum Ausdruck gebracht werden. Hierbei stellt allerdings die Visualisierung und Navigation solcher Netzstrukturen ein erhebliches Problem bei der Gestaltung geeigneter Benutzungsschnittstellen dar. Gestaltungsfragen beziehen sich etwa auf die Minimierung der visuellen Suchpfade, die Übersichtlichkeit der Gesamtstruktur oder die Effizienz interaktiver Explorationsmöglichkeiten.

Ein bekanntes Referenzmodell der Informationsvisualisierung (Card et al. 1999), zeigt schematisch den Ablauf, wie Rohdaten bis zu der eigentlichen Visualisierung aufbereitet werden (Abbildung 1). Die Rohdaten werden aufbereitet und in eine geeignete visuelle Struktur überführt. Aus dieser visuellen Struktur können unterschiedliche Sichten auf die Daten gebildet werden. Die gebräuchlichste visuelle Struktur für Netze ist die Repräsentation als Graph mit Knoten und Kanten. Diese Repräsentation wird zwar häufig verwendet, besitzt jedoch folgende Nachteile:

Ist das Netzwerk groß und besitzt einen hohen Grad an Vernetzung, so wird es schwierig, den Überblick zu behalten und bestimmte Ausschnitte zu finden. Auch wird die visuelle Suche durch meist beliebige und unstrukturierte Anordnungen der Knoten behindert. Aus Platzgründen können oft auch assoziierte Knoten nur weit voneinander entfernt platziert werden. Während es bei dieser Darstellungsform meist noch einfach ist, die direkte Nachbarschaft von Knoten zu erfassen, wird es schwierig und fehleranfällig, größere Beziehungsmuster zu erkennen oder visuell längeren Pfaden zu folgen.

Vor diesem Hintergrund wurde mit den hier berichteten Arbeiten das Ziel verfolgt, die Übersichtlichkeit komplexer Netzdarstellungen zu verbessern, die visuelle Suche nach bestimmten Konzepten und Assoziationen zu unterstützen und intuitive Interaktionsmöglichkeiten zur Exploration auf unterschiedlichen Detaillierungsstufen nach dem Prinzip des „progressive disclosure" bereitzustellen. Die dargestellten Arbeiten wurden im Rahmen des vom BMBF geförderten Leitprojektes INVITE im Programm Mensch-Technik-Interaktion durchgeführt.

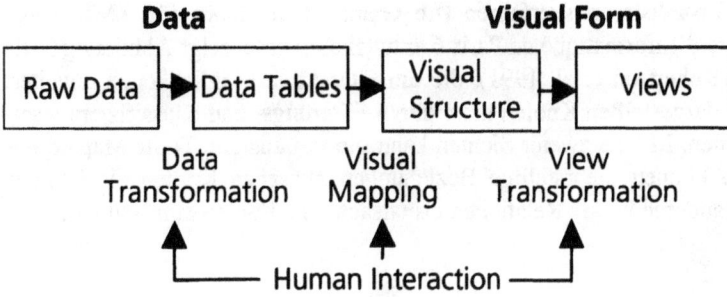

Abb. 1: Referenzmodell der Informationsvisualisierung

3.1.2   State of the Art

Eine neuartige Form der visuellen Darstellung komplexer Informationsstrukturen wurde durch den Hyperbolic Tree (Lamping et al. 1994) eingeführt, der gleichzeitig eine kontinuierliche, direktmanipulative Interaktion bietet. Der Ansatz ist jedoch aufgrund seines Verzerrungsmechanismus, bei dem nur Beziehungen zwischen räumlich benachbarten Knoten im Display-Fokus vollständig zu erkennen sind, nur für die Visualisierung hierarchischer Strukturen geeignet. Er wurde jedoch in einigen Fällen auch für die Darstellung von Topic Maps und Ontologien eingesetzt. Ein Beispiel hierfür ist OntoBroker (Fensel et al. 1998). Hierfür ist er allerdings nur bedingt einsetzbar, da bei nichthierarchischer Vernetzungsstruktur manche Knoten mehrfach in der Darstellung auftauchen können.

Eine nichthyperbolische Darstellung, die dieses Problem vermeidet, wird innerhalb des OntoViz Plugins (Abbildung 2) für das Ontologie-Autorenwerkzeug Protegee-2000 (Noy et al. 2001) verwendet. Es basiert auf GraphViz (Gansner et al. 1999), einer von AT&T entwickelten Umgebung zur Graphenvisualisierung.

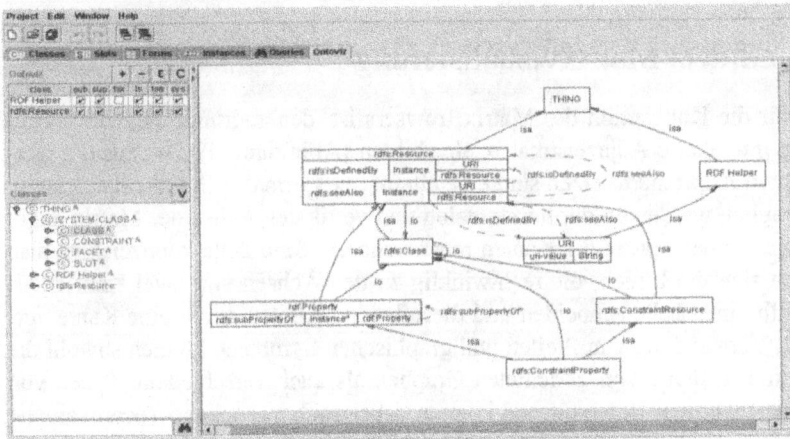

Abb. 2: Ontologievisualisierung mit OntoViz

Ein dreidimensionales Visualisierungsverfahren (Le Grand et al. 2000) für XML Topic Maps, das am Laboratoire d'Informatique de Paris 6 entwickelt wurde, zeigt Abbildung 3. Es beruht auf Cone Trees (Robertson et al. 1991), die um interaktive Möglichkeiten erweitert wurden. Die Anzahl der dargestellten Knoten kann durch Filterungs- und Klassifizierungsalgorithmen reduziert werden. Mittels zweier Sichten kann die visualisierte Topic Map erkundet werden. Zum einen können mehrstellige Beziehungen zwischen Knoten als Klassen dargestellt werden, zum anderen binäre Relationen als tatsächliche Kanten repräsentiert.

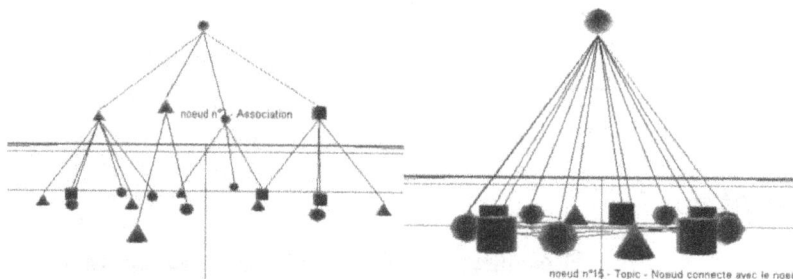

Abb. 3: Topic Map Visualisierung mit Relationen als Klassen oder Kanten

Alternativ wurden statische Netzvisualisierungen einschließlich der Repräsentation als Matrix schon von Bertin (Bertin 1981) vorgeschlagen. Interaktive Möglichkeiten wurden jedoch in dieser Arbeit nicht betrachtet. Keiner der vorgestellten Ansätze unterstützt in ausreichender Form die Darstellung beliebig vernetzter Informationsstrukturen im Hinblick auf unterschiedliche Nutzeraufgaben wie die Suche spezifischer Knoten und Kanten, das Entdecken der Beziehungen zwischen beliebigen Knoten, oder die Erfassung aller Beziehungen eines bestimmten Knotens. Weiterhin fehlen wesentliche interaktive Eigenschaften wie ein systematischer Drill-Down bzw. die Verdichtung von Teilstrukturen. Aus diesen Gründen sind die existierenden Techniken nicht ausreichend geeignet, um komplexe Netzstrukturen zu visualisieren und zu explorieren.

3.1.3   Grundidee: Matrixvisualisierung

Die zentrale Idee für die Konzeption des MatrixBrowsers ist, den zugrunde liegenden Graphen auf eine hoch interaktive Adjazenzmatrix abzubilden (Abbildung 4). Die aus der Graphentheorie bekannten Adjazenzmatrizen sind eine alternative Form der Graphendarstellung. Die Knoten des Graphen werden an der horizontalen und vertikalen Achse der Matrix angeordnet, wobei die Zellen der Matrix die Kanten repräsentieren. Eine Zelle kennzeichnet also eine Relation, wenn sich die Linien, die rechtwinklig zu den Achsen von zwei Knoten aus gehen, sich innerhalb einer Zelle schneiden und diese beiden Knoten durch eine Kante verbunden sind. Durch Verwendung von Pfeilen und graphischen Symbolen können sowohl die Richtung der Relation im Falle von gerichteten Graphen als auch verschiedene Typen von Relationen visualisiert werden. Unterstützend können dabei auch zusätzliche Techniken wie die Beschreibung von unterschiedlichen Beziehungen durch Tool Tipps eingesetzt werden.

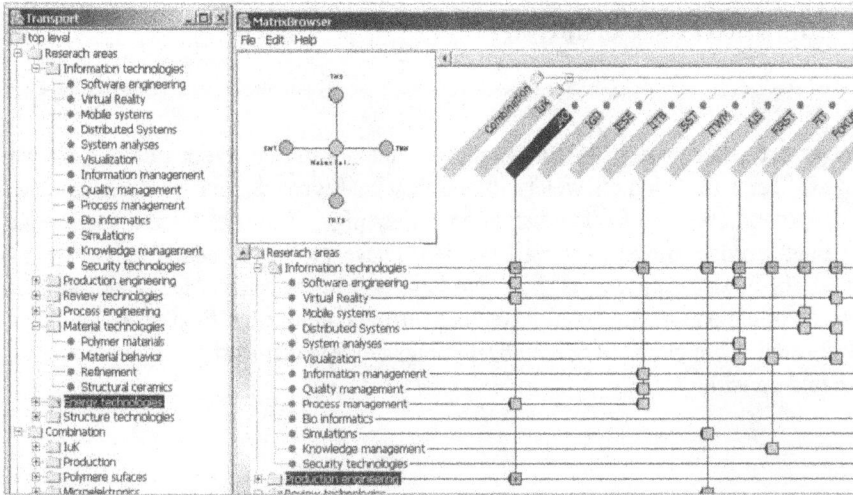

Abb. 4: Prototyp des MatrixBrowser

Die zweite Grundidee ist, diejenigen Teile des Netzes, die eine hierarchische Struktur aufwiesen, durch bekannte Baummetaphern darzustellen. Diese werden auf die beiden Achsen der Matrix platziert. Diese können mittels vertrauten Windows Explorer ähnlichen Werkzeugen, die hierarchische Informationen visualisieren, effektiv erfahrbar gemacht werden. Informationsnetze, wie beispielsweise die Vernetzungsstruktur einer Webseite und ihrer Teilseiten, beinhalten zahlreiche hierarchische Substrukturen, welche entweder durch die rein syntaktische Natur des Graphen oder durch den semantischen Typ der einzelnen Relationen zustande kommen. Hierarchien können z.B. durch „Teil-von-", Subklassen- oder Instanz-Beziehungen gebildet werden. Werden hierarchische Teilstrukturen bereits durch interaktive Bäume an den Matrixachsen dargestellt, wird die Markierung in den Zellen lediglich für weitere, zwischen den beiden Substrukturen bestehende Relationen benötigt. Mit dem MatrixBrowser können die Knoten und Teilhierarchien, die an den Achsen dargestellt werden, auf flexible Art angewählt und gefiltert werden, sowie durch gewöhnte Expandier- und Kollabiermechanismen exploriert werden. Hierdurch wird es ermöglicht, die Informationen, welche in der Matrix dargestellt werden, besser zu strukturieren.

Durch die Verwendung dieser Baummetaphern sind nicht immer alle Knoten und Kanten sichtbar. Daher erlaubt MatrixBrowser nicht nur das Expandieren und Kollabieren der Bäume sondern auch der jeweiligen Zellen. Wenn explizite Beziehungen gerade nicht sichtbar sind, weil die korrespondierenden Väterknoten sich in einem kollabierten Zustand befinden, wird ein interaktives Symbol in den Zellen angezeigt. Dieses kann angewählt werden und expandiert die assoziierten Bäume. Diese Techniken ermöglichen dem Nutzer einen systematischen Drilldown oder eine Verdichtung der Informationsmenge.

Zusätzlich befindet sich eine graphähnliche, interaktive Visualisierung in der linken oberen Ecke der Matrix. Diese zeigt alle direkten Nachbarn desjenigen Knoten im Netz, welcher in einer der beiden Bäume angewählt wurde. So ist nicht nur der Kontext des jeweiligen Knoten innerhalb einer Taxonomie zu erkennen, sondern auch innerhalb des gesamten Netzes.

3.1.4   Interaktives Verhalten

Achsen

Die Untermenge der auf den Achsen dargestellten Knoten kann entweder durch Anfragen oder durch diese Teile des Netzes, welche hierarchische Eigenschaften besitzen, gebildet werden. Durch Expandieren und Kollabieren können diejenigen Teile des Netzes, welche auf die Achsen gelegt wurden, direkt exploriert werden. Diese vertraute und effektive Art des Explorierens ist auf beiden Achsen möglich. Die bereits beschriebenen Methoden, um nutzerdefinierte Untermengen des Informationsraumes anzuzeigen, stellen flexible Möglichkeiten dar den Informationsraum zu navigieren beziehungsweise visualisierte Ausschnitte davon zu vergrößern und zu verkleinern.

Matrix

Die in den Zellen der Matrix gezeigten Relationen zwischen den beiden, gerade auf den Achsen angezeigten Knotenmengen, sollten immer mit dem interaktiven Status der Achsen konsistent sein. Um diese Konsistenz der Visualisierung zu gewährleisten, müssen eine Reihe von Problemen gelöst werden. Das erste Problem betrifft die Sichtbarkeit der Relationen von Knoten, die gerade in dem entsprechenden Baum nicht sichtbar sind, weil sich ihr übergeordneter Ast in einem kollabierten Zustand befindet. Das zweite Problem tritt bei subsumierten Beziehungen auf, bei denen die Relationen zwischen zwei Knoten nach oben oder unten innerhalb der Hierarchie, die einen der Knoten beinhaltet, weitergegeben werden können. Innerhalb eines Beispiels, das die Organisationsstruktur einer Firma mit den entsprechenden Standorten in Beziehung setzt, liegt der Standort einer Zweigstelle in einer Stadt. Dieses ist die explizite Verbindung im Netz. Der Standort liegt aber auch in dem Land, wie auch innerhalb des Kontinents, in dem diese Stadt sich befindet. Ob solche Inferenzen gemacht werden können oder nicht, hängt von dem zu Grunde liegenden Informationsraum bzw. Regeln innerhalb von Wissensbasen und einem passenden Inferenzmechanismus ab. Die Visualisierung sollte jedoch auf diese Fälle ausgelegt sein.

Um mit den verschiedenen auftretenden Darstellungssituationen umgehen zu können, verfügt der MatrixBrowser über unterschiedliche Arten von visualisierten Relationen, welche auch über interaktives Verhalten verfügen. Eine Relation in einer Zelle der Matrix kann dabei einen der folgenden Fälle repräsentieren:

- Eine explizite Relation stellt eine direkt spezifizierte Verbindung zwischen zwei Knoten des zugrunde liegenden Graphen dar. Diese Relation kann semantisch typisiert sein.
- Eine versteckte Relation ist ein Indikator für eine weiter unten in der Hierarchie vorhandene explizite Relation, die aber gerade nicht sichtbar ist, da der übergeordnete Ast kollabiert ist. Diese trägt aber keine weitere Bedeutung.
- Eine implizite Relation zeigt eine Beziehung, welche durch einen Inferenzmechanismus von dem zu Grunde liegenden Graphen abgeleitet wurde. Diese kann entweder durch Vererbung oder Generalisierung entstehen. Bei Vererbung wird die Beziehung nach unten innerhalb der Hierarchie durchgereicht, während bei Generalisierung die Weitergabe nach oben erfolgt. Speziell im zweiten Fall bedeutet diese Art von Beziehung, dass durch

Expansion der entsprechenden Äste die explizite Relation, welche der Grund für die Inferenz war, weiter unten in der Hierarchie gefunden werden kann.

- Eine Identitätsrelation stellt eine Beziehung zwischen zwei identischen Knoten her, welche aber in unterschiedlichen Hierarchien teilnehmen.

Diese verschiedenen Relationstypen werden visuell durch die Darstellung mit unterschiedlichen Symbolen in den Zellen unterschieden. Sowohl versteckte als auch implizite Relationen im Fall der Generalisierung können wie die Äste der Bäume durch Mausklicks aufgeklappt werden. Um diese Art der Interaktion zu verdeutlichen, sind beide Arten durch ein „+"-Symbol ausgezeichnet. Durch eine enge Kopplung von Zellen und Hierarchien auf den Achsen wird erreicht, dass durch das Expandieren einer Relation auch der zugehörige Ast expandiert wird. Durch Selektion und Filterung des vollständigen Graphen und durch interaktives Herunterbrechen der Grobkonzepte auf Feinkonzepte und ihren Relationen auf unterster Ebene, kann der Benutzer auf diese Weise denjenigen Teil, der gerade angezeigt wird, flexibel untersuchen.

Visualisierung von Nachbarschaften

Typischerweise werden einige visuelle Suchaufgaben von bestimmten Graphrepräsentationen bestens unterstützt, während andere nicht unbedingt von dieser Darstellung profitieren. Daher bietet der MatrixBrowser zusätzliche, alternative Visualisierungen für die Fälle, wo die Matrixdarstellung nicht optimal eingesetzt werden kann.

Obwohl gewöhnlich Netzrepräsentationen aus oben genannten Gründen nicht sonderlich dazu geeignet sind eine Übersicht des gesamten Netzwerkes zu zeigen, können sie für die Visualisierung von Nachbarschaftsbeziehungen trotzdem geeignet sein. Daher wurde eine einfache Netzvisualisierung zur Exploration der direkten Nachbarschaft gewählt. Sie zeigt also alle diejenigen Knoten, welche direkt mit dem Zentrumsknoten in Beziehung stehen. Der Zentrumsknoten ergibt sich aus der Selektion eines Knoten in der Matrix, um den herum seine Nachbarn kreisförmig angeordnet werden. Wird ein Nachbarknoten selektiert, so ergibt sich daraus der neue Zentrumsknoten. Falls ein Nachbarknoten nicht Teil der jeweils angezeigten Knotenmengen auf der Matrix ist, wird er besonders markiert. Gleichzeitig werden diese Knotenmengen oder Hierarchien in der Matrix angezeigt, in denen der selektierte Knoten Mitglied ist.

Übersichtsfenster

Obwohl innerhalb der Matrix die volle Adjazenzmatrix dargestellt werden kann (also alle Knoten sowohl auf der einen als auch auf der anderen Achse), existieren eine Vielzahl interaktiver Möglichkeiten, die dargestellte Informationsmenge zu reduzieren. Um aber ständig die Übersicht darüber zu behalten, was für Teilhierarchien und Knotenmengen in dem Netz enthalten sind, werden diese in dem Übersichtsfenster unterhalb eines abstrakten Wurzelknotens mittels der Baummetapher angezeigt. Von dort aus können sowohl Äste des Baumes als auch Untermengen der Knoten via Drag and drop auf den einzelnen Achsen platziert werden.

3.1.5   Extraktion von Teilhierarchien

Um die interaktiven Möglichkeiten des MatrixBrowsers optimal zu nutzen, muss das zu Grunde liegende Netz so aufbereitet werden können, dass Teilstrukturen hierarchischer Art, beziehungsweise transitive Teilhierarchien, erkannt und extrahiert werden. Hierdurch wird es möglich, semantisch zusammenhängende Teilstrukturen dynamisch zu filtern und zu visualisieren. Betrachtet man im gesamten Graphen jeweils nur einen Relationstyp, ergeben sich Teilgraphen, die wiederum durch andere Beziehungstypen verbunden sind. Dabei können sich die Teilgraphen überlappen, d.h. sie besitzen gemeinsame Knoten. Zwar können diese Ausschnitte des Netzes mittels geeigneter Algorithmen in Baumstrukturen überführt werden, für den Benutzer sind jedoch insbesondere semantisch zusammenhängende Teilstrukturen von Interesse, die durch einen einzigen und gerichteten Beziehungstyp verbunden sind. Die meisten formalen Repräsentationen für Themennetze wie XML Topic Maps, RDFS und DAML +OIL besitzen mindestens einen explizit ausgezeichneten Relationstyp, die Subklassenbeziehung, welche ohne aufwendigere Inferenzmechanismen dazu verwendet werden, Teilhierarchien in der Netzstruktur zu erkennen. Weiterführende Beziehungstypen können jedoch nur durch deduktive Methoden zur Schlussfolgerung erkannt werden.

Zu diesem Zweck wird hier der Ansatz verfolgt, die zu Grunde liegenden Netzstrukturen in einer Wissensrepräsentation abzubilden, aus der die interessierenden Teilstrukturen durch Inferenzmechanismen extrahiert werden können. Dadurch können auch komplexere Abfragen auf die Wissensbasis ausgeführt werden, um implizite Verbindungen herzustellen. Die formalen Repräsentationen von Ontologien werden hierzu in F-Logik (Kifer et al. 1995) überführt. Die Relationen müssen nun durch Axiome ausgezeichnet werden, um ihre Semantik zu definieren und Inferenzen zu ermöglichen. Axiome sind nur in Fällen wie DAML+OIL in der formalen Repräsentation hinterlegt, der Topic Map Standard verfügt nicht über eine solche Modellierungsmöglichkeit. Daher müssen sie auf geeignete Weise annotiert werden. Abbildung 5 zeigt den Informationsfluss von der Ontologie bis zum MatrixBrowser.

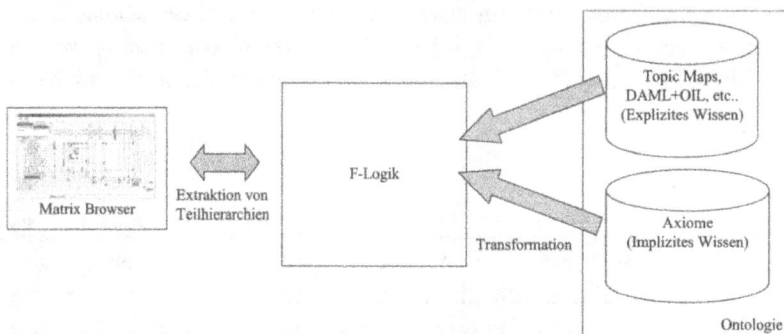

Abb. 5: Extraktion von hierarchischen Strukturen

3.1.6 Visualisierungsvariante: 45° gedrehte Matrix

Obwohl die Beschriftungen der Knoten auf der horizontalen Achse um 45° gedreht wurden, liegt die Vermutung nahe, dass dies die Lesbarkeit dieser Beschriftung verringere. Aus diesem Grund wurde eine Visualisierungsvariante prototypisch implementiert um diese These in Benutzbarkeitsstudien entweder zu erhärten oder zu falsifizieren. In dieser Visualisierungsvariante wurde die Matrixdarstellung um 45° gedreht, was eine horizontale Ausrichtung der Knotenbeschriftung zur Folge hat (Abbildung 6). Auch wurde hier bewusst auf verschiedene, oben beschriebene, Eigenschaften des MatrixBrowsers, wie die Nachbarschaftsvisualisierung oder das Übersichtsfenster verzichtet, um deren Auswirkungen auf das Nutzungsverhalten zu untersuchen. Die Matrix selbst, sowie die Bäume auf den Achsen, verhalten sich interaktiv jedoch wie oben beschrieben, mit der Ausnahme, dass die Achsen nicht mit Knotenmengen belegt werden können, sondern nur mit dem Baum aus der Übersichtsdarstellung belegt sind. Damit zeigt sich die Adjazenzmatrix des Netzes mit extrahierten Teilhierarchien, deren Querbeziehungen in den Zellen visualisiert werden.

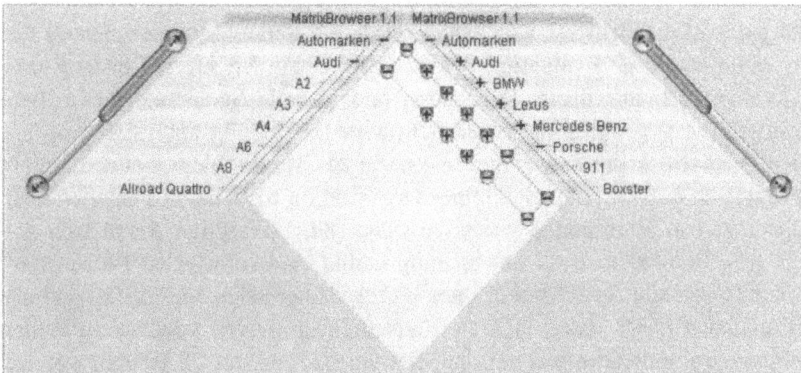

Abb. 6: 45° MatrixBrowser

3.1.7 Anwendungsfelder und Verwertungsmöglichkeiten

MatrixBrowser ist eine Visualisierungstechnik, welche bei sämtlichen Aufgaben, welche die Exploration und Manipulation von Informationsnetzen betreffen, eingesetzt werden. Dies beinhaltet den Einsatz in Contentmanagement-Systemen (siehe Kapitel 5.4) im Bereich des modellbasierten Systemdesigns sowie zur Unterstützung von Semantic Web Technologien. Im Moment befindet sich gerade eine wissensbasierte Textsuchmaschine in Entwicklung, welche den MatrixBrowser als Visualisierung und Kontextualisierung nutzt (Kunz et al. 2003).

Die einer Dokumentsammlung zugrunde liegende Ontologie kann mit Hilfe des Matrix-Browser exploriert und abgefragt werden. Da eine solche Ontologie relativ groß werden kann, bietet das Interface neben der explorativen Erschließung des Netzes einen Rechercheprozess in drei Schritten an: Um die gerade relevanten Ausschnitte des Netzes zu finden, beginnt der Nutzer mit der Eingabe eines Suchbegriffs. Hierauf vollzieht das System eine standardmäßige Volltextsuche, wobei nicht nur die reine Ergebnismenge als Liste dargestellt wird, sondern die gefundenen Dokumente den Konzepten in der Ontologie zugeordnet werden. Diese Teilbereiche der Ontologie werden visualisiert und die Treffermenge damit thematisch kontextualisiert. Im zweiten Schritt kann die Ergebnismenge weiter eingeschränkt werden, indem einzelne Begriffe auf den Matrixachsen selektiert werden. Es ergibt sich die Schnittmenge aus allen Trefferdokumenten und denen, die unter einem Kategoriebegriff als Instanzen registriert sind. Im dritten Schritt können die expliziten Relationen dazu verwendet werden, tatsächliche semantische Abfragen zu generieren. Hierzu existiert im Anwendungsfenster ein Ausschnitt, auf den mittels Drag and drop gewünschte Kategoriebegriffe und Relationen zwischen diesen gezogen werden können. So ist es möglich eine Ontologie im Sinne von „gib mir alle Publikationen von Autor X zum Thema Y im Jahre 2003" abzufragen.

3.1.8   Bewertung und Ausblick

Für die Entwicklung des MatrixBrowser-Konzeptes wurde ein iteratives, experimentell gestütztes Vorgehen eingesetzt. Zur Evaluation des Konzeptes wurden hierbei bislang drei Untersuchungen durchgeführt, mit denen Suchzeiten und visuelle Suchstrategien in herkömmlichen Netzstrukturen gegenüber der Matrix-Browser-Darstellung analysiert wurden. In den ersten beiden Tests wurde ein Anwendungsszenario zu Grunde gelegt, bei dem unterschiedliche Wissensgebiete mit den Einheiten einer Organisation bzw. deren Personen über verschiedene Beziehungen in Verbindung gesetzt wurden (z.B. „Person A kennt sich aus zum Wissensgebiet B"). In einer ersten Untersuchung wurde eine konventionelle Netzdarstellung ohne besondere visuelle Struktur mit einer korrespondierenden Matrix-Darstellung verglichen. Fünf Probanden lösten dabei mehrere Suchaufgaben, wobei Suchzeiten, Fehler und Blickbewegungsspuren aufgenommen wurden. Bei einem Netz mit 27 Knoten war die mittlere Suchzeit bei Netzdarstellung um den Faktor 2,5 höher als bei der Matrix-Darstellung, die Blickfixationen waren bei der Netzdarstellung um den Faktor 2,3 höher. Die Blickbewegungsspur eines Probanden ist in Abbildung 7 dargestellt.

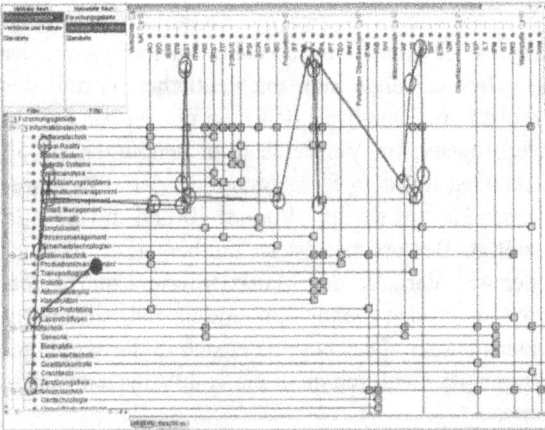

Abb. 7: Visueller Suchpfad eines Probanden mit dem MatrixBrowser

Da eine unstrukturierte Netzdarstellung bereits bei niedrigen Knoten- und Kantenzahlen praktisch nicht mehr überschaubar ist, wurde in einer zweiten Untersuchung innerhalb des selben Tests eine stark strukturierte Netzdarstellung mit expliziter räumlicher Zusammenfassung hierarchischer Teilstrukturen gegenüber der Matrix-Darstellung verglichen. Hierbei zeigten sich leichte, allerdings nicht signifikante Vorteile des Matrix-Browsers gegenüber der Netzdarstellung (Netz: Suchzeit 21 Sek./23 Fixationen; MatrixBrowser: 19 Sek./20 Fixationen, siehe Abbildung 8). Bei diesen Ergebnissen ist allerdings zu berücksichtigen, dass die interaktiven Fähigkeiten des MatrixBrowsers noch überhaupt nicht ausgenutzt wurden, um eine Vergleichbarkeit der visuellen Suchaufgabe zu gewährleisten.

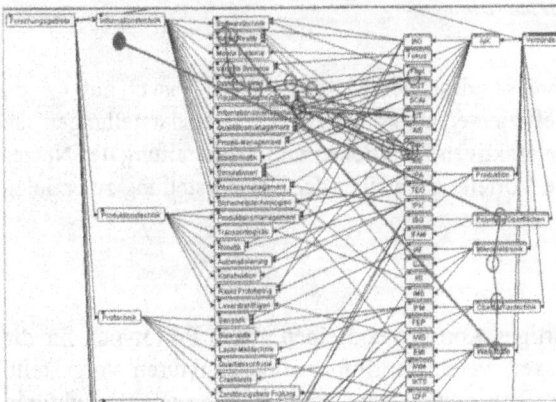

Abb. 8: Visueller Suchpfad eines Probanden mit einer strukturierten Netzdarstellung

Im dritten Test wurde auch im interaktiven Fall die Effektivität des MatrixBrowsers im Vergleich zur 45° Variante und der regulären Netzdarstellung des ST4 Systems der Firma Schema GmbH untersucht. Bei der 45° Variante bestand die Vermutung, dass durch die erhöhte Lesbarkeit der Knotenbeschriftung die Performanzzeiten erhöht werden. Vier Probanden lösten dabei mehrere Suchaufgaben aus der Domäne Autotypen mit Merkmalen wie Leistung, Farbe und Ähnlichkeit zu anderen Autos. Ebenfalls wurden dabei Suchzeiten, Fehler und Blickbewegungsspuren aufgezeichnet. Hierbei zeigte sich ein deutlicher Vorteil des MatrixBrowsers nach einem Trainingsdurchlauf. Im Durchschnitt lösten die Probanden die Aufgaben in 25 Sekunden mit dem MatrixBrowser. Im Vergleich dazu benötigten sie 52 Sekunden mit der 45° Variante und 62 Sekunden mit dem ST4 System. In der Blickbewegungsanalyse wurden mit dem MatrixBrowser 16, mit der 45° Variant 20 und mit ST4 25 Fixationen zur Lösung einer Aufgabe benötigt. Bemerkenswert ist hierbei, dass trotz der Vermutung der besseren Lesbarkeit mit der 45° Variante des MatrixBrowsers die Performanzzeiten durch den Standard-MatrixBrowser um den Faktor 2,08 erhöht und Anzahl der Blickfixationen um den Faktor 1,25 verringert wurden. Dies begründet sich in der vorhergehenden Extraktion hierarchischer Substrukturen, da hierdurch nicht die volle Adjazenzmatrix in die Exploration einbezogen werden musste.

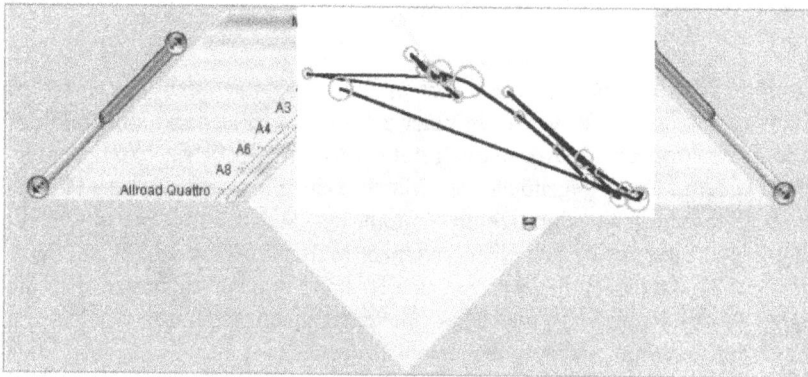

Abb. 9: Visueller Suchpfad mit der 45° Variante des MatrixBrowser

Insgesamt zeigen die bisherigen Ergebnisse, dass der MatrixBrowser-Ansatz auf Grund seiner regulären Anordnungsstruktur effizienter als konventionelle Netzdarstellungen ist. Auch konnte die These, dass durch die interaktiven Funktionen und Aufbereitung des Netzes gerade bei komplexen Netzen deutlichere Vorteile gegenüber der Netzdarstellung zu erzielen sind, begründet werden.

Ausblick

Mit diesem Beitrag haben wir ein neuartiges Konzept und einen ersten Prototypen für die Visualisierung und Exploration komplexer, vernetzter Informationsstrukturen vorgestellt. MatrixBrowser ist ein Werkzeug, um umfangreiche, stark vernetzte Informationsstrukturen effektiv zu visualisieren und durch vertraute Interaktionstechniken zu explorieren.

Weiterhin erscheint der MatrixBrowser auch als geeigneter Ausgangspunkt, um Suchergebnisse in einer Struktur von Metadaten anzuordnen und interaktiv zu explorieren. Hierzu werden gegenwärtig Techniken, die auf einem Smart-Lens-Ansatz basieren, untersucht und entwickelt.

3.1.9 Literatur

Bertin, J.: Graphics and Graphic Information-Processing. Berlin: Walter de Gruyter Co, 1981.

Biezunski, M.; Bryan, M.; Newcomb, S. R.: ISO/IEC 13250 Topic Maps: Information Technology – Document Description and Markup Language, 1999. http://www.ornl.gov/ sgml/sc34/document/0058.htm. Besucht: 14.03.2006.

Card, S. K.; Mackinley J. D.; Shneiderman, B.: Readings in Information Visualization: Using Vision to Think. San Francisco: Morgan Kaufmann, 1999.

Fensel, D.; Decker, S.; Erdmann, M.; Studer, R.: Ontobroker: The Very High Idea, In: Proceedings of the 11th International Flairs Conference, Florida, 1998.

Gansner, E. R.; North, S. C.: An open graph visualization system and its applications to software engineering. In: Software-Practice and Experience, Vol. 0, Seite 1–5, 1999.

Hendler, J.: DAML: The Darpa Agent Markup Language Homepage. http://www.daml.org. 2001.

Kifer, M.; Lausen, G.; Wu, J.: Logical Foundations of Object-Oriented and Frame-Based Languages, In: Journal of the ACM, Vol. 42, No. 4, Seite 741–843, 1995.

Kunz, C.; Botsch, V.; Ziegler, J.; Spath, D.: Contextualizing Search Results in Networked Directories. In: Proceedings of HCII 2003, Crete, Greece, 2003.

Lamping, J.; Rao, R.: Laying Out and Visualizing Large Trees Using a Hyperbolic Space. In: Proceedings of the ACM Symposium on User Interface Software and Technology, Seite 13–14, 1994.

Le Grand, B.; Soto, M.: Information Management – Topic Maps Visualization. In: XML Europe'2000, Frankreich, 2000.

Noy, N. F.; Sintek, M.; Decker, S.; Crubezy, M.; Fergerson, R. W.; Musen, M. A.: Creating Semantic Web Contents with Protege-2000. In: IEEE Intelligent Systems, Vol. 16, No. 2. Seite 60–71, 2001.

Robertson, G.; Mackinlay, J.; Card, S.: Cone trees: Animated 3D visualizations of hierarchical information. In: Proceedings of the ACM SIGCHI Conference on Human Factors in Computing Systems, Seite 189–194, 1991.

3.2 Sprachbasierte und multilinguale Systeme

Dr. Reinhard Busch

3.2.1 Interaktionskonzepte

Im Rahmen von Forschungsarbeiten werden Assistenz- und Agentensysteme entwickelt, die den Benutzer beim Zugriff auf Inhalte und Systemfunktionalität unterstützen. Eines der Ziele ist die Integration der Spracherkennungstechnik und der multilingualen Gesprächsassistenz in die Plattform, zur Unterstützung kollaborativer Tätigkeiten bei Contenterstellung und Beratungsleistungen bei Finanzdienstleitern.

Im Bereich der sprachbasierten Komponenten kommen Natural-Language-Werkzeuge zur Beschreibung der Inhalte, zur multilingualen Kommunikation, zur Anbindung von Sprach-Schnittstellen und zur Ergänzung der Fähigkeiten von virtuellen Beratern zum Einsatz. Der Benutzer kommuniziert über Tools zur sprachlichen und inhaltlichen Aufbereitung komplexer Informationen einschließlich multilingualer Übersetzung (maschinelle Übersetzung/MÜ) in natürlicher Weise mit dem System bzw. das System mit dem Benutzer.

Ein- und Ausgabemedium ist die gesprochene Sprache (Spracherkennung und Sprachsynthese), zusätzlich auf der Systemseite ein Textdisplay und eine graphische Projektion von Text- und Inhaltsrelationen, die komplexe Informationsstrukturen illustrieren und den Benutzer zur Exploration und zum Verständnis dieser Information befähigen. Die Texteingabe des Benutzers ist die klassische Form von Interaktion bei der Benutzung von MÜ. Zusätzlich sind intelligente Assistenzsysteme eingebunden, um z.B. Übersetzungen zu erleichtern, den Wechsel zwischen Sprachen zu unterstützen und automatisch fremdsprachige Phrasen in Texten phonetisch korrekt vorzulesen.

Der Informationstransfer ist durch hoch interaktive Prozesse charakterisiert, die benutzergesteuerte Interaktionsformen ermöglichen. Das System bietet sich dem Benutzer als kooperativer Partner an, die Interaktion ist benutzerinitiativ und intuitiv. Intelligente Assistenten, die die Interaktion mit dem System beim Abfragen und Einbringen von Inhalten unterstützen, erlauben dem Benutzer eine Fokussierung auf die wesentlichen Aufgaben. Zugleich werden Interaktion und Informationstransfer unterstützt durch Systemkomponenten wie mehrsprachige Lexika mit hohem Abdeckungsgrad der in Informationsnetzen verwendeten Terminologie sowie Synonym- und Äquivalenzlisten in Ausgangs- und Zielsprache.

Die Interaktion läuft zwischen Benutzer und Sprachkomponenten in beiden Richtungen ab (System ↔ Benutzer). Die dabei wirksamen Interaktionskonzepte, die einzelnen Interaktionsschritte sowie die während der Interaktion intern angestoßenen System-Reaktionen, die die intuitive und effektive Kooperation von Benutzer und System erst ermöglichen, werden im folgenden kurz skizziert.

Interaktionskonzepte Benutzer-System

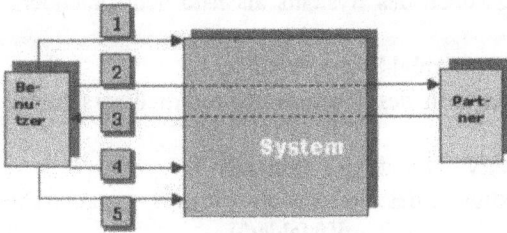

Abb. 1: Interaktion Benutzer-System

- Interaktion: Benutzer-System (Abbildung 1, Nummer 1)
  (Benutzer-initiativ)
  Via Sprach-Eingabe teilt der Sprecher dem System unmittelbar seine initiative Aussage
  und seine Intentionen in Form einer mehrteiligen Äußerung mit.
- Interaktion: Benutzer-Benutzer/Transfer-Medium (Abbildung 1, Nummer 2)
  (Benutzer-initiativ + system-kontrolliert)
  Via Sprach-Eingabe teilt der Sprecher mittelbar über das System weiteren Benutzern sei-
  ne Intentionen mit („Dialog-" und „Chat-" Funktionen; auch mit mehreren Sprechern).
- Interaktion: Benutzer-Benutzer/Transfer-Medium (Abbildung 1, Nummer 3)
  (Partner-getriggert)
  Der Sprecher empfängt mittelbar über das System Reaktionen weiterer Benutzer als na-
  türlichsprachliche Antwort (Sprache und Text; („Dialog-" und „Chat-" Funktionen).
- Interaktion: Benutzer-System (Abbildung 1, Nummer 4)
  (Benutzer-initiativ)
  Der Sprecher reagiert auf Aktionen des Systems durch Eingabe neuer Information
  (gesprochene Sprache; („Dialog-" und „Chat-" Funktionen).
- Interaktion: Benutzer-System (Abbildung 1, Nummer 5)
  (Benutzer-initiativ)
  Text-Eingabe des Benutzers
  („klassischer" MÜ-Benutzer).

Interaktionskonzepte System-Benutzer

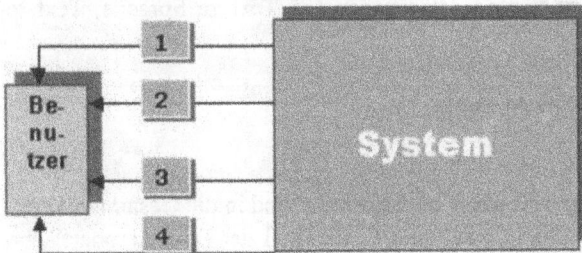

Abb. 2: Interaktion System-Benutzer

- Interaktion: System-Benutzer/system-initiativ (Abbildung 1, Nummer 1)
  Der Sprecher empfängt unmittelbar Reaktionen des Systems als natürlich-sprachliche Antwort – gesprochene Sprache.
- Interaktion: System-Benutzer/system-initiativ (Abbildung 1, Nummer 2)
  Der Sprecher empfängt unmittelbar Reaktionen des Systems als natürlich-sprachliche Antwort – Textdisplay.
- Interaktion: System-Benutzer/system-initiativ (Abbildung 1, Nummer 3)
  Der Sprecher empfängt unmittelbar Reaktionen des Systems als Antwort – graphische Projektion von Informationsstrukturen („assoziative Begriffsfelder").
- Interaktion: Benutzer-System/benutzer-initiativ (Abbildung 1, Nummer 4)
  Text-Ausgabe des Systems
  (bei „klassischer" MÜ-Benutzung).

Interne System-Reaktion
- Interaktion: System bereitet Ausgabe für weitere Benutzer vor
  (System-initiativ)
  Das System identifiziert den Spracheingabe des Benutzers (→ Spracherkennung).
- Interaktion: System bereitet Ausgabe für weitere Benutzer vor
  (System-initiativ)
  Das System bringt Sprach-Eingabe in eine textuell verarbeitbare Form (→ Sprache zu Text, Speech to Text/STT).
- Interaktion: System bereitet Ausgabe für weitere Benutzer vor
  (system-initiativ)
  Das System interpretiert und bearbeitet die transformierte Eingabe (Bereitstellung für MÜ und/oder graphische Interpretation des Inhalts).
- Interaktion: System bereitet Ausgabe für Benutzer vor
  (system-initiativ)
  Das System beschreibt und visualisiert die Strukturen des Inhalts und assoziiert Begriffe/Begriffsfelder.
- Interaktion: System bereitet Ausgabe für Benutzer vor
  (system-initiativ)
  Das System initiiert und realisiert multilinguale Bearbeitung (MÜ).
- Interaktion: System bereitet Ausgabe für Benutzer vor
  (system-initiativ)
  Das System retransformiert Text zu Sprach-Äußerungen (→ Text zu Sprache, Text to Speech/TTS)

Hardware und Plattformen : Interaktionsmanager
- Eingabemedium: Headset, Tastatur
- System-Plattform: PC, PDA

Die Funktionen sind auf Basis der Projekt-Struktur implementiert und in die Gesamtarchitektur der Plattform integriert. Die Voice-Funktionen sind Bestandteil der Benutzeroberfläche und sind auf den jeweiligen Zielplattformen in das Benutzer-Interface integriert. Die Steuerung der Ausprägung der Benutzeroberfläche erfolgt über den Interaktionsmanager.

3.2.2 Sprachsysteme: State of the Art

Gesprochene Sprache

Spracherkennung hat zum Ziel, dem Endbenutzer mehr Flexibilität zu ermöglichen. Die jahrzehntelange Grundlagenforschung in der Spracherkennung ist in letzter Zeit wesentlich vorangekommen. Für die allgemeine Textverarbeitung, die Telekommunikation und den Zugriff auf Datenbanken, sowie beim Dialog mit wissensbasierten Systemen, wird an besonders leistungsfähigen Spracherkennungssystemen geforscht. In steigendem Maße breitet sich Sprach-Technologie bei stimmaktiven Web-Applikationen, Smart-Phones, PDAs und anderen drahtlosen Einheiten aus. Während bis 1997 die meisten Spracherkennungsprogramme nur diskrete gesprochene Sprache unterstützten (diskret = mit einer Unterbrechung vor und nach jedem Wort), ist nunmehr Reden ohne spezielle Pausen oder Betonung mit normalem Stimmton durch kontinuierliche Spracherkennung allgemein ermöglicht. Dies bedeutet einen wichtigen Schritt zu höherem Benutzerkomfort: Eingabe in fließender Sprache statt Tastatur, besonders auch für den mobilen Einsatz.

Diktat vs. Befehl und Steuerung sind die zwei Aufgaben, die Spracherkennungsprogramme bewältigen können, d.h. Text zu diktieren und über gesprochene Befehle zu steuern. Hochwertige Systeme sind in der Lage, beide Aufgaben auszuführen.

Diktiersoftware verwandelt die Rede des Benutzers in Text. Es ist möglich, den so gewonnenen Text zu editieren, zu drucken und aufzubewahren wie ein normales maschinenlesbares Dokument. Diktatprogramme sind (noch) sprecherabhängig, d.h. sie verlangen, dass der Sprecher das System trainiert, damit es sein spezifisches Stimmenprofil und das Vokabular versteht. In neuester Zeit konnte bei der Spracherkennung die Trainingszeit eines Systems wesentlich reduziert werden. linguatecs VoicePro benötigt als kommerzielles Produkt nur noch eine Einarbeitungszeit von ca. 10 Minuten.

Sprecherunabhängige Erkennungssysteme existieren bisher nur für spezielle Domänen mit beschränktem Vokabular, z.B. Informationsdienste für Zugverbindungen, Aktienpreise, Verkehrsansagen. Während Spracherkennungssysteme mit Universalvokabular eine Installation auf dem Client-PC erfordern, können Spracherkennungssysteme mit einem eingeschränkten, auf spezielle Anwendungen ausgerichteten Vokabular auf einem Server installiert werden; zur Spracherkennung im Detail (vgl. Ihm 1999).

Obwohl Fortschritte bei der maschinellen Transkription von kontinuierlicher gesprochener Sprache mit umfangreichem Vokabular in den letzten Jahren gemacht wurden, ist die neuste Technik nur unter kontrollierten Bedingungen wie niedrigem Lärmpegel, sprecherabhängiger Erkennung, Client-Installation und vorgelesener Sprache wirkungsvoll.

Das schwierigste Problem in der Spracherkennung ergibt sich aus der Tatsache, dass ein Wort nie zweimal auf gleiche, identische Weise ausgesprochen werden kann, so sehr man sich auch bemüht. Die größere Varianz der Aussprache ist durch physische und psychische Verhältnisse bedingt, denen der Sprecher möglicherweise unterliegt, ebenso wie durch den sprachlichen Kontext, die Merkmale des Mikrophons oder andere Begleitumstände. Außer Prosodie und Tonhöhe wird beim Gespräch zusätzliche Information über Gestik und Gesichtsausdruck übermittelt, z.B. über die Stimmung einer Person. Diese Informationskanäle sind der Maschine unzugänglich.

Ein anderes Problem bei der Spracherkennung ergibt sich aus der Tatsache, dass Menschen nicht nur in der Lage sind, physisch zu verstehen, was geäußert wird, sondern vor allem die Bedeutung der Äußerung zu erfassen. Wenn etwa die Qualität der gesprochenen Sprache beträchtlich durch Hintergrundlärm wie Musik und Stimmengewirr beeinträchtigt wird, ist der Mensch immer noch sehr gut in der Lage, die richtige Bedeutung zu erraten, weil durch Erwartungshaltung und Kontext klar wird, was gesagt wird.

Ein besonderes Problem ergibt sich, wenn Hintergrundgeräusche zeitlich stark schwanken oder sich laufend verändern, wie z.B. im fahrenden Auto, wo in entsprechenden Situationen das Gespräch völlig im Fahrgeräusch untergehen kann, im nächsten Augenblick aber wieder verständlich wird. Bisher übliche Methoden arbeiten unflexibel, indem ein durchschnittliches breitbandiges Rauschen generell vom Gesamtsignal abgezogen wird. Dabei wird die Dynamik des sich ständig verändernden Rauschens nur unvollkommen berücksichtigt.

Im Max-Planck-Institut für Physik komplexer Systeme in Dresden wurde ein flexibles Verfahren entwickelt, das nicht-deterministische und nicht-monotone Rauschsignale, die ein Spracherkennungssystem nicht von vornherein kennt, beherrschen kann (vgl. Wahlster 2000). Das Rauschunterdrückungssystem basiert auf der Theorie des deterministischen Chaos, d.h. im scheinbar rein chaotischen Verhalten (bei nicht-deterministischen Rauschsignalen) werden wiederkehrende Strukturen aufgedeckt.

Neueste Forschungs- und Entwicklungstendenzen bestehen darin, Lippenbewegungen und andere Äußerungen der Artikulationswerkzeuge des Menschen in den Spracherkennungsprozess einzubeziehen, um daraus die kontinuierliche Wortfolge abzuleiten und in Text umzusetzen. Nach Versuchen mit ersten Prototypen besteht die Aussicht, Erfolg versprechend bei der Artikulation die Lippenbewegungen des Sprechers zu identifizieren sowie über eine am Headset integrierte Kamera Zunge und Zähne zu beobachten und somit eine verbesserte Spracherkennung bzw. eine Erkennung ohne Stimmeinsatz oder -interpretation zu erreichen (IBM-Prototyp; vgl. Butscher 2003).

Sprachsynthese-Systeme sind mittlerweile in der Lage, gesprochene Sprache in vernünftiger Qualität zu produzieren. Verfügbare Sprachcodierer können Sprache mit unter 10 kb/s übertragen. Dies hat in Verbindung mit der wachsenden Geschwindigkeit von Mikroprozessoren und Signalverarbeitungshardware zu einer steigenden Anzahl von praktischen Anwendungen geführt und weitere Forschung stimuliert. Im Allgemeinverständnis bezieht sich Sprachsynthese auf Systeme, die aus einem unbegrenzten Vokabular von Wörtern einen unbeschränkten Eingabetext synthetisieren können. Derartige Systeme versuchen sich an der schwierigsten Aufgabe der Sprachsynthese und werden z.B. zum Lesen von E-Mails eingesetzt, wo es unmöglich ist, den Inhalt vorherzusagen. Sie unterliegen dabei einer Reihe von technischen Bedingungen.

Sprachsyntheseprogramme konvertieren schriftliche Eingabe in gesprochene Ausgabe durch automatisches Generieren von synthetischer, gesprochener Sprache. Mechanische Sprach-Einheiten wurden rasch durch elektronische Sprachsimulatoren ersetzt. Modelle des menschlichen Stimmtrakts in Form von elektrischen Schaltungen konnten unter Verwendung von Basis-Artikulations-Modellen basierend auf elektrisch-akustischen Theorien erstellt werden und führten zur Realisierung von dedizierten Hardware Sprachsynthesizern.

Fortschritte in der Informatik haben das Forschungsfeld um Sprachsynthese so ausgeweitet, dass nicht nur die menschliche Sprachausgabe, sondern auch die Verarbeitung von Text modelliert ist. Dabei kommt eine Reihe von Regeln zur Anwendung, die von phonetischen Theorien und akustischen Analysen abgeleitet sind. Diese Technik wird regelbasierte Sprachsynthese genannt. Es gibt jedoch keine systematischen Studien um zu bestimmen, wie und wo die akustischen Parameter von Einheiten am besten zu extrahieren sind oder welches Sprachkorpus als optimal betrachtet werden kann.

In Sprachsynthesesystemen werden auch Spracheinheiten verwendet, die normalerweise kleiner als Wörter sind, um gesprochene Sprache von beliebigem Eingabe-Text zu synthetisieren. Da es beispielsweise im Englischen 10.000 verschiedene mögliche Silben gibt, wurden wesentlich kleinere Einheiten wie Phoneme und dyads (Phonempaare) als Typen modelliert. Insgesamt gibt es folgende Einheiten: Diphone, Triphone, Halbphoneme, Halbsilben, Silben, Wörter und sogar verschiedene längere Einheiten. Die spektralen Merkmale eines Sprachsegments variieren je nach phonetischem Kontext, so, wie er durch benachbarte Phoneme, durch Betonung und positionelle Unterschiede definiert ist. Für die Synthese von natürlich-klingender Sprache ist es wesentlich, Prosodie zu steuern und entsprechend Rhythmus, Tempo, Akzent, Intonation und eine korrekte Betonung sicherzustellen.

Sprachsynthesesysteme können an der Fähigkeit zum Text-Processing, der Fähigkeit zur Aussprache inklusive (Eigen-)Namen, der Verständlichkeit und der Natürlichkeit gemessen werden. Es gibt aber keine universell akzeptierten Referenz-Tests oder Standardsysteme. Die informelle vorwissenschaftliche Auswertung eines Systems, indem lediglich ein paar Sätze angehört werden, kann zu ungenauen Schlüssen über Textverarbeitungsfähigkeit oder Aussprachefähigkeiten des Systems führen. Informelles Zuhören könnte zwar einen besseren Einblick in Verständlichkeit und Natürlichkeit eines Systems liefern, jedoch haben manche Systeme bei bestimmten Sätzen eine bessere Leistung als bei anderen. Daher ist für die Beurteilung erst eine weitergehende, evaluierende Auswertung wirksam. Hierbei ist der Unterschied zwischen Verständlichkeit und Natürlichkeit wichtig. Die Verständlichkeit eines Systems ist der Maßstab, wie gut ein Hörer verstehen kann, was gesagt wird. Natürlichkeit ist stärker subjektiv und bezieht sich im Wesentlichen darauf, wie sehr die synthetische Stimme wie die eines Menschen klingt.

Systeme, die mit der akustisch parametrisierten, regelbasierten Formant-Technologie arbeiten, bieten gesprochene Sprache mit geminderter Natürlichkeit an, sind aber in der Lage, Text aus einem unbegrenzten Vokabular mit unbeschränktem Eingabetext zu synthetisieren. In einer virtuellen Situation, die nicht auf einen fixierten Inhalt beschränkt ist, wird der Benutzer eine akzeptable Sprachausgabe für eine offene Domäne mit ausgedehntem Basisvokabular fordern. Systeme mit diphonbasierter Verkettungstechnik dagegen können für eine eingeschränkte Domäne fast natürlich klingende gesprochene Sprache produzieren. Text außerhalb dieser Domäne jedoch wird in vielen Fällen in minderer Sprech-Qualität produziert oder kann im schlimmsten Fall überhaupt nicht gelesen werden. In dieser technologischen Linie sind konkatenierende Systeme entwickelt, die nur in einer eingeschränkten Domäne operieren und Wort- oder Phrasen-Verkettungstechniken anwenden.

Eine weitere konkatenierende Technologie ist die Unit-Selection-Synthese. Die Grundidee dabei ist, dass auf einer Menge natürlichsprachlicher digitalisierter Signale und deren Zerlegung in zeitliche Intervalle mit eindeutigem Index eine Abbildungsvorschrift zwischen den phonetischen und prosodischen Symbolen der Eingabe und den Indizes der Bausteine konstruiert wird. Die Intervalle beschreiben einen sinnvollen Abschnitt der Sprachsignale. Die Konkatenation der durch die Indizes bezeichneten Signalabschnitte ergibt das gesuchte synthetische Signal. Die Indizes werden dabei derart gewählt, dass das resultierende Sprachsignal optimal im Sinne der Sprachwahrnehmung ist. Die erzeugten Referenzsignale sollten ähnliche Ergebnisse liefern wie natürliche Sprache.

Verständlichkeit und Natürlichkeit stehen nicht in Korrelation. Ein System kann äußerst verständlich, aber nicht sehr natürlich sein oder natürlich sein, aber eine schwache Verständlichkeit haben. Natürlichkeit ist wichtig, Verständlichkeit allerdings ist von größerer Tragweite; denn bei den meisten Anwendungen ist es irrelevant, wie angenehm das System klingt, wenn man nicht verstehen kann, was gesagt worden ist. Gute Ergebnisse werden erst mit den besten Features beider Ansätze erzielt. Ein diphonbasierter verkettender Unit-Selection-Algorithmus zur Synthese liefert die derzeit besten Resultate, insbesondere, wenn Prosodiefaktoren selektiv modifizierbar sind und eine Feinkontrolle der für die Synthese zu wählenden Einheiten ausgeübt werden kann (z.B. Wort-Konkatenierung, vgl. Wahlster 2000). Ein derartiger Ansatz kommt auch bei der Sprachsynthese in INVITE zum Einsatz (vgl. Kapitel 3.2.3).

Maschinelle Übersetzung

Über den direkten Ansatz für maschinelle Übersetzung (MÜ), bei dem in der Frühphase MÜ mehr als ein kryptographisches Problem gesehen wurde, in dem ein ausgangssprachliches (Text-)Symbol durch ein zielsprachliches ersetzt wird (so genannte „Wort-für-Wort"-Übersetzung), versuchte man infolge der schlechten Ergebnisse mit neuen Ansätzen aus dem Bereich der Computerlinguistik und anderer Disziplinen die Ergebnisse zu verbessern.

Seit Beginn der achtziger Jahre wurden Systeme entwickelt, die sich Forschungsergebnisse aus dem Bereich der künstlichen Intelligenz (KI) zunutze machten: In so genannten wissensbasierten Systemen sollte die Implementierung von Weltwissen semantische Mehrdeutigkeiten auflösen. Der Interlingua-Ansatz benutzt eine semantisch motivierte Repräsentationssprache. Die Interlingua ist eine sprachunabhängige, abstrakte Repräsentation der Bedeutung des ausgangssprachlichen Satzes, die unabhängig von der Ausgangssprache ist und aus der direkt der Satz in entsprechende Zielsprachen generiert werden kann. Um die Bedeutung ermitteln zu können, ist eine tiefe linguistische Analyse nötig.

Theoretisch ist der Ansatz interessant, da er modular ist und neue Sprachpaare jeweils nur zwei neue Module benötigen: die Analyse, die die komplexe Interlingua-Repräsentation aufbaut und die Generierung, die den zielsprachlichen Satz aus der Interlingua generiert. Praktisch ergibt sich jedoch das Problem, dass eine vollständige Interlingua ein Welt-Modell mit allen semantischen Merkmalen enthalten müsste. Eine solche sprachunabhängige Repräsentation ist ein bisher ungelöstes Problem. In jüngster Zeit gibt es wieder vermehrt Forschungsprojekte im Bereich von Interlingua und Semantik (z.B. das internationale Projekt zur Realisierung der Universal Networking Language (UNL); vgl. Uchida 2003).

Die sprachenpaarabhängige, syntaktisch orientierte Transfer-Architektur besitzt neben Grammatiken und Lexika eine sprachenpaarabhängige Transferkomponente zwischen ausgangssprachlicher und zielsprachlicher Text-Repräsentation. Die Übersetzung wird in drei verschiedenen Phasen durchgeführt: in der Analyse wird der Quelltext analysiert und als abstrakte Repräsentation – (meist) in Form eines syntaktischen Baumes – an den Transfer weitergeliefert, in dem sprachenpaarbezogene Transformationen ausgeführt werden, bevor der Text in der Zielsprache generiert wird. Die meisten kommerziellen Systeme, die sich im praktischen Einsatz bewährt haben, basieren auf dem Transferansatz. Linguatec bildet hier keine Ausnahme, benutzt allerdings einen modernen und effektiven State-of-the-Art-Grammatikformalismus (die so genannte „slot grammar"; vgl. McCord 1990).

Seit den 90er Jahren kommen nicht-linguistische statistische Ansätze zur Anwendung, die mit bedingten Wahrscheinlichkeiten und stochastischen Modellen arbeiten. Benutzt wird ein „Übersetzungsmodell", um durch Vergleich aus verschiedenen Übersetzungshypothesen, die von einem Algorithmus generiert werden, den besten zielsprachlichen Satz herauszufiltern. So wird beispielsweise mit Hilfe eines Übersetzungsmodells ein englischer Satz gesucht, der die wahrscheinlichste Übersetzung eines gegebenen französischen Satzes ist und gleichzeitig wird mittels des englischen Sprachmodells überprüft, ob der englische Satz wohlgeformt und korrekt ist. Dies kann zur bedingten Wahrscheinlichkeit berechnet werden.

Das Problem statistischer Ansätze ist, dass sowohl das Übersetzungsmodell als auch das Sprachmodell sehr komplex sind und eine Vielzahl von Parametern benutzen. Die Präzision der Systeme hängt stark von der Menge der Trainingsdaten ab. Umfangreiche statistische Systeme sind insofern meist im Forschungskontext zu finden (vgl. z.B. Höge 2002).

In jüngster Zeit gibt es eine verstärkte Tendenz zu hybriden Systemen. unterschiedliche Ansätze werden in einem MÜ-System integriert, um die Vorteile verschiedener Verfahren zu nutzen und ihre Schwächen zu umgehen.

Eine der hybriden Methoden besteht darin, den zu übersetzenden Satz parallel verschiedenen MÜ-Systemen mit unterschiedlichen technologischen Ansätzen einzugeben und die gesamte Ausgabe zu kombinieren, indem die besten Phrasen zusammengesucht werden und der zielsprachliche Satz aufgebaut wird. Für das beste Ergebnis werden zugewiesene Korrektheitswerte normalisiert und bei der Integration statistisch ausgewertet.

In Zukunft sind sicherlich generell kombinierte Ansätze die Erfolg versprechende Lösung, sei es die Kombination von Übersetzungsarchiv und maschineller Übersetzung, hybride statistisch-linguistische Übersetzungsverfahren oder ein Multi-Engine-Übersetzungssystem, oder eine Kombination von allen. Vor der weitgehenden Verfügbarkeit derartiger System auf Produktniveau ist allerdings derzeit noch Forschungsarbeit nötig.

Speech-to-Speech-Übersetzung

Ein bedeutsames aktuelles Entwicklungsfeld sind Übersetzungssysteme für gesprochene Sprache – einer der innovativsten Bereiche der MÜ. Gegenwärtig ist die vollständige Speech-to-Speech-Übersetzung mit Sprach-Ein- und Ausgabe meist ein Thema der Forschung. Labor-Prototypen können nur eingeschränkte Domänen behandeln, und die Forschung untersucht hauptsächlich, wie die verschiedenen Techniken der Verarbeitung von gesprochener und geschriebener Sprache integriert werden können.

Ein erster Schritt bei der Entwicklung von Speech-to-Speech-Übersetzungen ist das Verbmobil Projekt des BMBF (vgl. Wahlster 2000). Verbmobil hat einen Prototyp eines MÜ-Systems, das als Dolmetscher fungiert, entwickelt; die automatische Übersetzung einer gesprochenen sprachlichen Äußerung und ihre zielsprachliche Wiedergabe ebenfalls in gesprochener Sprache. Der Prototyp ist sprecherunabhängig gestaltet, verarbeitet spontane gesprochene Sprache und bietet Hilfe bei mehrsprachigen Dialogsituationen an.

Prinzipiell ist festzustellen, dass bisher die Qualität von Speech-to-Speech-Übersetzungen nicht sehr zufrieden stellend war. Falsch erkannte gesprochene Worte können nämlich dazu führen, dass die gesamte Satzkonstruktion vom MÜ-System falsch analysiert und übersetzt wird, d.h. hier potenzieren sich mögliche Fehler beider Technologien (Spracherkennung/MÜ. Da aber inzwischen auch kommerzielle Spracherkennungstools bessere Ergebnisse liefern, ist die automatische Speech-to-Speech-Übersetzung realistisch geworden. Ein effektiver Anwendungsrahmen für die Technologie bietet sich in INVITE durch den automatischen Fremdsprachen-Assistenten. linguatec begann als erstes Unternehmen, Spracherkennung, MÜ und Sprachsynthese für einen marktfähigen Produktprototyp zu kombinieren und brachte auf Grund der Erfahrungen das Produkt „talk & translate" (vgl. www.linguatec.de) auf den Markt. Auf der Basis dieser Technologie wurde im Rahmen des INVITE-Projekts das multilinguale Konferenz-/Chat-System entwickelt (siehe Kapitel 3.2).

3.2.3   Innovationen und Ergebnisse

Eines der Interaktionsparadigmen in INVITE ist die „Multimodale Interaktion für kreative Team-Sitzungen". In diesem Rahmen wurde ein produktnaher Prototyp („automatischer Fremdsprachen-Assistent") entwickelt. Der Fremdsprachen-Assistent hat zum Ziel, Benutzer mit unterschiedlichen Voraussetzungen bei der mehrsprachigen Kommunikation effektiv und intelligent zu unterstützen.

Das intelligente Assistenzsystem ist durch den aufeinander abgestimmten Einsatz aktueller Sprachtechnologien charakterisiert, um möglichst weitgehend mittels innovativer Mensch-Maschine-Technologie eine intuitive und reziproke Interaktion zwischen Benutzer und System zu ermöglichen.

Das Paket „Fremdsprachen-Assistent" wurde dabei unter mehrfachen Aspekten bearbeitet und so realisiert, dass eine Assistenz in zwei zentralen Anwendungsbereichen angeboten ist:

1. Fremdsprachlicher Beratungsassistent, realisiert als System für multilingualen Chat;
2. Assistent zur Gesprächsunterstützung durch Begriffsassoziationen.

In der Projektlaufzeit gelang es, innovative Entwicklungen für beide Gebiete zu realisieren und positive Ergebnisse zu erzielen, die als an der Spitze der Innovation stehend bezeichnet werden können. Für die Arbeiten am multilingualen Chat wurde linguatec im Herbst 2003 von der Europäischen Kommission mit den European IST Prize ausgezeichnet.

Neben Neu-Entwicklungen wurden innovative und funktionale Verbesserungen am vorhandenen maschinellen Backend-Übersetzungsystem vorgenommen, die positive Auswirkungen auf den Einsatzbereich und die Kommunikationsfähigkeit des Systems gezeigt haben. Prinzipiell wurden darüber hinaus innovative Methoden für die Realisierung des technischen Umfelds, d.h. die progammtechnische Umsetzung, die eigentliche Implementierung und die Konfiguration der Hardware-Umgebung erarbeitet und realisiert.

Im Folgenden werden beide Anwendungsbereiche des maschinellen Gesprächsassistenten ausführlicher vorgestellt.

Multilingualer Chat
Mehrsprachige Dialoge
Die Unterstützung mehrsprachiger Dialoge in e-Business-Anwendungen (Chats) ist ein neues Merkmal, das es ermöglicht, Gesprächsteilnehmer unterschiedlicher Muttersprache und unterschiedlicher Sprachfähigkeiten in einen Dialog einzubeziehen (vgl. Abbildung 3):

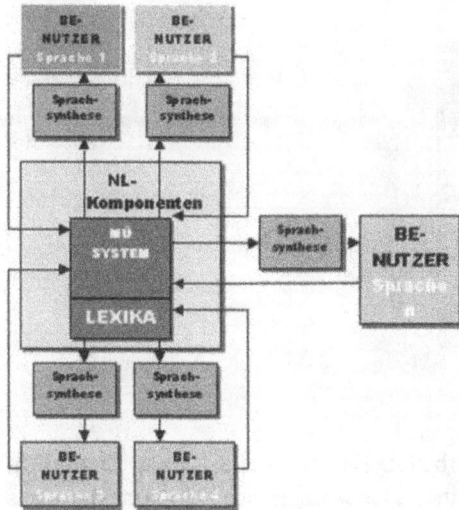

Abb. 3: Interaktion System-Benutzer

Ziel für den Ausbau einer solchen kollaborativen Anwendung war im INVITE Projekt die Realisierung einer multilingualen Kommunikationplattform zwischen verschiedensprachigen Partnern mit Szenarien im Bereich e-Commerce, d.h. community-basierte Erstellung und Nutzung komplexer Finanzdienstleistungen und Kundenberatung.

Der für diesen Zweck entwickelte multilinguale Chat-Assistent erlaubt mehrsprachige Sitzungen verschiedensprachiger Benutzer, die ihre Sprachen gegenseitig nicht verstehen, aber eine gemeinsame Verständigung über die für eine Sitzung aktuellen Themen erreichen wollen. Das System vereint neueste Technologien und linguistische Strategien. Zur Systemfunktionalität vgl. Abbildung 4, die die Benutzer-Oberfläche während einer Beratungssitzung mit drei Partnern zeigt – einem Franzosen, einer Engländerin und einem Deutschen:

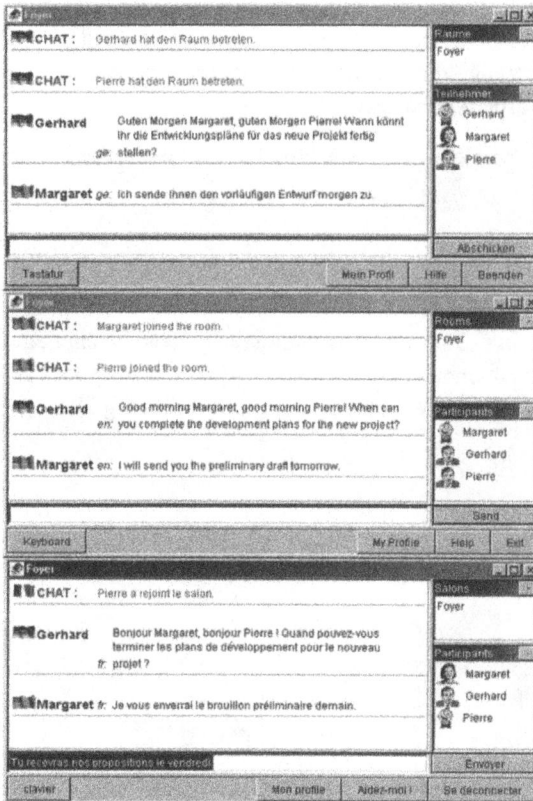

Abb. 4: Multilingualer Chat; Interface

Die jeweilige Quellsprache wird maschinell bearbeitet. Eine spezielle Lösung ermöglicht ihre automatische Identifikation. Beim Öffnen eines Dokumentes oder der Eingabe eines Dialogtextes wird auf diesem Weg festgestellt, um welche Sprache es sich handelt („language identifier"). Wenn mehrere Sprachen in einem Text bzw. Dialog vorkommen, kann dies ermittelt und angezeigt werden. Im Dialog wird/werden folgerichtig die entsprechende(n) Übersetzung(en) aktiviert und der identifizierte Eingabe-Text automatisch in die Sprachen der anderen Teilnehmer an der Konferenz übersetzt.

Das System verkörpert somit das die Partner verbindende Kommunikationsglied, das nicht nur die fließende Kommunikation der Chat-Sitzung gewährleistet, sondern auch Sprachbarrieren überwindet und Kommunikation zwischen Gesprächspartnern ermöglicht, die nicht die Sprachen ihrer jeweiligen Partner beherrschen.

Integrierte Sprachsynthese
Eine weitere Funktionalität des Fremdsprachen-Assistenten besteht darin, dass die Übersetzung mit Sprachsynthese gekoppelt ist, d.h. alle übersetzten und in der jeweiligen Sprache generierten Texte werden dem Partner in seiner Muttersprache vorgelesen. Somit erfährt jeder Teilnehmer in seiner Sprache vom System die vom Partner gesendeten und über die Tastatur eingetippten Nachrichten nicht nur schriftlich, sondern hört sie auch in gesprochener Sprache. Der multilinguale Chat-Assistent mit integrierter Sprachsynthese hat in dieser Funktionalität ein Alleinstellungsmerkmal im Vergleich zu anderen bekannten Systemen.

Die Sprachsynthese-Funktionalität ist sukzessiv integriert, wobei eine Kombination der modernsten Technologien der Sprachsynthese (diphon-basierte Konkatenationssynthese mit Unit-Selection Synthese) evaluiert und angewendet wurde. Die Anforderungen nach einer möglichst natürlichen Mensch-Maschine-Interaktion werden am besten von einem Verfahren erfüllt, das die Robustheit der Diphonsynthese mit der klanglichen und prosodischen Qualität der Unit-Selection Synthese kombiniert. Dieses Verfahren wurde gewählt und integriert. Das Ergebnis ist eine weitestgehend natürliche Sprachsynthese, die gut verständlich ist. Die Multimodalität ist durch die Integration einer prosodie-optimierten Sprachsynthese erweitert.

Ein besonderes Kennzeichen ist die schnelle Adaptierbarkeit des Sprachsynthesemoduls hinsichtlich unterschiedlicher Domänen- und Terminologieanforderungen. Dabei orientieren sich die Tools für eine phonetische Konvertierung von Eigennamen und Neologismen an internationalen Standards wie z.B. IPA (International Phonetik Alphabet) und SAMPA (Speech Assessment Methods Phonetic Alphabet).

Auswirkung auf die MÜ und technische Realisierung
Im Bezug auf die MÜ als Backend-System wurden die Erkennungs- und Verarbeitungsalgorithmen hinsichtlich der Finanztexte und -terminologie verfeinert und optimiert. Die Lern- und Anpassungsfähigkeit der Plattform ist durch eine automatische Identifizierung von unbekannten Begriffen und eine benutzerinitiierte Erweiterungsoption sowie durch die Visualisierung dieser Information transparent gemacht.

Das Vokabular ist auch hier um Neologismen erweitert und besonders an die Erfordernisse von e-Business angepasst, was sich als ein fortlaufender Prozess herausgestellt hat, da gerade durch die Dynamik neuer Technologien viele neue Begriffe geschaffen werden, die zusammen mit ihren Übersetzungen verfügbar sein müssen. Die Berücksichtigung sprachlicher und übersetzungsrelevanter Merkmale in Benutzerprofilen ist ein innovativer Aspekt bei der Benutzermodellierung, der hier erstmals in diesem Rahmen untersucht und angewendet wird.

Die Integration der Sprachsynthese in den multilingualen Chat stellt besondere Anforderungen an die Synchronisierung der Datenflüsse. Die hohen Speicher- und Prozessoranforderungen für Übersetzungs- und Sprachsynthese-Server bedingen eine skalierbare, dezentrale Architektur. Um sicherzustellen, dass Text und Sprache bei allen Clients (Teilnehmern) gleichzeitig dargestellt werden, übernimmt der Chat-Server auch die erforderliche Synchronisierung. Das Führen eines zwei- oder mehrsprachigen Dialogs wird durch die dezentrale Architektur für die Szenarien des e-Commerce ermöglicht.

Die Übersetzungstechnologie ist auf die Gegebenheiten der jeweiligen Anwendungssituation hin adaptiert. Für das Kundenberatungsszenario ist eine Offline-Übersetzungsfunktion installiert, die auf die Übersetzung von Nachrichten im Hintergrund ausgerichtet ist und jederzeit vom Benutzer angefordert werden kann. Die Übersetzungsfunktion wurde dabei auf die individuellen Fremdsprachenkenntnisse des Benutzers abgestimmt. Die Skala reicht vom situativen Terminologie-Lookup bis hin zur Volltextübersetzung.

Die wissenschaftlich-technischen Ergebnisse tragen dazu bei, mehrsprachige Beratungsdialoge und die Nutzung fremdsprachiger Informationsquellen zu erleichtern. Es ergeben sich vielfältige Anwendungsmöglichkeiten, die sich zeitnah umsetzen lassen.

Gesprächsunterstützung durch Begriffsassoziationen

Die zweite Anwendung, bei der Gesprächsassistenz geleistet wird, ist die Unterstützung des Gesprächs durch visuelle, dynamisch die Gesprächsthematik aktualisierende Hilfsmittel. Im Rahmen des Einsatzszenarios lassen die Gesprächspartner den von ihnen gesprochenen Text per Spracherkennung aufzeichnen. Das Gesprächsprotokoll wird ausgewertet, indem aus dem laufenden Textstrom wichtige Begriffe und ihre Zusammenhänge isoliert werden, um

- den Inhalt des Gesprächs auszuwerten und eine Übersicht über die zum Thema gehörenden Fachbegriffe zu erhalten;
- eine graphische Repräsentation des Gesprächgegenstandes zu erzeugen;
- den Gesprächspartnern Informationen über weitere damit zusammenhängende Begriffe zu geben. Diese werden automatisch assoziiert und für neue Zwecke aktualisiert, z.B. der thematischen Ausweitung des Gesprächs (vgl. das Schema in Abbildung 5):

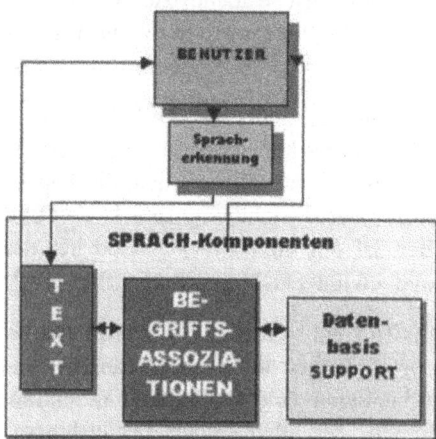

Abb. 5: Datenfluss – Gesprächsunterstützung durch Begriffsassoziationen

Darüber hinaus ist es möglich, dass bei einem Gespräch zwischen Experten einem Interessierten typische Fachbegriffe und Relationen zwischen diesen graphisch vermittelt werden. Dieses Wissen kann er nutzen, um ins Gespräch einzugreifen und kompetent Zusammenhänge zu erfragen oder Stichwörter für den weiteren Gesprächsverlauf zu geben. (Vgl. z.B. zur optischen Repräsentation den Assoziationsgraph des Begriffs „Börse", Abbildung 6).

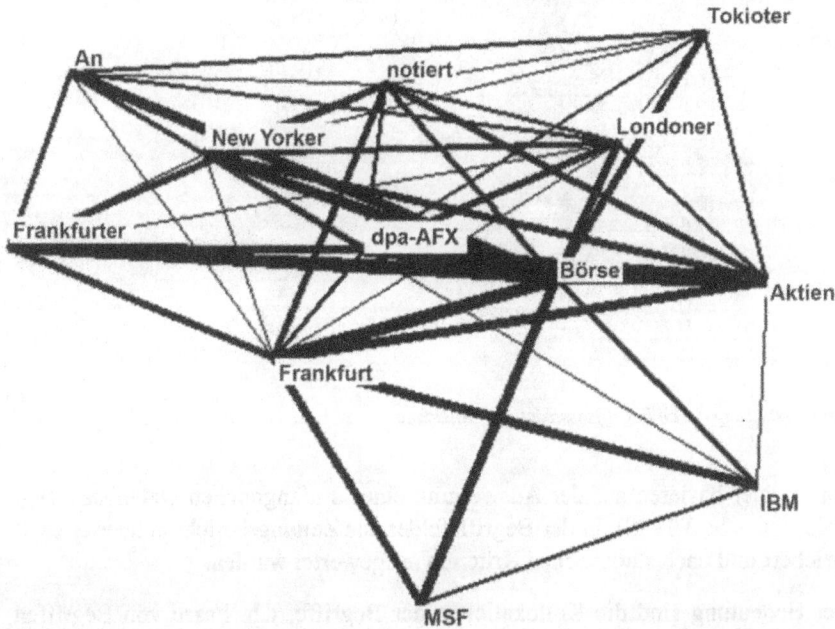

Abb. 6: Assoziationsgraph für „Börse"

Diese Art der Gesprächsunterstützung basiert auf gesprochener Spracheingabe. Die gesprochenen Passagen werden identifiziert und in schriftlichen Text umgewandelt. Der Text wird in Echtzeit auf dem Bildschirm gezeigt.

Gleichzeitig wird der Text interpretiert, auf Schlüsselwörter untersucht und über diese inhaltlich erweitert. Dies geschieht, indem identifizierten Schlüsselwörtern verwandte Begriffe assoziiert und graphisch sichtbar gemacht werden. In einem separaten Fenster werden Graphen präsentiert, deren Knoten Schlüsselwörter und ihnen assoziierte Begriffe sind. Dabei sind Schlüsselwort und assoziierter Begriff graphisch über Kanten verbunden und werden im Gesprächsverlauf dynamisch aktualisiert bzw. entsprechend dem Inhalt des Gesprächs sowie den in der Datenbasis gefundenen Kollokationen erweitert (vgl. Abbildung 7):

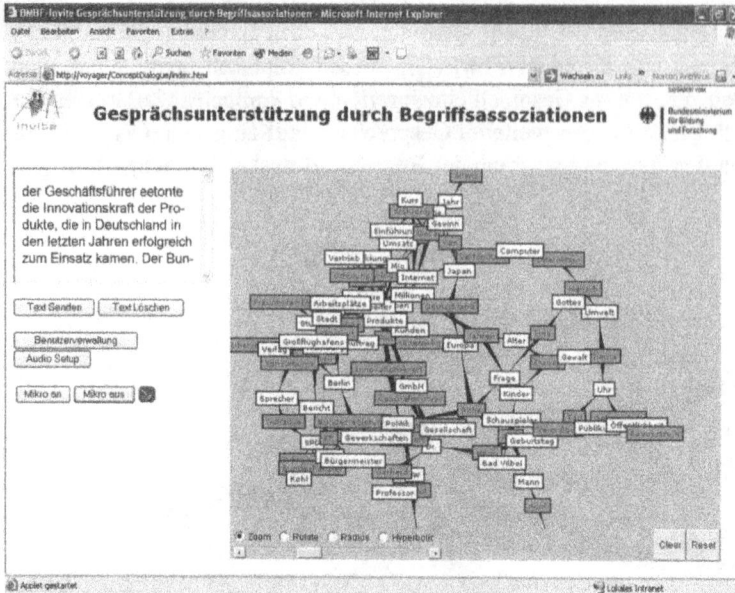

Abb. 7: Gesprächsunterstützung durch Begriffsassoziation – Interface

Die Assoziationsmuster basieren auf der Auswertung einer umfangreichen Datenbasis (vgl. Heyer et al. 2003, Quasthoff 1998), in der Begriffsfelder aus Zeitungsberichten über circa 10 Jahre hin gespeichert und nach statistischen Kriterien ausgewertet wurden.

Von besonderer Bedeutung sind die Kollokationen der Begriffe, d.h. Paare von Begriffen, die statistisch auffällig gemeinsam miteinander auftreten und häufig menschlichen Assoziationen entsprechen. Das Wiederauffinden der Assoziationen im Expertengespräch ist der Kernpunkt der Gesprächsunterstützung. Die Begriffsassoziationen werden vollautomatisch ermittelt und können in Echtzeit mit den Begriffen aus dem Gespräch verglichen werden.

Die Auswertung des Gesprächs ist als so genannter Web-Service implementiert, d.h. der auszuwertende Text wird als Ganzes oder in Teilen mittels eines standardisierten Protokolls an den Server geschickt, der das gesamte bzw. partielle Auswertungsergebnis als textuelle Beschreibung und Graphik zurückschickt. Dieses Ergebnis wird auf dem Bildschirm angezeigt.

Bei der Analyse kommen folgende Daten und Methoden zum Einsatz:

- der Aufbau einer applikationsspezifischen Datenbank, die Wissen aus bisherigen Gesprächen und anderen Texten zum Gesprächsthema enthält;
- der Vergleich der Auftretenshäufigkeiten mit einer allgemeinen linguistischen Datenbank, die Daten über den „normalen" Sprachgebrauch enthält und zum Vergleich benötigt wird;
- der Text des Gesprächs, der zunächst mit linguistischen Verfahren (Segmentierung, Grundformenreduktion, Erkennung von Mehrwort-Begriffen) analysiert wird;
- die Extraktion der wichtigen Fachbegriffe mittels der Vergleichsdatenbanken;

- die Bewertung ihrer Assoziationen, die durch statistisch auffällig gemeinsames Auftreten in den gesammelten Texten gemessen wurden;
- die graphische Darstellung der relevanten Assoziationen durch Simulated Annealing (d.h. ein randomisiertes Verfahren, das in vielen praktischen Fällen gute Näherungslösungen für kombinatorische Aufgabenstellungen liefert).

Die Kombination von multilingualem Chat und integrierter (auch multilingualer) Gesprächsunterstützung durch Begriffsassoziationen ist möglich und hat den in Abbildung 8 skizzierten Datenfluss:

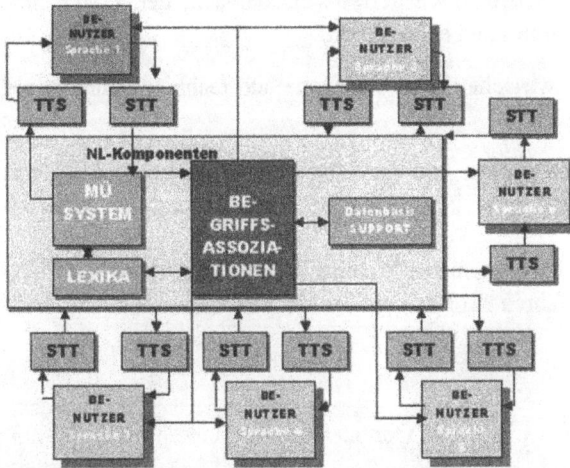

Abb. 8: Multilingualer Chat und Begriffsassoziationen kombiniert

Die Aufzeichnung der Diskussion in Sitzungen der Fachexperten erfolgt mittels des Systems VoicePro (Kernsoftware zur Erkennung von 1 Mio. unterschiedlichen Wortformen), das die Umwandlung von Sprach in Text (in den Abbildungen: STT) vornimmt. Anschließend erfolgt eine Extrahierung von auffälligen Themenbezügen, um damit automatisch ein erstes Themennetzwerk (in der Abbildung: Begriffsassoziationen) zu generieren. Aus dem Austausch verschiedener fachspezifischer Themen der Berater ermittelt das System VoicePro in Verbindung mit dem Assoziationsgenerator („Topic Builder") relevante Topics und erstellt daraus Vorschläge für die Strukturierung von Sub-Communities.

3.2.4 Bewertung und Ausblick

Der Ausbau des kollaborativen Anwendungsszenarios im Bezug auf die Mehrsprachigkeit sowie die kooperierende und intuitive Gesprächsunterstützung durch Begriffsassoziationen sind Bereiche von hoher Innovation und stellen Alleinstellungsmerkmale dar. Das Forschungsprojekt INVITE hat einen effektiven Rahmen bereitgestellt, um Spitzentechnologie im Hinblick auf die Realisierung einsetzbarer Produkte zu entwickeln. Dabei gab es auch eine Reihe von Detailverbesserungen in allen Bereichen der zum Einsatz kommenden Sprach- bzw. Übersetzungstools, die die Basis der Entwicklung bilden.

Der erreichte Entwicklungsstand des Fremdsprachen-Assistenten und des Systems zur Gesprächsunterstützung durch Begriffsassoziationen kann nach bisherigen Vergleichstests eine Spitzenstellung hinsichtlich Übersetzungsqualität, Skalierbarkeit und Adaptierbarkeit beanspruchen. Da die Prototypen des multilingualen Chats mit integrierter Sprachsynthese sowie der Generator von Begriffsassoziationen in anderen Kommunikationssystemen nicht ihresgleichen haben, können die erreichte Innovation sowie die Erfolgsaussichten für eine darauf aufbauende Entwicklung als sehr günstig eingeschätzt werden.

Die Verwertungsaktivitäten zeigten erste, erfreuliche Ergebnisse. So hat die Siemens AG nach erfolgreichem Abschluss umfangreicher Anwendertests entschieden, den Fremdsprachen-Assistenten im unternehmensweiten Intranet einzusetzen.

Anschlussaktivitäten mit beträchtlicher wirtschaftlicher Relevanz und technisch ehrgeiziger Zielsetzung bestehen in folgenden Bereichen:

- Erweiterung der Multimodalität: Integration von serverbasierter Spracherkennung mit weitgehender Sprecherunabhängigkeit unter besonderer Berücksichtigung der Anforderungen von mobilen Endgeräten.
- Ausbau der Wissensrepräsentation: Integration des Fremdsprachen-Assistenten mit Textanalyse- und Wissensextraktionsverfahren auf Basis großer Korpora.

3.2.5   Literatur

Butscher, R.: Report Spracherkennung – Chips mit Ohren. Bild der Wissenschaft 6/2003, Seite 96-102.

Heyer, G.; Quasthoff, U.; Wolff, C.: Möglichkeiten und Verfahren zur automatischen Gewinnung von Fachbegriffen aus Texten. In: Bullinger, H.-J. (Hrsg.): Proceedings Innovationsforum „Content-Management – Digitale Inhalte als Bausteine einer vernetzten Welt. Stuttgart: 2003-08-11.

Höge, H.: Project Proposal TC-STAR – Make Speech to Speech Translation Real. München: Siemens 2002.

Paper/LREC Conference, http://www.tc-star.org. Besucht: 14.03.2006.

Ihm, H.R.: Das große Spracherkennungsbuch. München: linguatec, 1999.

McCord, M.: English Slot Grammar – COMLEX Syntax Reference Manual. Proteus Project. New York: University 1990.

Quasthoff, U.: Deutscher Wortschatz im Internet. LDV-Forum 2, 1998.

Uchida, H.: Knowledge Description Language. Universität Tokio, Semantic Computing Workshop (Presentation), April 2003.

Wahlster, W. (Hrsg.): Verbmobil: Foundations of Speech-to-Speech Translation. Berlin-Heidelberg: Springer 2000.

Wengenmayr, R.: Rauschfreie Zone. In: Max-Planck-Forschung 2/2003, Seite 32–35.

3.3   Interaktion in auditiven Informationsräumen

Palle Klante, Peter Gorny, Michael Gründler

3.3.1   Einführung

Das Internet hat für blinde Nutzer eine besondere Funktion, da es Defizite auf Grund der Erblindung in vielen privaten und öffentlichen Bereichen kompensieren kann. Es dient zur Kommunikation mit anderen Menschen, als Einkaufshilfe oder zum Abrufen von allgemeinen Informationen. Entsprechend ist das Surfen zum reinen Vergnügen nebensächlich und die Navigation eher zielorientiert. Meist möchten sich blinde Benutzer rasch einen Überblick verschaffen und sich nicht durch unnötig kompliziertes, zeitraubendes Suchen aufhalten lassen.

Im Projekt „Zugang zum Internet für Blinde" wurde ein auditiver Interaktionsraum zur Ergänzung der Fenster von gängigen Webbrowsern, z.B. dem Internet Explorer entwickelt, um der Benutzergruppe der Blinden den Zugang zu Webangeboten zu ermöglichen. Die wesentlichen Layoutstrukturen werden zugänglich gemacht, so dass Nutzer schneller als mit Hilfe vorhandener Screenreader und den damit verbundenen sequenziellen Erkunden einer Webseite zu ihrem Ziel kommen. Layout wird als Virtual-Reality-Klangbild präsentiert, Text vorgelesen. Es wurden mehrere Lösungen in Form von Gestaltungskonzepten, prototypischen Systemen und Anwendungsszenarien entwickelt und evaluiert.

Problemstellung
Der Zugang zum Informationsangebot des World Wide Web ist für blinde und stark sehbehinderte Menschen erschwert, da die Informationen nicht nur textuell präsentiert, sondern durch grafische Elemente strukturiert (Layout) und oft durch Bilder ergänzt werden. Webseiten (als Bestandteil des Graphical User Interfaces (GUI) der Computer Systeme) sind am besten durch die Interaktionsform der direkten Manipulation zu erschließen. Für normalsichtige Computerbenutzer bringt diese Interaktionsform Vorteile, für blinde Menschen jedoch eine zusätzliche Barriere.

Die Informationsdarstellung auf Webseiten ist im Laufe der Jahre stärker grafisch orientiert und multimedialer geworden. Wurden im HTML 2.0-Standard im Wesentlichen Überschriften, Texte, Verweise und Grafiken genutzt, sind im Laufe der Zeit Tabellen, Formulare, Applets und dynamische Elemente hinzugekommen. Die Anzahl der gleichzeitig dargestellten Elemente ist höher, wodurch die Komplexität einer Webseite zunimmt. Guidelines für die Gestaltung von Webseiten sind auf ein gutes optisches Bild ausgerichtet und weniger auf eine wohlgeformte Struktur des Dokuments. Nachdem diese Problematik erkannt wurde, haben Institutionen wie das World Wide Web Consortium Regeln aufgestellt, die Entwickler daran erinnern sollen, Webseiten für eine breitere Benutzergruppe zu entwickeln.

Rein textuelle Umsetzungen von vorhandenen Webseiten („text-only") präsentieren Blinden durch ein Braille-Ausgabegerät oder durch ein Vorlesegerät („text-to-speech-system") den linearisierten Inhalt. Trotz solcher Hilfsmittel gibt es weiterhin Barrieren:

- die Pixel-Barriere – Die von einer Anwendung generierten Texte werden innerhalb des Systems nur als Pixelsammlung im Grafikspeicher abgelegt. So gehen die textuellen Informationen verloren.
- die Maus-Barriere – Die Benutzung eines relativen Zeigegerätes auf einer visuellen Ausgabefläche ist Blinden aufgrund des mangelnden Feedbacks über die aktuelle Position nicht möglich.
- die Grafik-Barriere – Systemzustände und Informationen werden nicht durch textuelle Beschreibungen ausgedrückt, sondern dem Benutzer in Form von Piktogrammen oder grafischen Darstellungen angeboten.

Mit Hilfe von Screenreadern, der Beachtung einiger Regeln und der Verwendung von definierten Schnittstellen können diese Barrieren überwunden, bzw. umgangen werden. Bei der Benutzung von Webseiten stellt sich jedoch durch die gestalterische Freiheit des Designers eine weitere Hürde:

- die Layout-Barriere – Objekte werden meist in Abhängigkeit von anderen Objekten auf einer Seite platziert. Die Position eines Objektes ist für die Bearbeitung der Seite von Interesse und enthält Informationen über die Bedeutung des Objekts. Das Layout folgt einer Formensprache, die zum Leidwesen der Informatiker nicht wohldefiniert, aber trotzdem – zumindest von professionellen Grafikern systematisch – zur Steuerung der Aufmerksamkeit des Benutzers eingesetzt wird.

Diese Barriere wird von heutigen Screenreadern nicht überwunden, da die notwendigen Informationen nicht textuell in den Ausgabefluss eingebunden werden können.

Lösungsansatz

Komponenten einer Webseite werden als nonverbale Hearcons dargestellt, so dass Benutzer die Topografie der Webseite mit Hilfe des Raumklangs erschließen können. Die zweidimensionale Darstellung des grafischen Webbrowsers soll so direkt auf einen zweidimensionalen virtuellen Hörschirm in einem dreidimensionalen virtuellen auditiven Interaktionsraum mit Hilfe des Softwaresystems AIRclient (Auditiver-Interaktions-Raum-Client) eingeblendet werden. Textinformationen werden im AIRclient über ein Text-to-Speech-System vorgelesen. Im auditiven Modell der Webseite wird modelliert, welche Informationen dem Benutzer in welcher Form bei der Interaktion mit einem Hearcon ausgegeben werden. Per Sprachausgabe können zusätzlich wesentliche Metainformationen mitgeteilt werden.

3.3.2 State of the Art

Die erste Phase intensiver Forschung zu auditiven Benutzungsoberflächen begann Ende der achtziger Jahre und wurde in (Buxton 1989) und (Kramer 1994) dokumentiert. Die Entwicklungen werden seither im Wesentlichen durch die Proceedings der jährlich stattfinden Konferenz der „International Community of Auditory Displays" (ICAD) dokumentiert.

Die fundamentale Idee der auditiven Benutzungsoberflächen beruht darauf, dass wir Akustik im täglichen Leben ständig um uns haben und der Hörsinn hilfreiche Informationen liefert. Diese Erfahrungen werden auf die Verwendung im Computer übertragen. Historisch lassen sich diverse Stufen des Einsatzes von Akustik im Rechner identifizieren. In den Anfängen wurden simple „Pieps" aus dem Systemlautsprecher ausgegeben, später qualitativ hochwertige und flexibel einsetzbare Wave- und MIDI-Files. Zunächst war die Ausgabe auf eine Wave-Datei beschränkt, später konnten parallel mehrere Dateien über die Soundcard abgespielt werden. Auch die räumliche Positionierung von Geräuschen wurde möglich. Bei den Schallerzeugern verlief die Entwicklung über die Anbindung von zwei Lautsprechern, über Surround-Sound bis hin zu achtkanaligen Soundcards.

Es gilt drei Hauptrichtungen der Forschung zu betrachten: Die Physik liefert Vorgaben zur Herstellung notwendiger Hardware und Modelle zur Generierung der Schallquellen. Die Psychologen beobachten und bewerten die Wahrnehmung beim Menschen und seine Reaktionen auf unterschiedliche Reize. Die Informatik im Teilgebiet der Mensch-Technik-Interaktion beschäftigt sich mit der Integration dieser Modalität in den Rechner zur Erzeugung intuitiv nutzbarer Benutzungsoberflächen. Unterstützt werden die verschiedenen Bereiche durch Komponisten und Musiker, die die geforderten Eigenschaften der Geräusche umsetzen.

Konzepte
Die Merkmale von Akustik im direkten Vergleich zur Grafik:

- Akustik ist abhängig von der Zeit und unabhängig vom Raum, die Grafik zeitabhängig und ortsgebunden.
- Akustik eignet sich für die Anzeige von Veränderungen und ist nur kurze Zeit vorhanden, Grafik ist beharrend und wiederholt wahrnehmbar.
- Akustik wird als Vorgang wahrgenommen, Grafik als Zustand.
- Eine Ausrichtung des Kopfes zur Schallquelle ist unnötig und es ist nur eine limitierte Anzahl von Schallquellen gleichzeitig unterscheidbar, dagegen muss die Blickrichtung auf Grafiken gelenkt werden und dann können höchst komplexe Darstellungen wahrgenommen werden.
- Akustische Objekte sind unabhängig von ihrer Positionierung im Raum, aber abhängig von der Position des Zuhörers. Grafische Objekte haben einen wohldefinierten Ort im Raum, in dem der Benutzer sich bewegt.

In verschiedenen Entwicklungen wurden akustische Elemente in die Benutzungsoberflächen der Computersoftware einbezogen:

Die Grundidee von Gavers Auditory Icons (Kramer 1994, Seite 417) ist das „Everyday Listening". Mit Geräuschen werden Eigenschaften eines zugehörigen Objekts der Umwelt wahrgenommen. Wahrgenommene Geräusche sind demnach abhängig von der Art der Interaktion, dem Material des Objekts und der Umgebung, in der diese Interaktion stattfindet. Die Soundquelle wird durch die physikalischen Eigenschaften aller an der Interaktion beteiligten Objekte beeinflusst.

Eine andere Grundrichtung verfolgt Blattner mit Earcons (Buxton 1989, Seite 11). Sie führt eine organisatorische Teilung in modulare, hierarchische und transformationelle Icons auf der Designebene durch und unterteilt grafische Icons entsprechend in drei Teile: Repräsentierende, abstrakte und semi-abstrakte. Abstrakte Earcons sind Schwerpunkt ihrer Arbeit und werden durch geeignete Verfahren mit standardisierten Elementen in kleine Einheiten von Rhythmen zu großen Motiven zusammengeführt. Ein Motiv wird als rhythmische Sequenz von Tonhöhen bezeichnet. Motive werden durch die Parameter Rhythmus, Tonhöhe, Dynamik und Länge beschrieben.

Die vorgestellten Konzepte für das Sounddesign haben einige Vor- und Nachteile bezogen auf die Kriterien Erlernbarkeit, Differenzierbarkeit, Erkennbarkeit, etc. Die Verwendung muss dabei kontext- und aufgabenbezogen betrachtet werden.

Eine Erweiterung der Konzepte der Auditory Icons und der Earcons stellen Hearcons (Bölke 1997) dar. Diese Objekte müssen kein Pendant in einer grafischen Benutzungsoberfläche haben und es kann direkt mit ihnen in einem virtuellen Raum interagiert werden. Neben einem spezifischen Geräusch wird davon ausgegangen, dass ein auditives Objekt, welches auch im Sinne der Benutzungsoberfläche nutzbar ist, eine Lautstärke, eine Position im Raum und eine Interaktionsfläche haben muss. Die direkte Manipulation wird somit von den grafischen Benutzungsoberflächen auf die auditiven Benutzungsoberflächen übertragen. Die Hearcons greifen bei der Wahl des Sounddesigns die Vor- und Nachteile der Auditory Icons und Earcons auf und verwenden jeweils das beste Konzept.

Anwendungen

Einfache auditive Umsetzungen von Elementen in grafischen Benutzungsoberflächen sehen gegenwärtig die Verwendung von akustischen Ereignissen als Warnmeldungen, Hinweise oder kritische Fehler zur Unterstützung von Dialogfenstern vor. Geräusche lenken die Aufmerksamkeit auf die grafische Ausgabe, die eigentlichen Informationen werden erst dort vermittelt. Beim AppleSonic Finder von Gaver (Kramer 1994, Seite 421–422), werden Events in einer grafischen Benutzungsoberfläche umgesetzt. Allen Interaktionen (z.B. Ziehen eines Dokuments über den Desktop) wird ein Geräusch zugeordnet. Dies bietet normalsichtigen Benutzern eine zusätzliche Feedback-Möglichkeit. Das hat in einem Ein-Benutzer-System kaum Vorteile, aber bei der Gestaltung von Teamarbeitsplätzen, wie etwa einem Whiteboard (Müller-Tomfelde et al. 2003), werden Aktivitäten der anderen Teammitglieder leichter wahrnehmbar.

Akustik wird auch als Erweiterung der grafischen virtuellen Realität eingesetzt, um den Realismus zu erhöhen. Grafische Darstellungen können durch einen Sound aufgewertet werden (Begault 1994, Seite 173), z.B. wenn nicht sofort erkennbar ist, ob ein Objekt, etwa bei einer Verschiebeoperation, ein anders Objekt berührt. Auch die Erweiterung der Realität hin zu einer Augmented Reality ist leicht vorstellbar. Vorhandene reale Objekte bekommen in einem virtuellen Raum, der mit dem realen synchronisiert wird, eine Entsprechung und können dort manipuliert werden.

3.3.3 Entwicklung des auditiven Webbrowsers AIRclient

Die Anforderungen an den AIRclient ergeben sich auch aus den Problemen, die mit bisherigen Screenreadern bestehen. Dazu muss eine Lösung zur Überwindung der Layout-Barriere gefunden werden und eine zweidimensionale Komponente in den Screenreader eingefügt werden.

Zur Definition der Anforderungen an den AIRclient wurde eine Usability-Studie mit sieben blinden Experten durchgeführt. Die Studie wurde durch einen Prototypen des AIRclient unterstützt. Aus den Ergebnissen dieser Studie und der anschließenden Fokusgruppendiskussion wurden für die Weiterentwicklung des AIRclients folgende Anforderungen abgeleitet:

- Für Blinde soll das Informationsangebot nicht neu erzeugt werden, sondern es sollen ihnen die gleichen Informationen wie den normalsichtigen Benutzern angeboten werden.
- Blinde und Normalsichtige sollen sich über die Webseite unterhalten können.
- Alle Objekte einer Webseite werden in den akustischen Interaktionsraum abgebildet.
- Der AIRclient soll Benutzern die Grobstruktur des Layouts zugänglich machen.
- Der Fokus der akustischen Darstellung liegt auf der Darstellung der Struktur der Seite und nicht auf den Details des Webseitendesigns.
- Die semantischen Beziehungen zwischen Objekten auf einer Webseite werden dem Benutzer vermittelt.
- Zur Verarbeitung der Webseite werden nur Standardkomponenten verwendet.
- Hardware-Anforderungen werden minimiert, um Kosten für Blindenarbeitsplätze möglichst gering zu halten (keine teure Spezialhardware).

Im Folgenden werden die dafür notwendigen Komponenten und theoretischen Überlegungen erläutert und das System vorgestellt.

Architektur des AIRclient

Der auditive Webbrowser AIRclient verwendet eine mehrstufige Architektur, um aus der grafischen Darstellung einer Webseite in einem Browser eine auditive Ausgabe zu erzeugen. Die Verarbeitungspipeline in Abbildung 1 verdeutlicht die notwendigen Schritte:

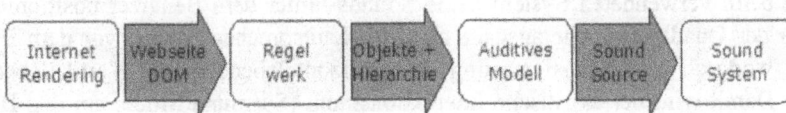

Abb. 1: Auslesen, Verarbeiten und Ausgeben einer Webseite im auditiven Webbrowser

Um die Kommunikation zwischen Blinden und Normalsichtigen zu gewährleisten werden beiden die gleichen Informationen in Quantität und Qualität angeboten. Dazu muss eine Webseite vor der Verarbeitung im AIRclient in einem grafischen Webbrowser gerendert werden.

Die Rendering-Komponente stellt die gerenderte Darstellung aus dem Internet-Explorer zur Verfügung. Dazu wird der Internet Explorer als ActiveX-Modul in die AIRclient-Anwendung integriert und die Webseite über das Document Object Model (DOM) ausgelesen. Diese Struktur modelliert das Layout der Webseite und erleichtert die Generierung von Hierarchien der enthaltenen Objekte. Wesentliche Eigenschaften der Objekte sind deren Ausdehnung und Position auf einer Seite, sowie Informationen, in welchem übergeordneten Objekt sie sich befinden. Der Objektbaum wird in der Regelkomponente auf Prolog-Basis analysiert. Ein Regelwerk wurde definiert, um anhand der zur Verfügung stehenden Attribute zusammengehörige Objekte zu erkennen (z.B. Überschriften, Absätze, Verweislisten, Navigationsbereiche und Inhaltsbereiche), die nicht explizit in der Webseite durch einen HTML-Tagnamen definiert worden sind, sondern implizit durch das Layout vorliegen. Aus dem Objektbaum wird über eine Metapher die auditive Ausgabe erzeugt.

Soundsystem

Für die auditive Ausgabe werden spezielle Soundcards eingesetzt, die stereophonische Ausgabe unterstützen (Aureal A3D, http://www.vortexofsound.com).

Durch die Verwendung „offener" Kopfhörer werden Benutzer kaum von der realen akustischen Umgebung abgeschnitten. So bleibt der Kommunikationskanal aus dem synthetisch erzeugten auditiven Interaktionsraum heraus erhalten. Die Qualität der Ausgabe und damit die Lokalisationsfähigkeit sind abhängig von den verwendeten Head-Related-Transfer-Functions (HRTF), den Faltungsfunktionen, die die Kopf-/Ohrenformen des Hörers nachbilden. Sie sind für jeden Menschen einzigartig, und die Verwendung synthetischer HRTFs verschlechtert die Wahrnehmbarkeit.

Es wurde angenommen, dass die Orientierung wesentlich vereinfacht würde, wenn die virtuellen Objekte eine feste Position realen Raum aufwiesen. Entsprechend müssten die Objekte bei einer Kopfdrehung nachpositioniert werden. Die Realisierung der Kopferkennung sollte durch einen Headtracker oder eine videobasierte Erkennung erfolgen. Untersuchungen zeigten jedoch, dass die Wahrnehmungsqualität der Ausgabe und die Lokalisationsfähigkeit dadurch kaum verbessert werden. Unterschiede werden erst deutlich, wenn sich der Mensch sehr stark bewegt.

Der erzeugte virtuelle, auditive Interaktionsraum wird durch die ausgegebenen Hearcons aufgespannt. Da beim verwendeten System keine Sounds hinter dem Benutzer positioniert werden, sind bei der Quadlautsprecherausgabe alle vier Lautsprecher vertikal vor dem Benutzer platziert, wodurch eine Transformation der Horizontalebene in die Vertikalebene notwendig wird. Damit wird der akustische Interaktionsraum (Surround Mode: um den Benutzer herum) in eine vertikale akustische Interaktionsebene (Front Mode: vor dem Benutzer) überführt. Die Darstellung der auditiven Benutzungsoberfläche bei einer Lautsprecherwiedergabe mit Hilfe von vier Lautsprechern hat den Nachteil, dass der Zuhörer einen streng definierten Hörort einhalten muss, um eine korrekte Platzierung der Hearcons durch Interpolation zu gewährleisten. Der Benutzer ist damit prinzipbedingt auf der Flächennormalen weitestgehend ortsgebunden. Dies verhindert, dass mehrere Personen das System gleichzeitig nutzen können.

Bei den Versuchen erwies es sich als vorteilhaft, die Objekte im internen Modell auf die Innenseite einer Halbkugel – mit dem Kopf des Benutzers als Mittelpunkt – zu projizieren, um entfernungsbedingte Lautstärkeunterschiede zu eliminieren. Die Lautstärke sollte vielmehr nur von der Entfernung des darzustellenden Objekts von dem Cursor des Zeigegerätes abhängen. Würden die Hearcons auf eine ebene Interaktionsfläche platziert, ergäben sich sowohl bei Kopfhörer- als auch bei Lautsprecherwiedergabe unerwünschte, ortsabhängige Lautstärkeunterschiede.

Akustisches Modell der Webseite
Das akustische Modell ist die Kernkomponente des AIRclient und führt inhaltlich die visuellen Objekte der Webseite und die auditive Ausgabehardware zusammen, um die Webseite auf eine virtuelle auditive Interaktionswand vor dem Benutzer abzubilden. Zusätzlich werden die Objekte und Funktionen zur Steuerung des Webbrowsers eingebunden. Die Extraktion dieser Funktionalitäten ist einfach und wird über die Internet-Explorer-Komponente zur Verfügung gestellt.

Die Extraktion der Objekte einer Webseite ist aufwändig. Zur besseren Darstellung und leichteren Verarbeitung sie in die Kategorien Meta-Objekte, Container-Objekte und Elementar-Objekte eingeteilt. Die Objekte haben, bezogen auf die auditive Ausgabe, drei wichtige Eigenschaften:

- Sie überlappen sich nicht in der grafischen Darstellung.
- Es wird immer ein rechteckiger Rahmen um die Objekte gelegt.
- Objekte können im Sinne einer Hierarchisierung andere Objekte enthalten.

Objekte, die sich z.B. oben links auf einer Webseite befinden, werden auch oben links auf der auditiven Interaktionsebene dargestellt.

Fackelmetapher
Die Anzahl der Elemente übersteigt bei dieser einfachen Umsetzung schnell die Grenze der gleichzeitig wahrnehmbaren Objekte. Es muss also eine Reduktion der Datenmenge erfolgen. Der Mensch kann nur eine begrenzte Anzahl von parallel klingenden Objekten unterscheiden (die Angaben in der Literatur schwanken zwischen 5-8 Objekten). Die „Fackelmetapher" verändert die akustische Ausgabe einer Webseite, indem sie eine akustische Fackel realisiert („Eine Fackel im nächtlichen Wald lässt nur die nächsten Bäume sichtbar werden").

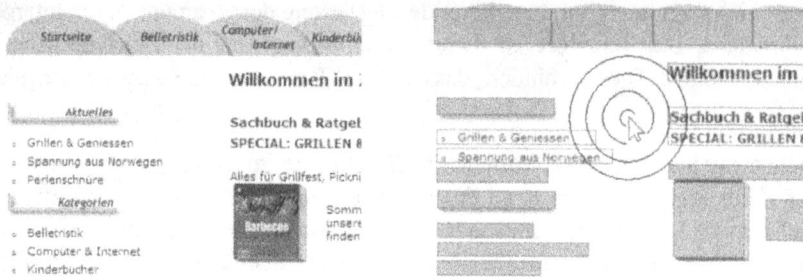

Abb. 2: Ausschnitt einer Webseite (links) und Auswahl der auszugebenden Objekte durch die Fackelmetapher (rechts)

Durch die akustische Fackel, die mit dem Mauszeiger verknüpft ist (siehe Abbildung 2), wird ein Hearcon auf der auditiven Benutzungsoberfläche lauter, wenn der Benutzer sich ihm mit dem Cursor nähert. Befindet sich der Mauszeiger auf dem Hearcon, hat es seine Maximallautstärke erreicht. Mit einem Cursor-Hearcon kann der Benutzer eines der festpositionierten Hearcons selektieren, analog zu den grafischen Benutzungsoberflächen mit einem Maus-Cursor. Wird der Rand eines Hearcons mit der Maus überfahren, erklingt als Feedback ein Eintritts- bzw. Austrittsgeräusch.

Sounddesign

Sowohl die künstliche Generierung von Geräuschen, als auch die Anwendung einer simplen Metaphorik (z.B. Hörbarmachung eines Texteingabefeldes durch Schreibmaschinengeräusche) erwiesen sich als ungeeignet. In Vorversuchen stellte sich heraus, dass die Geräusche für Benutzer möglichst angenehm sein sollten. Die Lästigkeit bzw. Angenehmheit wurde von den Versuchspersonen als elementar wichtig für die Funktionsfähigkeit des Systems bezeichnet. Eine Folge der Entscheidung „Angenehmheit vor Metaphorik" ist, dass blinde Benutzer die Hearcons nicht metaphorisch erschließen können, sondern die Bedeutung erlernen müssen.

Als Vorgabe für eine Geräuschdatenbank wurde eine Bedarfsliste an relevanten Objekten aus dem akustischen Modell mit deren Eigenschaften erstellt. Insgesamt wurden zwei Geräuschthemenparks (Natur- und Tiergeräusche; Musik und Musikinstrumente) für nachfolgende Experimente als Richtung vorgegeben. Die Komposition von Geräuschen mit Minimalmusik erzielte die besten Ergebnisse und wurde weiter verwendet.

Unter Zuhilfenahme psychoakustischer Kriterien (z.B. Schwankungsstärke, spektrale Gestalt) wurden Geräusche ausgewählt. Anschließend wurden sie geschnitten und loop-fähig gemacht. Es stellte sich heraus, dass Geräusche mit einer Dauer von ca. 5 Sek. gute Resultate erbringen. Darunter kann eine unangenehme und Geräuschverfälschende Rhythmik entstehen. Es fand außerdem ein Frequenz- und Dezibelabgleich statt.

Es wurden Klangereignisse verwendet, die dreidimensional leicht zu orten sind und keine Effekte enthalten. Reine Bässe oder sehr hohe Klänge kamen daher nicht in Frage. Des Weiteren wurde darauf geachtet, dass ein Minimum an Obertönen im jeweiligen Klang enthalten ist. Schmalbandige Klänge sind im Wesentlichen nur durch Lautstärkeunterschiede zu orten, was man mit einem Sinuston (z.B. von einem elektrischen Wecker oder Mobiltelefon) sehr leicht nachvollziehen kann.

In der psychoakustischen Forschung sind Signaleigenschaften bekannt, die die Gestaltwahrnehmung von Schallquellen/Hearcons beeinflussen. Im Folgenden werden einige Eigenschaften aufgezählt, die für die Darstellung von Hearcons zu beachten sind:

- Laute Hearcons werden eher in der Nähe des Zuhörers vermutet, dafür rücken leisere Schallquellen subjektiv weiter in den Hintergrund.
- Hearcons, bei denen die tieffrequenten gegenüber den hochfrequenten Signalanteilen dominierend sind, werden als räumlich ausgedehnter wahrgenommen. Im umgekehrten Fall schließt der Hörer eher auf ein räumlich kleineres Objekt (z.B. brüllender Löwe/zwitschernder Vogel).
- Hearcons mit einer ausgeprägten Zeitstruktur deuten daraufhin, dass es sich um „aktive" Objekte (z.B. Maschinen oder Tätigkeiten/Lautäußerungen von Lebewesen) handelt.

Verbesserung der Fackelmetapher
Die Grundidee der Fackelmetapher schafft einen verständlichen Rahmen für die Interaktion mit Hearcons im auditiven Interaktionsraum. Für die gebrauchstaugliche Gestaltung der auditiven Benutzungsoberfläche muss diese Metapher jedoch durch Funktionen erweitert werden.

Eine Abstandsfunktion berechnet die Lautstärke der darzustellenden Objekte in der Fackelmetapher. Grundlage dieser Berechnung ist jeweils die Distanz zwischen einem Objekt auf der Webseite und dem Cursor des Zeigegerätes. Je weiter ein Objekt vom Cursor entfernt ist, desto leiser wird es ausgegeben. Problematisch erwies sich bei der gleichzeitigen Darbietung von mehreren Klangobjekten, dass diese unterschiedlich stark in den Vordergrund treten. Deshalb muss ein Abgleich der Signale auf gleiche berechnete Lautheitswerte durchgeführt werden. Ferner sollten die Klänge hinsichtlich ihrer temporalen Struktur generiert werden. Hierbei wurde auf einen möglichst gleich bleibenden zeitlichen Verlauf geachtet, denn schnell schwankende Signale treten akustisch eher in den Vordergrund. Demgegenüber können langsam schwankende Signale akustisch in den Hintergrund treten oder gar von anderen verdeckt werden.

Eine Fisheye-View zieht die in der Nähe des Cursors liegenden Hearcons auseinander. Hearcons am Rand des Darstellungsbereichs werden zusammengezogen und erklingen als ein Geräusch. Die Übergänge beim Vergrößern bzw. Verkleinern eines Darstellungsbereichs erscheinen dem Benutzer fließend. Diese „Lupe" nutzt den zur Verfügung stehenden akustischen Raum effektiv aus. Die Veränderung der interaktiven Fläche jedes Hearcons wird genutzt, da grafische Objekte tendenziell wesentlich kleiner gestaltet werden können als akustische. Um ein akustisches Objekt zu treffen sollte es jedoch möglichst groß sein. Aus den Untersuchungen der grundlegenden Wahrnehmungs- und Darstellungsmöglichkeiten einer auditiven Benutzungsoberfläche leiten sich die folgenden Anforderungen:

- Die kleinsten Layoutobjekte einer Webseite sollten mindestens auf die ermittelte minimale Interaktionsfläche eines Hearcons skaliert werden.

- Als Richtwerte für die optimale Größe eines Hearcons ergeben sich für Kopfhörer eine Ausdehnung von 9 Grad in der Azimutebene und 16 Grad in der Elevationsebene.
- Die Untersuchungen zu optimalen und minimalen Abständen zwischen zwei Hearcons führten zu keinen signifikanten Ergebnissen.
- Besonders gute Positionen zur Platzierung von Objekten im akustischen Interaktionsraum liegen in Augenhöhe vor dem Benutzer, bei einer Position von ca. 30 Grad zur linken und zur rechten Seite.

Die Selektionsfunktion bestimmt, welche Objekte endgültig ausgegeben werden. Abhängig von den Positionen der jeweiligen Objekte kann es passieren, dass nicht immer die Maximalanzahl der darstellbaren Objekte ausgegeben werden darf, denn die bekannten Forschungsergebnisse zur Lokalisation und Differenzierbarkeit beruhen auf Versuchen, bei denen die Objekte im Raum gleichmäßig verteilt sind. Befinden sich die Objekte jedoch alle im selben Quadranten (etwa unten links in der Ecke des Darstellungsraumes) funktioniert diese Unterscheidung nicht mehr. Ausgehend vom Mittelpunkt dürfen jeweils nur maximal drei Objekte gleichzeitig in einem Quadranten erklingen, da sonst die oben beschriebenen Parameter (Größe und Abstand) nicht mehr eingehalten werden können.

Bei der Anzahl der gleichzeitig darstellbaren Hearcons konnte ein interessanter Effekt beobachtet werden: Das Lokalisationsvermögen verbessert sich, wenn mehr als ein Hearcon gleichzeitig zu hören ist. Durch die Anwesenheit von zwei weiteren Hearcons in der Umgebung des ersten Hearcons lässt sich die Treffsicherheit auf der Azimutachse um 17 % und auf der Elevationsachse um 37 % erhöhen. Diesen Effekt erklären wir uns durch die Tatsache, dass der Zuhörer das zu suchende Hearcon in Abhängigkeit der zusätzlichen Hearcons suchen kann. Der Darstellungsraum wird durch das zweite Hearcon weiter unterteilt und dadurch der Suchraum verkleinert. Allerdings verschlechtert sich die Lokalisationsfähigkeit ab fünf Hearcons, da die Objekte nicht mehr differenziert werden können.

Mit der Geräuschauswahlfunktion werden Objekten Geräusche zugeordnet. Dabei sind drei ähnlich klingende Geräusche für jeden Objekttyp vorgesehen. Die Zuweisung der Geräusche erfolgt in Abhängigkeit der vorhandenen Objekte des gleichen Typs auf der Webseite, die schon akustisch ausgegeben werden. Das Vorgehen wurde gewählt, da dicht nebeneinander liegende Objekte gleichen Typs bei der akustischen Ausgabe nicht mehr zu unterscheiden sind und wie ein großes Objekt wahrgenommen werden.

Sprachinteraktion
Allein durch eine nonverbale Ausgabe können nicht alle Attribute eines Objektes wiedergegeben werden. Besonders textuelle Attribute eignen sich sehr gut zur Ausgabe über ein Text-to-Speech-System. Die Anforderung dieser Informationen erfolgt durch eine Spracheingabe. Sie ist gut geeignet für Blinde, sollte jedoch auf ein Minimum an Kommandos reduziert werden, da diese nur schwer erlernt und behalten werden können. Eine gute Spracheingabe, die freitextliche Eingaben ermöglicht, ist hilfreich.

Die wesentlichen Eigenschaften und Inhalte eines Objektes können abgefragt werden. So hat z.B. eine Überschrift grundsätzlich einen Inhalt, ein Verweis ein Ziel und am Zielort liegt ein

Dokument eines bestimmten Typs. Während der Sprachausgabe ist die Soundausgabe ausgeschaltet, da beide Ausgaben zusammen nur schwer gleichzeitig wahrnehmbar sind.

Regelwerk
Bei der Wahl der Metapher sind folgende Forderungen maßgeblich:

- Blinde Benutzer sollen das Layout einer Webseite wahrnehmen und die wichtigsten Layoutstrukturen erkennen.
- Vorhandene semantische Beziehungen, die zwischen Elementen einer Webseite bestehen, sollen erkannt werden.

Diese Forderungen werden in Regeln aufgegriffen. Sie bereinigen die Datenbasis und erzeugen auf inhaltlicher Ebene eine Struktur der Objekte und somit eine Hierarchisierung der Objekte auf der Webseite.

Die Bewertung der Qualität der Regeln ist schwierig, da auf Webseiten Bereiche auch von Normalsichtigen nicht eindeutig benannt werden können. Diese Unterschiede wurden durch die visuelle Analyse von zehn Webseiten durch normalsichtige Benutzer ermittelt. Sie markierten dazu identifizierte Objekte und Bereiche. Anschließend wurden die Regeln auf die gleichen Webseiten angewendet und mit den Angaben der Testpersonen verglichen.

Layoutstrukturen
Die Layoutstruktur-Erkennung erfolgt durch ein regelbasiertes System auf Prolog-Basis. Es gibt jedoch Einschränkungen durch unterschiedliche

- Modellvorstellungen von Gestaltern und Benutzern der Webseite,
- Inhalte und diverse Verwendungszwecke von Webseiten,
- Bearbeitungsstrategien, mit denen ein Benutzer seine Ziele auf einer Webseite erreichen möchte.

Designer nutzen häufig die Layoutmöglichkeiten aus den Styleguides, Regeln der Typografie und Gestaltgesetze anders, als die einzelnen Benutzer es später interpretieren. Zusätzlich gibt es Regelverletzungen aufgrund ästhetischer Darstellungswünsche. Ein konkreter Benutzer der Webseite nimmt unter Umständen ein anderes Modell wahr, als der Designer intendiert hatte. Deshalb fließen beide Modelle bei der Erstellung der Regeln.

Die Regeln berücksichtigen unterschiedliche Kategorien von Webseiten. Kriterium für die Unterscheidung der Kategorien ist das Verhältnis zwischen Inhalts- und Navigationselementen einer Webseite und dem kontinuierlichen Übergang zwischen den beiden Extremen.

Bei der Berücksichtigung der Bearbeitungsstrategie des Benutzers wird zwischen Inhaltssuche und dem Absuchen einer Seite nach weiteren Navigationsmöglichkeiten unterschieden. Entsprechend ändern sich die Prioritäten bei der Suche nach bestimmten Elementen. Dient eine Seite nur als Zwischenstation, um auf weitere Webseiten zu stoßen, sind für den Benutzer Verweise wichtiger als Absätze.

Gruppierung

Im AIRclient wird zwischen Navigations- und Inhaltsbereich unterschieden. Auf Basis von Ähnlichkeiten werden zwischen einzelnen Objekten größere Blöcke gebildet. Dazu werden die Nähe der Objekte zueinander und die Struktur der Webseite genutzt. Die Blöcke werden vergrößert, bis nur 5-8 Gruppen übrig bleiben. Danach wird analysiert, welcher Inhalt in einem Bereich vorherrscht. Dazu wurde ein Index definiert, der das Verhältnis zwischen Anzahl an Verweisen und der belegten Fläche (Pixel) berechnet. Ein Bereich, in dem der Index sehr hoch ist (im Vergleich zum Index der Webseite und untereinander), wird als Navigationsbereich markiert. Ein Bereich in dem der Index sehr klein ist, als Inhaltsbereich.

Innerhalb eines definierten Bereichs wird durch das Regelwerk überprüft, ob es noch weitere Zusammengehörigkeiten gibt. Die Hierarchietiefe darf jedoch nicht über zwei steigen, da sonst der Aufwand zum Navigieren innerhalb der Hierarchie den Vorteil der Struktur aufhebt.

Diese Struktur hat Auswirkungen auf das Sounddesign der Anwendung und so wurden weitere Sounds komponiert. Diese definierten Gruppengeräusche, die eine Unterscheidung zwischen Inhalts- und Navigationsbereich gemacht haben und Geräusche, die Verweislisten etc. hervorhoben.

Unabhängig von den Objekten wurde der Übergang zwischen einzelnen Bereichen, bzw. der Übergang von einer Hierarchiestufe zur nächsten definiert. Die Zeit zum Ein-/Ausblenden wurde untersucht und ein entsprechendes Geräusch festgelegt. Der Vorgang des Ein-/Ausblendens liefert zusätzlich Hinweise auf enthaltene Objekte in Hierarchieebenen. Abbildung 3 zeigt die Umwandlung einer grafischen Webseite in einen auditiven Interaktionsraum unter Verwendung von Layoutinformationen.

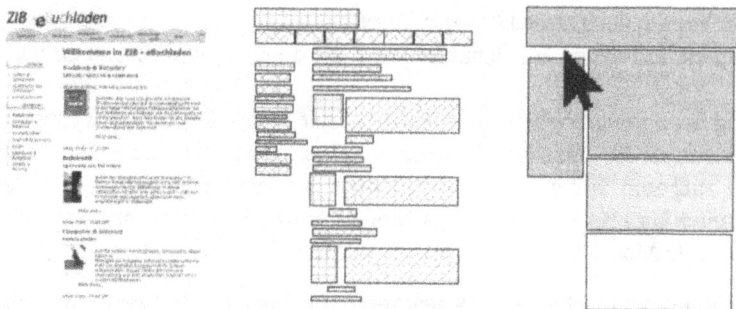

Abb. 3: Generierung der auditiven Ausgabe mit Layoutinformationen. Von der ursprünglichen Webseite (links) werden Objektinformationen zu Überschrift, Absatz, Verweis und Grafik extrahiert (Mitte), zusammengehörige Objekte zusammengefasst und über die Fackelmetapher ausgegeben (rechts)

Eingabegeräte

Die Maus ist für blinde Benutzer nur schwer zu nutzen. Die relative Positionierung des Cursors erfordert eine Hand-Auge-Koordination. Zur Sicherstellung, dass der Benutzer die Maus im akustischen Raum wieder findet, muss der Cursor ein eigenes Geräusch bekommen. Dieses wird als störend empfunden, da es für die Benutzer eine Doppelcodierung darstellt. Die Nähe zu einem Objekt wird durch dessen Lautstärke dargestellt und es stehen durch ein zusätzliches Hearcon weniger Hearcons für den tatsächlichen Inhalt zur Verfügung.

Mit einem Grafiktablett wird diese Problematik umgangen, da es ein absolut positionierbares Eingabegerät ist, bei dem die Grenzen der Eingabefläche mit den Händen ertastet werden können. Die Grenzen von Grafiktablett und Darstellungsraumes müssen hierzu identisch sein. Tatsächlich hatten die blinden Rechnerbenutzer mit einem Grafiktablett eine wesentlich sicherere Navigation als mit der Maus.

Als weiteres Eingabegerät wurde ein Joystick getestet. Der Joystick kann auf zwei Arten eingesetzt werden. Im „Absolut-Modus" wird der Ausschlag des Joysticks direkt auf die Ausgabefläche projiziert. Maximalpositionen sind in diesem Modus leicht anzuspringen, aber Positionen zwischen Ursprungspunkt und Maximalposition nicht, da die Positionierung mit dem Joystick sehr unpräzise ist. Im „Relativ-Modus" wird nicht die Position des Joysticks, sondern die Bewegungsrichtung und Geschwindigkeit des Benutzers im auditiven Interaktionsraum ausgelesen. Versuchspersonen verlieren schon nach kurzer Zeit die Orientierung im Raum. Besonders schwer fiel die Wahrnehmung der Richtung. Wurde der Joystick nach rechts gelenkt, haben sich die Objekte links weiter entfernt. Dieses Verhalten wurde von den Versuchspersonen anscheinend nicht erwartet.

Evaluation auditiver Benutzungsoberflächen
Zur Unterstützung der Evaluation wurden zahlreiche Erweiterungen in die eigentliche Anwendung integriert. Bei den Methoden wurde darauf geachtet, dass folgende Fragestellungen aus den gewonnenen Daten beantwortet werden können:

* Welche Objekte werden von den Benutzern betrachtet?
* Zu welchen Objekten lassen die Benutzer über die Sprachausgabe weitere Informationen ausgeben?
* Welche Strategien werden zur Navigation auf einer Webseite genutzt?
* Welche Kommentare formulieren die Benutzer während der Aufgabenbearbeitung?
* Welche Struktur/welches Layout der Webseite nehmen Benutzer wahr?
* Wird ein semantischer Zusammenhang zwischen Objekten erkannt?

Um die Versuchsperson während der Evaluation ansprechen zu können, sollte die Lautstärke der Hearconausgabe extern geregelt werden können. Der Evaluationsleiter hört mit und kann bei Problemen eingreifen.

Das Laute Denken ist im Anwendungsfeld der auditiven Benutzungsoberflächen mit Vorsicht einzusetzen. Das Zuhören schränkt das „Laute Denken" stark ein. Ein weiteres Problem ist die Verwendung der Spracheingabe. Das System muss entscheiden, ob es sich bei dem Gesprochenen um ein Kommando oder um lautes Denken handelt, wodurch es zu vielen Fehlausgaben kommen kann. Eine Lösung ist die Simulation der Spracheingabe durch den

Versuchsleiter: Der Benutzer spricht weiterhin in ein Mikrofon, aber der Versuchsleiter löst an seinem Rechner über Funktionstasten die jeweilige Systemantwort aus.

Die konkrete Darstellung der Webseite durch den grafischen Web-Browser wird vom AIRclient ausgewertet und in eine vereinfachte schematische Darstellung überführt. Die tatsächlichen Inhalte treten in den Hintergrund, die Struktur in den Vordergrund. Jedes Objekt wird durch ein Rechteck mit unterschiedlicher Farbe dargestellt. Um das mentale Modell zu dokumentieren wurden die Testpersonen gebeten, das von ihnen wahrgenommene Layout einer Webseite mit einem Layoutbaukasten nachzubauen. Auf einem Whiteboard wurden für die unterschiedlichen Typen von Objekten Magnete mit entsprechenden Markierungen positioniert. Im Anschluss konnte das Ergebnis mit der schematischen Darstellung verglichen werden. Dieser Vergleich ermöglichte die Überprüfung, ob die wichtigsten Elemente einer Seite von Benutzern erkannt wurden.

Um Usability-Tests mit dem AIRclient durchführen zu können, wurde eine Interaktionsprotokollierung konzipiert, entworfen und implementiert. Nach der Evaluation sind die Protokollierungen geeignet, um die Mausspur nachzubilden und sich so Bereiche anzuschauen, die besonders intensiv betrachtet wurden. Auf diese Weise werden z.B. unnötige Wege mit dem Mauszeiger identifiziert. In der Visualisierung wird deutlich, welche Objekte zu welchem Zeitpunkt zu hören sind. Zusätzlich werden die Interaktionspfade des Benutzers auf einer Webseite dokumentiert.

Für die Usability-Evaluation muss in einer grafischen Ausgabe der Inhalt visualisiert werden, den die blinden Benutzer des Systems gerade hören. Die grafische Ausgabe des Internet-Explorers kann leicht aufgezeichnet werden. Dagegen ist die akustische Ausgabe des AIRclients (aufgrund der 3D-Ausgabe) mit herkömmlichen Mitteln nur unzureichend mit einer Videoaufzeichnung zu speichern. Deshalb wurde neben der schematischen Ausgabe der Struktur einer kompletten Webseite eine Darstellung implementiert, die die dynamisch berechnete akustische Ausgabe des aktuellen Interaktionszustands visualisiert. Die akustisch dargestellten Objekte werden entsprechend ihrer Lautstärke farblich markiert. Je leiser das Geräusch/Objekt, desto heller die Farbe.

Die subjektive Meinung der Versuchsteilnehmer ist bei der Bewertung der Angenehmheit der verwendeten Sounds wichtig. Deshalb wurden auch die mündlichen Äußerungen protokolliert.

3.3.4   Innovationen und Ergebnisse des Projekts

Mit dem AIRclient wurde ein Software-System geschaffen, das mit preiswerten Hardware-Komponenten auf normalen PCs installiert werden kann, um blinden Benutzern die Nutzung des Internet erheblich zu erleichtern.

Dazu wurden folgende neuartige Methoden entwickelt:

- Methodisches Vorgehen zur Entwicklung von auditiven Benutzungsoberflächen in einem interdisziplinären Entwicklungsteam (bestehend aus Informatikern, Psychologen, Physikern und Musikern).

- Das Konzept „Fackelmetapher" zur Navigation in auditiven Informationsräumen, welches auf andere Anwendungen übertragbar ist, sowie die Entwicklung von Funktionen zur Verbesserung der Metapher.
- Grundlagenuntersuchungen: zum Aufbau auditiver Informationsräume, zur Gestaltung von Hearcons, zur Vorgehensweise beim Sounddesign.
- Erweiterung und Entwicklung von Evaluationsmethoden zur Durchführung von Usability-Studien mit blinden Rechnerbenutzern.

Außerdem wurden folgende Komponenten und Werkzeuge entwickelt:

- Eine virtuelle Interaktionsfläche in Form einer Halbkugel zum Ausgleich von Lautstärkeunterschieden an unterschiedlichen Positionen.
- Ein Regelwerk zur automatischen Erkennung von Layoutstrukturen und semantischen Beziehungen zur Aufbereitung von Webseiten.
- Toolkit von auditiven Interaktionsobjekten zur Nutzung in mobilen Situationen mit minimalen Ausgabemöglichkeiten.
- Ein Werkzeug zur Erstellung von Prototypen auditiver Benutzungsoberflächen unter Verwendung von vorgefertigten Interaktionsobjekten (Klante 2003).
- Ein Sound-Framework auf Java-Basis zur Verwendung in beliebigen Anwendungen mit unterschiedlichen 3D-Soundcards.
- Die Anbindung eines Lautsprecherarrays über zwei Achtkanal-Soundcards, zur Ansteuerung von 16 Schallerzeugern.
- Die Umwandlung eines Quad-Lautsprecheraufbaus von einer Hörebene um den Benutzer zu einer Hörebene vor dem Benutzer.

3.3.5   Bewertung und Ausblick

Der vorgestellte Lösungsansatz hat sich im Laufe des Projekts bewährt. Die Versuche zum Sounddesign, zur minimalen Interaktionsfläche, zum minimalen Abstand zwischen Hearcons und zur Lokalisationsfähigkeit bilden die Grundlagen für die Interaktion mit auditiven Interaktionsräumen. Das entwickelte Konzept der Fackelmetapher wurde im auditiven Webbrowser AIRclient implementiert. Mit diesem Werkzeug können Blinde sowohl eine Übersicht erhalten, als auch eine eigenständige Exploration von Webseiten durchführen. Innerhalb der vorgestellten Metapher ist es möglich für detaillierte Informationen Anfragen an die Objekte zu stellen.

Funktionen für die Unterstützung der Fackelmetapher wurden entwickelt, um Objekte für die auditive Interaktion aufzubereiten (wegen der schlechten akustischen Auflösung des menschlichen Gehörs). Die interaktive Fläche eines Hearcons wird auf einen Mindestwert erhöht und ermöglicht die Interaktion mit sehr kleinen Objekten. Eine Fish-Eye-View erlaubt die Differenzierung zwischen eng aneinander positionierten Objekten. Diese Entwicklungen stoßen auf große Akzeptanz bei den potentiellen Benutzern.

Die teilweise fehlerhafte oder nicht dem HTML-Konzept entsprechende Programmierung von Webseiten erschwert das Auslesen der auf einer Webseite vorhandenen Objekte. Das entwickelte Regelwerk beseitigt diese Mängel und erkennt Strukturen in Webseiten, die nicht explizit im Quellcode vorhanden sind. Es ermöglicht Benutzern sich über eine Hierarchisierung und Gruppierung der auf einer Webseite enthaltenen Objekte einen schnellen Überblick zu verschaffen und Layoutstrukturen zu erkennen. Die Zusammenfassung der Objekte zu Navigations- und Inhaltsbereichen befähigen Benutzer zu einer zielgerichteten Aufgabenbearbeitung. Diese inhaltliche Bewertung der Objekte ist notwendig geworden, da die Auflösung, also die Anzahl gleichzeitig darstellbarer Objekte in einen auditiven Interaktionsraum deutlich geringer ist als in grafischen Benutzungsoberflächen. Die Informationen werden aufbereitet und es findet eine Abstraktion statt.

Blinde Versuchpersonen mit Interneterfahrung verfügen bereits über Methoden für den Zugang. Für sie ist das Erlernen neuer Software sehr zeitaufwendig und beansprucht einen Zeitraum von mehreren Wochen, in dem die wichtigsten Funktionen trainiert und auswendig gelernt werden. Das Erlernen zusätzlicher Software ist deshalb oft mit Widerständen verbunden. In den Laborsituationen haben die Versuchsteilnehmer häufig sehr euphorisch teilgenommen. Die Grundeinstellung war bei den anschließenden Interviews und Gesprächen entsprechend positiv. Einem Wechsel der bisher genutzten Software wurde jedoch wegen des hohen Aufwandes mit Zurückhaltung begegnet. Eine Langfriststudie muss nun klären, ob das System für den täglichen Einsatz geeignet ist und diese Hürde überwunden werden kann. Dazu wird der auditive Webbrowser im Internet (http://www.offis.de/projekte/mi/zib) zum Download zur Verfügung gestellt. Durch die Java-Implementierung und Anbindung an gängige Soundcards mit Creatives EAX (http://eax.creative.com) Standard kann eine große Gruppe von Nutzern angesprochen werden.

Die Ergebnisse bestätigen, dass sich auditive Benutzungsoberflächen gut eignen, um Layoutstrukturen von Webseiten darzustellen. Der AIRclient ist ein Hilfsmittel, das den Mangel vorhandener Screenreader bezüglich des Nichtdarstellens des Layouts, beseitigt. Die auditive Benutzungsoberfläche bietet eine Modalität, mit der Blinde vertraut sind.

Das Projekt hat gezeigt, dass auditive Benutzungsoberflächen für eine Interaktion mit Objekten auf Webseiten geeignet sind. Vorhandene Erfahrungen sollten jetzt auf die Bedienung eines Betriebssystems wie Windows angewendet werden. Die Tatsache, dass Blinde mit dem AIRclient in der Lage sind, Webseiten vollständig zu erfassen, macht auditive Benutzungsoberflächen auch für Normalsichtige interessant.

In Zukunft ist der Einsatz in vielen anderen Bereichen denkbar, z.B. wird in parallelen Projekten versucht, auditive Benutzungsoberflächen in mobilen Situationen einzusetzen. Eine Standardisierung der verwendeten Interaktionsobjekte ist dazu dringend erforderlich, um die hohen Lernzeiten zu minimieren und die Benutzung und Interaktion mit dem System zu vereinheitlichen. Der Benutzer kann seine Sehkraft als primären Sinn für die Koordination und Kontrolle der realen Bewegungssituation nutzen. Die Akustik kann für die Steuerung eines Rechners genutzt werden. Befindet sich der Benutzer in Umgebungen in denen er aufgrund seiner Arbeitssituation oder aufgrund von Umwelteinflüssen nicht auf die Benutzung seines primären Sinn zurückgreifen kann, ist die Bedienung eines Rechners mit einer auditiven Benutzungsoberfläche eine sinnvolle Alternative.

Danksagung

Dank gilt dem früheren Projektmitarbeiter Hilko Donker und allen studentischen Hilfskräften und Studenten, die durch Diplom- und Studienarbeiten zum Gelingen beigetragen haben.

In Zusammenarbeit mit dem Institut für technische und angewandte Physik der Carl von Ossietzky Universität Oldenburg (ITAP) wurde eine Technik entwickelt, die die Präsentation des akustischen Interaktionsraums mit Hilfe einer Mehrfach-Lautsprecher-Ausgabe statt mit Kopfhörern erlaubt. Das Institut zur Erforschung von Mensch-Umwelt-Beziehungen der Carl von Ossietzky Universität Oldenburg (MUB) führte vergleichende Untersuchungen zu der Eignung von Geräuschen für blinde Benutzer an Prototypen des auditiven Webbrowsers durch.

3.3.6 Literatur

Begault, R.: 3-D Sound for Virtual Reality and Multimedia, Academic Press Professional, Cambridge, MA. USA, 1994.

Bölke, L.: Ein akustischer Interaktionsraum für blinde Rechnerbenutzer. Dissertation. Berichte aus dem Fachbereich Informatik, 1997.

Buxton, W. (ed.): Journal of Human-Computer Interaction, Special Issue on Non-Speech Audio, V4; N1. Lawrence Erlbaum Publishers, 1989.

Klante, P.: Visually Supported Design of auditory User Interfaces. In Stephanidis, C., Jacko, J. (Ed.): Human-Computer Interaction: Theory and Practice (Part II), Seite 696–700. Lawrence Erlbaum Publishers, 2003.

Kramer, G. (ed.): Auditory Display – Sonification, Audification and Auditory Interfaces. A Proceedings volume of the first ICAD conference. Santa Fe Institute, 1994.

Müller-Tomfelde, C., Streitz, N.A., Steinmetz, R.: Sounds@Work – Auditory Displays for Interaction in Cooperative and Hybrid Environments. In Stephanidis, C., Jacko, J. (Ed.): Human-Computer Interaction: Theory and Practice (Part II), Seite 751–755. Lawrence Erlbaum Publishers, 2003.

3.4 Computersehensbasierte Interaktion

Christian Brockmann, Christian Leubner, Heinrich Müller

Die computersehensbasierte Interaktion hat die Einbeziehung menschlicher Bewegungen und Posen als Mittel zur Interaktion mit technischen Systemen zum Gegenstand. Durch Verfahren der Bildverarbeitung und des Computersehens können Bewegungen und Posen in Bildsequenzen, die mit Videokameras aufgenommen werden, erkannt und so interpretiert werden. Sie können so zur Steuerung interaktiver Systeme eingesetzt werden, insbesondere auch bei Computeranwendungen. In diversen Anwendungen ist diese Art der Eingabe, kombiniert mit geeignetem Feedback und möglicherweise zusätzlichen Eingabemodalitäten, beispielsweise gesprochene Sprache, intuitiver und akzeptabler als die Tastatur- und Mausbasierte Interaktion. Sie stellt bei der dreidimensionalen Interaktion eine Alternative zu anderen Sensorsystemen (z.B. elektromagnetischen) dar, da sie Kabel und Elektrosmog vermeidet.

Abbildung 1 zeigt ein Beispiel, das im Folgenden als Fallstudie für eine komplexe Anwendung dient. Es geht dabei um die Interaktion mit einer Anwendung, die auf einer Rückprojektionswand dargestellt ist. Bei der Anwendung kann es sich um eine interaktive Präsentation handeln, mit der Benutzer etwa über Menüs interagieren. Im Rahmen von INVITE diente eine Umgebung für Gruppenbesprechungen als Erprobungsumgebung für die computersehensbasierte Interaktion. Diese Umgebung ermöglicht eine interaktive Ideenfindung auf Grundlage von Visualisierungen besprechungsspezifischer Informationen. Der technische Aufbau des Systems besteht neben der Rückprojektionswand aus drei Videokameras, von denen zwei jeweils seitlich und eine über der Wand positioniert sind, wie in Abbildung 1 skizziert. Über zwei der Kameras – eine von oben und eine, die von der Seite das Geschehen beobachtet – wird die Lage der Hand beziehungsweise des Arms erfasst. Die dritte Kamera beobachtet die Hand. Hierzu wird eine rechnergesteuerte Schwenk-Neige-Kamera verwendet, deren Ausrichtung und Zoom unter Rechnerkontrolle stets so angepasst wird, dass die Hand hinreichend groß im Bild zu sehen ist. So werden Handposturen wahrgenommen, die der Benutzer ausführt (Abbildung 2). Die Hand- beziehungsweise Armbewegung erlaubt die Navigation des Benutzers auf der Wand, wohingegen die Handpostur zur Auslösung von Signalen verwendet werden können. Für die Bilderfassung, die Bildauswertung und die Ausführung der Anwendungssoftware werden mehrere Rechner verwendet, die über ein lokales Netz verbunden sind.

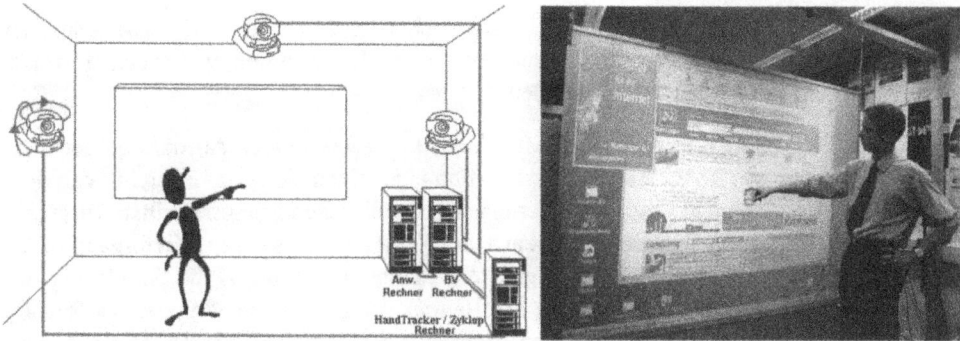

Abb. 1: Computersehensbasierte Interaktion mit einer interaktiven Anwendung an einer Rückprojektionswand

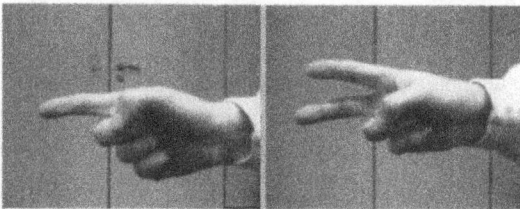

Abb. 2: Typische Handposturen zur Eingabe von Kommandos

Das Basissystem VTM (= Vision-based Tracking Module) erlaubt die Realisierung von Interaktionsszenarien. Das VTM besteht aus einem Architekturrahmen sowie einer Reihe von Teilmodulen zur Bearbeitung von Teilproblemen. Den Teilmodulen liegen teilweise neue Verfahren zugrunde, die sich mit der besonderen Anforderung des Einsatzes von Computersehen für die Mensch-Maschine-Interaktion auseinandersetzen, dass möglichst wenig Restriktionen an die Interaktionsumgebung, und dabei insbesondere an die Beleuchtungsverhältnisse, gemacht werden sollten.

Der folgende Abschnitt gibt eine Übersicht über verwandte Arbeiten. Im anschließenden Hauptteil werden die VTM-Architektur und das zugrunde liegende Konzept vorgestellt sowie darin integrierte Verfahren für die Bildsegmentierung und die Analyse der Eingabesignale beschrieben. Danach folgen weitere Anwendungsmöglichkeiten für die computersehensbasierte Interaktion und schließlich eine Bewertung und ein Ausblick.

3.4.1   State of the Art

Seit etwa dem Jahr 1992 ist ein rapide zunehmendes Forschungsinteresse zum Einsatz von Computersehen für die Mensch-Maschine-Interaktion festzustellen. Es wurden viele Szenarien und deren Realisierungen beschrieben, wobei häufig jedoch wenig über die zugrunde liegende Systemarchitektur und die angewandten Methoden der Bildverarbeitung Auskunft gegeben wird. Moeslund et al. (2001) geben eine recht aktuelle Übersicht zum Stand des Wissens. Diese Übersicht stellt das Gebiet der Erfassung menschlicher Bewegungen dar.

Eine weitere, mittlerweile schon etwas ältere Übersicht (Schröter et al. 1998) betrifft speziell Systeme zur Erkennung von statischen Handgesten oder Handposturen, wobei schon damals über 40 Projekte und Systeme erfasst wurden.

Über eine bloße Übersicht hinaus haben Moeslund et al. (2001) durch Abstraktion der existierenden Lösungen mit dem Ziel der Klassifikation eine allgemeine Rahmenarchitektur vorgeschlagen, die entsprechend der Anforderungen spezieller Benutzungsschnittstellen angepasst werden kann. Dieser Rahmen besteht aus vier Teilen: Initialisierung, Verfolgung (engl. tracking), Posturschätzung und Erkennung. Die Initialisierung umfasst die Anpassung des Systems und den Zustand des Benutzers am Beginn der Interaktion. Bei der Verfolgung werden die Gebiete in den aufgenommenen Bildsequenzen bestimmt, die den Benutzer repräsentieren. Das Ergebnis ist eine zwei- oder dreidimensionale Rohrepräsentation der Postur des Benutzers, wie sie aus den Eingabebildern erkennbar ist. In der Phase der Posturschätzung wird die Benutzerpostur rekonstruiert. Im einfachsten Fall werden die bildbasierten Daten direkt übernommen. Komplexere Systeme verfügen über ein rechnerinternes aktives oder passives Modell des Benutzers. In diesem Fall wird der Zustand des Modells an die Posturinformation aus der Verfolgungsphase angepasst. Das Ergebnis ist eine Repräsentation der Postur durch den Modellzustand. Im Erkennungsteil werden anwendungsbezogene Merkmale abgeleitet und klassifiziert. Diese werden an das Anwendungssystem weitergegeben, um dort die entsprechenden zugeordneten Aktionen auszulösen. Die Merkmale können statisch oder dynamisch sein. Ein Beispiel für ein statisches Merkmal ist die Anordnung der Finger zu einer Handgeste, ein Beispiel für eine dynamische Geste könnte eine Kurvenform sein, die der Benutzer mit der Hand im Raum abfährt.

Diese Rahmenarchitektur ist mit dem bekannten Marr-Paradigma (Aloimonos et al. 1988) des Computersehens dahingehend verwandt, dass die Erkennung durch teilweise Rekonstruktion geleistet wird. Die Details der Methoden und Algorithmen basieren auf Annahmen über das Interaktionsszenario. Moeslund et al. (2001) unterscheiden hier zwischen Annahmen über die Bewegung und Annahmen über die Gestalt und listen eine Reihe von Annahmen auf, die in bisher entwickelten Systemen verwendet wurden.

Entsprechend dieser Liste ist das hier vorgestellte System VTM: dreidimensional, verteilt, ein-Personen-bezogen, posturenschätzend und mit mindestens zwei Kamerasensoren versehen. Das System weist diverse Merkmale auf, die über die Techniken hinausgehen, und die zurzeit auf dem Gebiet der computersehensbasierten Interaktion eingesetzt werden. Wichtige Systemmerkmale sind die Verschmelzung von Informationen aus verschiedenen Quellen, Wissen über den Interaktionsraum und das Benutzerverhalten, Rückkopplungsschleifen zur Steuerung der Parameter des Erkennungsprozesses sowie ein Konzept zur direkten Interaktion über einen abstrakten Interaktionsraum, der zwischen dem realen Interaktionsraum des Benutzers und dem Anwendungssystem vermittelt. Obwohl diese Möglichkeiten Rechenleistung erfordern, zeigt die Implementierung, dass Bildwiederholraten auf heutiger PC-Hardware erzielt werden können, die für die Interaktion bereits ausreichen. Empirische Untersuchungen – ist die mit der Implementierung durchgeführt wurden – zeigen, dass die genannten Eigenschaften zu einer wahrnehmbaren Verbesserung der Erkennungsleistung des Systems geführt haben.

3.4.2 Vision-based Tracking Module (VTM)

Abbildung 3 gibt einen Überblick über die Architektur des VTM. Das System besteht aus einer Anzahl von Verarbeitungseinheiten mit entsprechenden Ein- und Ausgabedaten. Im Folgenden werden die Aufgaben der Verarbeitungseinheiten und ihre Arbeitsweise skizziert. Der Schwerpunkt liegt auf der Darstellung der Besonderheiten von VTM, insbesondere die Verschmelzung von zeitlicher, räumlicher und modellbezogener Information.

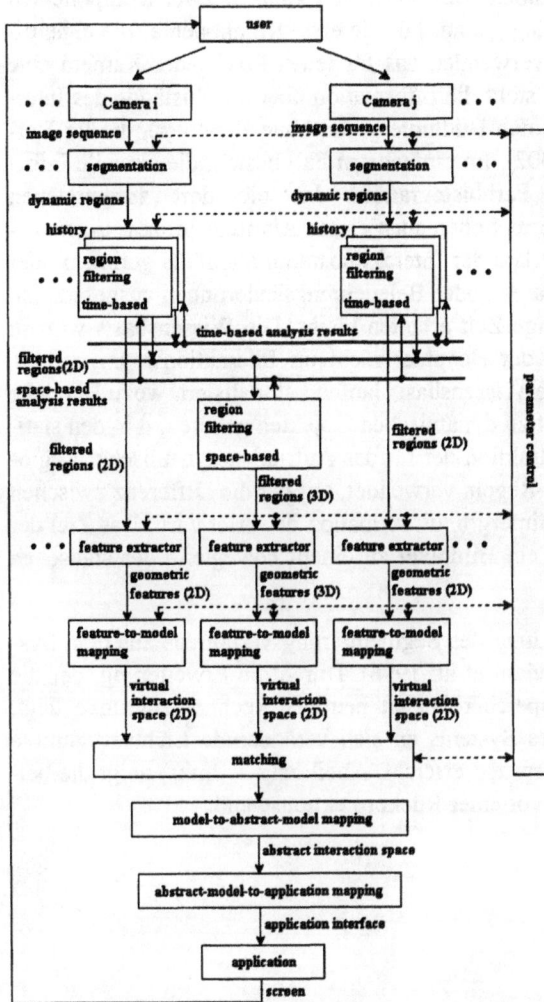

Abb. 3: Die Systemarchitektur von VTM.

Verarbeitungseinheiten

In Abbildung 3 sind die Verarbeitungseinheiten durch Rechtecke angedeutet. Wie aus der Abbildung ersichtlich, werden die einzelnen Bildfolgen, die durch Kameras erfasst werden, zunächst parallel unabhängig voneinander bearbeitet und die Resultate später kombiniert. Dabei wird angenommen, dass die Kameras zur Bilderfassung synchronisiert sind, so dass stets Bilder, die zum gleichen Zeitpunkt erfasst wurden, in die Kombination einfließen.

Die Aufgabe der Segmentierungseinheit (engl. segmentation unit) ist, die dynamischen Gebiete in den Eingabebildfolgen zu bestimmen. Das Verfahren kann in zwei Komponenten unterteilt werden, die voneinander unabhängig sind. Für die erste Komponente (die eigentliche Segmentierung) wird ein Verfahren verwendet, das für jeden Pixel jeder Kamera eine Wissensbasis unterhält. Die Wissensbasis stellt die Information über die Zustände des Interaktionsraumes ohne Benutzer bereit (d.h. den Bildhintergrund ohne Benutzer), die im Verlauf der Interaktion auftreten (Leubner 2002). Im einfachsten Fall besteht die aktuelle Information an einem Pixel aus einem Farbhistogramm, das die dort aufgetretenen Hintergrundfarbwerte umfasst, wobei Informationen auch einem Alterungsprozess unterworfen werden. Es wird dabei angenommen, dass der Interaktionsraum allenfalls geringen oder selten eintretenden geometrischen Änderungen oder Beleuchtungsänderungen ausgesetzt ist, so dass der neue Zustand jeweils für einige Zeit erhalten bleibt. Die Wissensbasis wird in einer Lernphase initialisiert, in der sich der Benutzer nicht im Interaktionsraum aufhält. Während der späteren Interaktion wird die Wissensbasis laufend aktualisiert, wozu Bereiche der Bilder herangezogen werden, die nicht zu dynamischen Objekten gehören, d.h. den statischen Hintergrund repräsentieren. Zur Extraktion der für das Auffinden dynamischer Regionen relevanten Information werden Fuzzy-Regeln verwendet, mit der die Differenz zwischen den Pixeln des aktuellen Bildes und der Hintergrundinformation bewertet wird. Das Ziel der Bewertung ist eine Aussage darüber, ob ein Bildpixel zu einem bewegten oder statischen Objekt gehört.

Dieses Verfahren kann als Weiterentwicklung des Segmentierungsverfahrens aus dem System Pfinder verstanden werden (Azarbayejani et al. 1996). Durch die Erweiterung, der die Idee der Ausnutzung der großen Hauptspeicherkapazität heutiger Rechner zugrunde liegt, wurde eine hohe Anpassungsfähigkeit des Systems an sich verändernde Lichtverhältnisse und an permanente Änderungen im Hintergrund erreicht. Abbildung 4 (links) zeigt die beispielhafte Segmentierung eines Benutzers vor einer Rückprojektionswand.

Abb. 4: Dem Benutzer zugeordnete Pixel (hell) auf Grundlage des Vergleichs des aktuellen Bildes mit der Hintergrundwissensbasis (links). Aus den gefundenen Pixeln abgeleitete Kontur des Benutzers (rechts).

Die zweite Komponente des Verfahrens führt auf den im ersten Teil bestimmten Pixeln eines dynamischen Gebietes eine Konturapproximation durch. Abbildung 4 (rechts) zeigt eine Konturapproximation, die aus den markierten Pixeln des linken Bildes berechnet wurde. Ein Problem bei der Bestimmung einer geschlossenen Kontur stellen Lücken in den Ergebnissen der Segmentierungskomponente dar. Solche Lücken sind auch in Abbildung 4 (links) zu sehen – einfache Konturfindungsalgorithmen wie die direkte Randverfolgung scheitern daran. Der entwickelte Konturapproximationsalgorithmus verbindet die positiven Eigenschaften der konvexen Hülle mit der Möglichkeit, auch konkave Teile von Objekten beliebig genau annähern zu können. Die Approximationsqualität kann gegenüber der Größe der zu schließenden Lücken durch entsprechende Parametrisierung abgewogen werden. Dazu geht der Algorithmus so vor, dass zunächst das Eingabebild mit zwei gegeneinander versetzten Boxgittern überlagert wird, die zu einer räumlichen Unterteilung der Eingabepixel führen. In jeder dieser so entstehenden Boxen wird die konvexe Hülle der Eingabepixel bestimmt. Die berechneten Hüllenpolygone werden in eine Graphstruktur überführt, für die anschließend ein äußerer Umlauf bestimmt wird, der als Approximation des Objektes verwendet werden kann. Experimentelle Vergleiche haben ergeben, dass dieses Verfahren mindestens ebenso gute Ergebnisse wie die heute gerne verwendeten aktiven Konturen oder „Snakes" (siehe z.B. Xu et al. 1997) liefert – und das bei einem geringeren Rechenaufwand. Es konnte gezeigt werden, dass das Verfahren in Echtzeit arbeitet und damit zur Verwendung in einer Interaktionsumgebung geeignet ist.

Die Gebietsfilterungseinheiten (engl. region filtering units) sollen unter den gefundenen dynamischen Gebieten diejenigen finden, die für die Interaktion relevant sind, also im Regelfall den Benutzer repräsentieren oder von ihm relevante Teile, zum Beispiel einen Arm. Relevante Gebiete werden hauptsächlich über ihre Lage in den Eingabebildern gefunden. In dem Szenario aus Abbildung 1 wird beispielsweise angenommen, dass die Hand des Benutzers der Teil des Gebiets ist, das den Benutzer repräsentiert. Die Hand ist der Projektionswand und damit der entsprechenden Bildseite am nächsten. Ein zweites Kriterium zur Ermittlung der Relevanz eines Gebiets ist die Farbe: Von Interesse ist hauptsächlich die Hautfarbe, die beispielsweise zum Auffinden der Hände genutzt werden kann.

Es kann passieren, dass ein durch diese Kriterien gefundenes Gebiet den gewünschten Teil des Benutzers nicht genau oder vielleicht auch gar nicht repräsentiert. Aus diesem Grund wird das Verhalten der Gebiete über die Zeit und im Raum untersucht. Die Arbeitsweise einer zeitbasierten Gebietsfilterungseinheit (engl. time-based region filtering unit) basiert auf der Annahme, dass sich Konturen von Bild zu Bild in einer Bildfolge nur wenig ändern. Sie nimmt die aktuelle Kontur eines zu analysierenden Gebiets (im Folgenden „aktuelle Kontur" genannt) und vergleicht sie mit der entsprechenden Kontur des vorangegangenen Bildes der Bildfolge (die „alte Kontur"). Unter Verwendung der Karhunen-Loeve- oder Hauptachsen-Transformation (Everson et al. 1995) werden die Konturen so bewegt, dass sie möglichst gut übereinander liegen. In der neuen Lage wird für jeden Knoten einer Kontur ein nächstliegender Knoten auf der anderen Kontur bestimmt. In Abbildung 5 sind die Paare solcher Knoten durch Strecken zwischen den gezeigten aktuellen und alten Konturen dargestellt. Nun werden Knoten identifiziert, die auf einer solchen Strecke liegen, deren Länge eine vorgegebene Schranke überschreitet. Schließlich werden Konturkanten der aktuellen Kontur, die einen Eckpunkt haben, der auf einer der identifizierten Kanten liegt, durch die Konturkanten der alten Kontur ersetzt. Auf diese Weise ist es möglich, die Ausbuchtung der neuen Kontur in Abbildung 5 zu korrigieren. Abbildung 6 zeigt ein weiteres Beispiel, dem das Szenario aus Abbildung 1 zugrunde liegt. Das linke obere Bild in Abbildung 6 stammt von der seitlich, das rechte obere Bild von der oben angebrachten Kamera. Die eingezeichneten Konturen zeigen, dass im linken Bild die Kontur im Bereich der Hand zu groß ist, wohingegen sie im rechten Bild passt. Das Bild links unten zeigt die Korrektur des Bildes links oben mit dem geschilderten Verfahren auf Grundlage seines (nicht gezeigten) Vorgängerbildes.

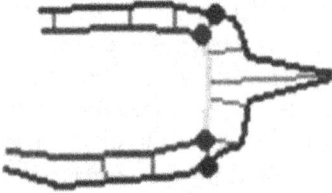

Abb. 5: Zeitbasierte Gebietsfilterung

Abb. 6: Zeitbasierte Gebietsfilterung (linke Spalte) und ortsbasierte Gebietsfilterung (rechte Spalte).

Die ortsbasierte Filterungseinheit (engl. space based region filtering unit) basiert auf Bildern, die zur gleichen Zeit von zwei verschiedenen Kameras aufgenommen wurden. Sie verwendet epipolare Linien (Faugeras 1993). Eine epipolare Linie ergibt sich jeweils als Schnitt einer Ebene, die die Sehzentren der beiden Kameras enthält, mit den Bildebenen der Kameras. Die so in beiden Bildern resultierenden Geraden werden korrespondierende epipolare Linien genannt. Bei der ortsbasierten Filterung werden zunächst extreme epipolare Linien bestimmt. Das sind epipolare Linien, die tangential zur Kontur des zu analysierenden Gebietes sind und die Eigenschaft haben, dass der von ihnen berandete Bildausschnitt das Gebiet enthält. In Abbildung 6 (rechte Spalte) wird jeweils eine epipolare Linie verwendet, die tangential zur Kontur an der Handspitze ist. Diese durchqueren die Bilder annähernd waagerecht bzw.

senkrecht. Die zweite, heller eingezeichnete Gerade in jedem Bild, korrespondiert mit der epipolaren Linie des jeweils anderen Bildes. Bei einer korrekten Kontur dürfen die korrespondierenden Linien die Kontur nicht schneiden. Falls dies wie in Abbildung 6 der Fall ist, liegt eine fehlerhafte Kontur vor. Um zu entscheiden, welche der Konturen am ehesten die korrekte ist, wird wieder auf die Vergangenheit zurückgegriffen. Wird nur eine geringe Änderung einer Kontur relativ zum vorigen Bild festgestellt, wozu die Abstandsberechnung des zeitbasierten Filterungsverfahrens verwendet wird, wird diese Kontur als korrekt akzeptiert.

Ein Vorteil dieses ortsbasierten Verfahrens gegenüber der dreidimensionalen Rekonstruktion durch Disparitätsanalyse (Faugeras 1993) ist eine bessere Robustheit, die durch geringere Genauigkeit gewonnen wird. Irrelevante Gebiete, die etwa durch andere Personen im Hintergrund des Interaktionsraums oder durch Beleuchtungseffekte wie Schlagschatten hervorgerufen werden, können durch eine Kameraanordnung entfernt werden, bei der dieser Effekt nicht in allen Kameras wahrnehmbar ist, wohingegen der relevante Teil des interagierenden Benutzers von allen Kameras erfasst wird. Die Korrektur kann dann durch Entfernen aller Gebiete erreicht werden, die nicht überall sichtbar sind.

Die Merkmalserkennungseinheit (engl. feature extraction unit) extrahiert geometrische Merkmale auf Grundlage der verbleibenden Gebiete entsprechend der Anforderungen der Interaktionsaufgabe. Geometrische Merkmale können Parameter sein, die den Ort und die Skalierung starrer Körper oder den Ort und die Form deformierbarer Körper spezifizieren, die interessierende Teile des Benutzers repräsentieren. Der einfachste Fall solcher „Körper" sind Punkte und Strecken. Ein Punkt kann beispielsweise die Lage der Hand im Raum, eine Strecke die Richtung eines gestreckten Arms im Raum repräsentieren. Eine dreidimensionale Strecke kann durch den Schnitt von Ebenen erreicht werden, die sich aus der Lage der Kameras im Raum ermitteln lassen und die durch das Kamerazentrum und die Strecke im Bild festgelegt sind.

Die Merkmals-Modell-Abbildungseinheiten (engl. feature-to-model mapping units) bilden die geometrischen Merkmale auf ein rechnerbasiertes Modell der relevanten Teile des Benutzers und des Interaktionsraums ab. Das Modell wird als virtueller Interaktionsraum (engl. virtual interaction space) bezeichnet. Beispiele für relevante Teile eines Benutzers sind die Handspitze oder die Hand, der Unterarm, der Kopf, oder eine kinematische Kette, die den Oberkörper beschreibt. Der virtuelle Interaktionsraum hat Parameter, die die Schnittstelle zum realen Interaktionsraum bilden. Beispiele für Parameter sind ein dreidimensionaler Punkt, der den Ort der Hand im Raum beschreibt, der Ort und die Orientierung eines Koordinatendreibeins im Raum, das Ort und Ausrichtung des Kopfes angibt, oder eine Punktmenge, die die Orte von Kopf und Händen beschreibt.

Der einfachste Fall ist ein passives Benutzermodell. Das bedeutet, dass die Merkmalsdaten unmittelbar den neuen Zustand des Modells bestimmen. Beispielsweise kann die Strecke, die aus dem Zeigearm abgeleitet wurde, unmittelbar die Zeigerrichtung des Modells festlegen. Eine Schwierigkeit bei dieser Vorgehensweise ist, dass die Zeigerichtung instabil sein kann, was durch nervöses Zittern der Armstrecke Ausdruck findet, das durch Segmentierungsfehler und Rauschen hervorgerufen wird. Eine Lösung besteht in diesem Fall darin, den Arm mit einer gewissen Trägheit zu versehen, die etwa physikalisch basiert simuliert werden kann.

Die Modell-auf-abstraktes-Modell-Abbildungseinheit (engl. model-to-abstract-model mapping unit) weist Parameter des Benutzermodells im virtuellen Interaktionsraum den Steuerungsparametern eines Interaktionsmodells in einem abstrakten Interaktionsraum (engl. abstract interaction space) zu. Der abstrakte Interaktionsraum ist ein Platzhalter für die reale Anwendung. Er kann mit dem virtuellen Interaktionsraum übereinstimmen. Eine Anwendung des abstrakten Interaktionsraums ist die indirekte Interaktion. Diese besteht darin, dass der Benutzer einen virtuellen Manipulator ähnlich wie einen Bagger, einen Kran oder eine Marionette steuert. Diese haben üblicherweise eine Benutzungsschnittstelle, die nicht eineindeutig Teile des Benutzers auf Teile des Manipulators, etwa durch Bewegungserfassung, abbildet. Ein Grund für das Interesse an dieser Art indirekter Steuerung ist, dass die Bewegungserfassung unter den realen Gegebenheiten nicht hinreichend genau ist, um eine zuverlässige Steuerung eines Avatars zu ermöglichen. Zudem ist es häufig aus Sicht der Anforderungen der Anwendung nicht notwendig, eine realitätsnahe Repräsentation des Benutzers zu haben. Analog zum virtuellen Interaktionsraum bietet auch der abstrakte Interaktionsraum eine Schnittstelle von Parametern für seine Steuerung an – beispielsweise Parameter zur Steuerung der Position und Orientierung der Glieder einer virtuellen Marionette.

Die Abstraktes-Modell-auf-Anwendung-Abbildungseinheit (engl. abstract-model-to-application mapping unit) weist Parameter des Benutzermodells Parametern der Anwendungsschnittstelle (engl. application interface) zu. Die Anwendungsschnittstelle erlaubt, den Zustand der Anwendung zu ändern. Beispielsweise kann die Einheit die Hand- und die Armposition auf eine Cursor-Position auf der Projektionswand aus Abbildung 1 abbilden.

Die Parameterkontrolleinheit (engl. parameter control unit) modifiziert Steuerparameter anderer Einheiten, um Qualitätsparameter dieser Einheiten zu optimieren. Die Qualitätsparameter sind ein Maß für die Güte der Ergebnisse, die von den Einheiten geliefert werden. Die Steuerparameter beeinflussen das Verhalten der Einheiten über die zu verarbeitende bildbasierte Information hinaus. Ein Beispiel sind Schwellwerte, die die Wirksamkeit von Filtern steuern. Diese Parameter sind in gewisser Weise orthogonal zum Datenfluss der Bilddaten.

Implementierung

Das VTM wurde unter Windows auf PC-Hardware implementiert. Es wird ein Netzwerk von Dual-Prozessor-Systemen verwendet. Die Rechner sind dabei durch ein 100 Mbit-Ethernet verknüpft. Jede Kamera ist mit einem eigenen PC verbunden, der für die Bilderfassung und die Segmentierung zuständig ist. Die Bilderfassung wird über eine Selbstentwickelte, einfache Hardware-Komponente synchronisiert. Die Gebietsanalyse bis zur Modell-abstraktes-Modell-Abbildung belegt einen weiteren PC. Dieser PC leistet auch die Zuordnung der Datenströme. Das Anwendungssystem läuft auf einem weiteren Rechner. Bei Verwendung von 2400-Mhz-Dual-Pentium PCs wird mit dieser Konfiguration eine Verarbeitungsleistung von 10 Bildern/Sekunde erreicht. Dies reicht bereits für eine annehmbare Interaktion aus. Quantitative empirische Untersuchungen haben gezeigt, dass die geschilderte Architektur und darin verwendete Verfahren gut arbeiten (Brockmann et al. 2003).

Fallstudie: Interaktive Projektionswand

Zur Demonstration der Funktionsfähigkeit von VTM wurde, wie bereits zu Beginn erwähnt, das Szenario der Interaktion über eine Rückprojektionswand aus Abbildung 1 realisiert (Brockmann et al. 2003). VTM wird dabei zur Lokalisation der Hand sowie der Zeigerichtung des Arms eingesetzt. Zur Auslösung von Anweisungen, entsprechend der Funktion eines Mausklicks bei konventioneller Interaktion, wurde ein weiterer Eingabekanal hinzugenommen. Dafür gibt es zwei Alternativen. Die einfachere Alternative ist die Hinzunahme von Spracheingabe. Eine Anweisung an das System wird hierbei dadurch ausgelöst, dass der Cursor auf der Rückprojektionswand mittels des Arms an eine sensitive Stelle (beispielsweise einen Menüpunkt) bewegt wird und dieser Menüpunkt dann durch Sprechen des Wortes „Klick" aktiviert wird. Die zweite, erheblich schwierigere Alternative ist die Auslösung durch Handposturen. Hierfür wird das System ZYKLOP eingesetzt (Stark et al. 1996). ZYKLOP erkennt Handposturen wie die in Abbildung 2 gezeigten, denen unterschiedliche Anwendungskommandos zugeordnet werden können. Die Gesten werden über eine rechnergesteuerte Schwenk-Neige-Kamera aufgenommen. Zur Ausrichtung der Kamera auf die Hand wird die von VTM gelieferte Information über die Lage der Hand im Raum verwendet. Zur Feinjustierung wurde ein zusätzliches Modul realisiert, das die Bewegtkamera aufgrund ihrer Bilddaten lokal so steuert, dass die Hand möglichst bildfüllend in der Mitte des Bildes gehalten wird. Die beiden Informationsquellen über die Lage der Hand werden dazu nach einer geeigneten Auswahlstrategie kombiniert. Das Gesamtsystem erweist sich als prinzipiell funktionsfähig, es befindet sich jedoch noch im Laborstatus. Momentan ist es notwendig, dass der Benutzer die Interaktionen langsam durchführt. Durch schneller ansprechende Bewegtkameras sowie schnellere Hardware, die eine höhere Anzahl von verarbeiteten Bildern pro Sekunde ermöglichen wird, wird diese Einschränkung entfallen.

3.4.3   Anwendungsfelder

Der Einsatz von Videokameras als Sensoren hat in den letzten Jahren stark an Bedeutung gewonnen. Optische Verfolgungssysteme werden heute zunehmend eingesetzt. Allerdings ist es notwendig, das erfasste Objekt mit Markierungen zu versehen, um eine hohe Präzision und Beleuchtungsunabhängigkeit zu erzielen. Im Nahbereich ist es möglich, schon heute zuverlässig arbeitende, markierungsfreie optische Systeme zu realisieren, etwa als „Touchscreen" mit der Möglichkeit der Erkennung von Handposturen und Handgesten, die über einer beschränkten Eingabefläche ausgeführt werden. Die Erfassung von Bewegung in einem größeren Interaktionsraum wird bei Webcam basierten Videospielen eingesetzt, bei denen der Benutzer sich durch Körperbewegungen in das Spiel einbringt. Hierbei kommt es nicht auf hohe Präzision der Bewegungserfassung an. Weitere Anwendungsfelder sind die interaktive Präsentation, das Fitness-Training, das Training für die Rehabilitation sowie die Interaktion von behinderten Menschen mit ihrer Umgebung, was die Überwachung zur Erkennung von Notfallsituationen einschließen kann. Das VTM bietet die technische Grundlage zur Realisierung solcher Anwendungsszenarien.

3.4.4   Bewertung und Ausblick

Das VTM basiert im Wesentlichen auf Standardvideokomponenten und ist nicht auf Markierer oder eine spezielle Beleuchtungsausstattung angewiesen. Dies ermöglicht die kostengünstige Realisierung von computersehensbasierten Interaktionssystemen. Andererseits gestaltet sich die Aufgabe der zuverlässigen Erfassung des Benutzers dadurch als sehr schwierig. Eine Möglichkeit sie zu beherrschen besteht darin, Restriktionen an den Interaktionsraum und den Benutzer zu stellen, wobei darauf zu achten ist, dass diese natürlich und damit zumutbar und ohne großen Aufwand zu realisieren sind. Für Interaktionsszenarien, die dies erlauben, ist das VTM ein nützliches Werkzeug zur Realisierung. VTM nutzt in erheblichem Umfang Information über den Interaktionsraum und den Benutzer, die über die Zeit gespeichert und auf die aktuelle Situation hin schnell und passend verfügbar gemacht werden. Damit ist ein massiver Einsatz von Speicher und auch von Rechenleistung verbunden, die schon heute und noch mehr in der Zukunft zur Verfügung stehen. Dieser in der Vergangenheit in der Bildverarbeitung und dem Computersehen wenig beschrittene Weg sollte vermehrt beschritten werden, um weitere Anwendungsfelder durch zuverlässig arbeitende Systeme zu erschließen.

3.4.5   Literatur

Aloimonos, J.; Weiss, I.; Bandyopadhyay, A.: Active Vision. International Journal of Computer Vision 2, Seite 333–356, 1988.

Azarbayejani, A.; Wren, C.; Pentland, A.: Realtime 3-D tracking of the human body, Proceedings of IMAGE'COM 96, Bordeaux, Mai 1996.

Brockmann, C.; Müller, H.: Remote Vision-based Multimodal Gesture Interaction. Proceedings of the 5th International Workshop on Gesture and Sign Language based Human-Computer Interaction, LNCS, Springer-Verlag, 2003.

Brockmann, C.; Müller, H.: An Architecture for Vision-Based Human-Computer Interaction. In: Proc.IASTED Conference on Visualization, Imaging, and Image Processing (VIIP 2003), 2003.

Everson, R.M.; Sirovich, L.: The Karhunen-Loeve Transform for Incomplete Data. Journal of the Optical Society of America 12, Seite 1657–1664, 1995.

Faugeras, O. D.: Three Dimensional Computer Vision. MIT Press, Boston, 1993.

Leubner, C: A Framework for Segmentation and Contour Approximation in Computer-Vision Systems, Dissertation, Fachbereich Informatik, Universität Dortmund, 2002. http://hdl.handle.net/2003/2570. Besucht: 14.03.2006.

Moeslund, T.B.; Granum, E.: A Survey of Computer Vision-Based Human Motion Capture. In: Computer Vision and Image Understanding 81, Seite 231–268, 2001.

Schröter, S. M.; Kohler, M.: Handgestenerkennung durch Computersehen. In: Informatik'98, J. Dassow, R. Kruse (Hrsg.), Springer-Verlag, 1998, Seite 201–212. http://ls7-www. cs.uni-dortmund.de/research/gesture. Besucht: 14.03.2006.

Stark, M.; Kohler, M.: Videobasierte Mensch-Maschine-Interaktion, it+ti – Informations-technik und Technische Informatik 38(3), Seite 15–20, 1996.

Xu, C.; Prince, J.L.: Gradient Vector Flow: A New External Force for Snakes. In: Procee-dings IEEE Computer Vision and Pattern Recognition, Seite 66–71, 1997.

3.5 Multimodale Interaktion in interaktiven Räumen

Doris Janssen

3.5.1 Medien und Systeminteraktion

Interaktive Räume und große Darstellungsflächen werden in Zukunft immer wichtiger für die Zusammenarbeit von Gruppen. Arbeitsergebnisse können damit nicht nur dargestellt, sondern auch gemeinsam erarbeitet werden. Im Gegensatz zu herkömmlichen Methoden zur Zusammenarbeit von Gruppen (z.B. FlipChart) können Arbeitsergebnisse im Anschluss direkt weiterverwendet werden. Systembasierte, interaktive Darstellungsflächen haben im Vergleich zu herkömmlichen, nicht interaktiven Medien, einige Vorteile:

- Flexibilität: Falls sich Informationen ändern, oder Inhalte überarbeitet werden sollen, so führt dies bei herkömmlichen Medien zu Problemen: Eine Zeichnung muss neu erstellt, oder aufwändig ausgebessert werden. Auch bei flexibleren Methoden, wie z.B. der Kartenabfrage, können einmal beschriftete Karten nicht wieder verändert werden. Im Gegensatz dazu können elektronische Inhalte (applikationsabhängig) normalerweise sehr einfach verändert und erweitert werden.
- Ubiquität: Durch die elektronische Verfügbarkeit der Inhalte sind diese nicht nur lokal vorhanden, sondern es kann auch von entfernten Standorten sowohl lesend als auch schreibend darauf zugegriffen werden.
- Durchgängige Datenhaltung: An den interaktiven Medien erarbeitete Inhalte liegen bereits in elektronischer Form vor und können anschließend in anderen Anwendungen weiterverarbeitet werden. So können Medienbrüche vermieden werden.

Interaktive Räume werden hauptsächlich zur Unterstützung von kooperativen Prozessen in der Teamarbeit herangezogen. Vor allem die Informationsgenerierung und deren Visualisierung kann mithilfe von großen Präsentationsflächen und intuitiver Interaktionstechnik unterstützt werden.

Medien in interaktiven Räumen

Für interaktive Räume können verschiedene Medien benutzt werden:

- Interaktiver Tisch: Bei einem interaktiven Tisch werden die Arbeitsergebnisse horizontal dargestellt. Die Gruppe ist um den Tisch versammelt und arbeitet gemeinsam an den Ergebnissen.
- Powerwall: eine Powerwall besitzt eine vertikale, interaktive Fläche. Sie ist daher auch zur Zusammenarbeit innerhalb einer größeren Gruppe oder zur Informationsdarstellung geeignet.

- Interaktionsräume: Interaktionsräume beschränken sich nicht auf eine zweidimensionale Darstellung der Inhalte, sondern nutzen den gesamten Raum, um die Gruppenarbeit zu unterstützen. Dies kann durch beliebige Kombinationen von interaktiven Tischen, Wänden und mobilen Eingabegeräten geschehen. Ein Spezialfall eines solchen Interaktionsraums ist die virtual/augmented reality (z.B. CAVE).

Systeminteraktion

Die Interaktion mit Systemen kann auf verschiedene Weise realisiert werden. An herkömmlichen Rechnersystemen werden Eingabegeräte zur relativen Navigation benutzt, z.B. Maus oder Trackball. Der Benutzer gibt dabei ausgehend von der aktuellen Position des Cursors mithilfe des Eingabegeräts die Richtung an, in der sich die gewünschte neue Position des Cursors befindet. Diese Methode kann auch in interaktiven Räumen verwendet werden. Sie hat jedoch den Nachteil, dass sie an großen Displays mit dementsprechend weiten Navigationsstrecken hohen Aufwand erfordert. Eine graduelle Verbesserung kann durch die Benutzung von Mausgesten erreicht werden, über die bestimmte Funktionen auf jeder beliebigen Stelle des Bildschirms abrufbar sind. Dadurch können große Navigationsstrecken vermieden werden. Mausgesten haben jedoch den Nachteil, dass sie nicht intuitiv sind und erlernt werden müssen.

Eine einfachere Systeminteraktion an großen Displays kann mit absoluten Zeigegeräten erreicht werden. Im Unterschied zu relativen Zeigegeräten gibt der Benutzer bei absoluten Zeigegeräten die Koordinaten direkt ein, an die der Mauszeiger bewegt werden soll (mithilfe des Eingabegeräts). Beispiele für absolute Navigationsmechanismen an der interaktiven Wand sind Touchscreen, Steuerung über Laserpointer oder Steuerung über Handzeichen (Zeigen).

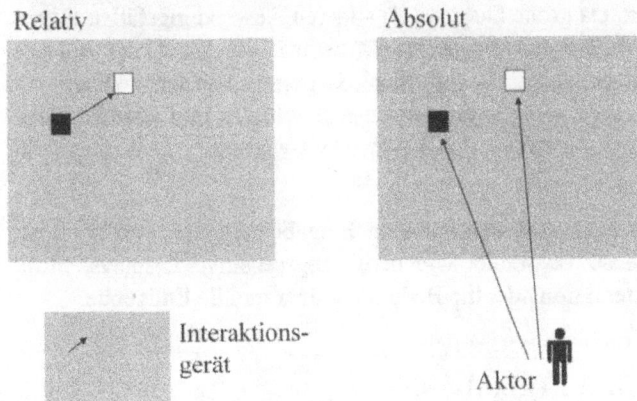

Abb. 1: Relative und absolute Navigation an einer interaktiven Wand

3.5.2   State of the Art

Grosse Displays unterscheiden sich sowohl qualitativ als auch quantitativ von herkömmlichen, kleinen Displays. Bedingt durch ihre Größe können sie nicht ohne Kopfbewegung sofort und auf einmal wahrgenommen werden. Daher bedingen sie andere Applikationsszenarien (vgl. Swaminathan et al. 1997). In verschiedenen Untersuchungen wurden horizontale und vertikale Großdisplays verglichen. Ein Ergebnis ist, dass horizontale Systeme generell die Kommunikation in der Gruppe besser unterstützen, während vertikale Systeme besser zum Darstellen und moderierten Erarbeiten von Inhalten geeignet sind (vgl. Rogers et al. 2003). Speziell flexibler Rollentausch ist bei horizontalen Systemen wesentlich einfacher möglich. Vertikale Systeme fungieren hingegen gut als zentraler Attraktions- und Kommunikationspunkt (vgl. McCarthy et al. 2002).

Um beliebige Arbeitssituationen in einem interaktiven Raum bestmöglich zu unterstützen, sollte sich daher dieser Raum nicht auf einzelne Geräte beschränken, sondern eine Kombination aus verschiedenen Geräten beinhalten.

Computer Supported Cooperative Work (CSCW) an einer solchen Interaktionsflächen führt zu der Frage, ob die Interaktion mit Hilfe von einem oder mehreren Cursors erfolgen soll, ob also zu einer Zeit immer nur ein Benutzer, oder mehrere, mit der Wand interagieren können. Es existieren Arbeiten zu multiplen Foci (vgl. Rekimoto 2002). Ein Nachteil daran ist jedoch, dass diese Interaktionstechnik meist betriebssystemspezifische Anpassungen erfordert, so dass herkömmliche Applikationen an einer solchen Wand nicht benutzt werden können.

Frühe Formen einer mobilen interaktiven Wand waren z.B. das Liveboard der Firma Liveworks (vgl. Elrod et al. 1992) und das SMARTBoard von SMART Technologies. Durch die Kombination solcher Medien (z.B. Dynawall, vgl. Holmer et. al. 1998) konnte die Interaktionsfläche noch vergrößert werden. Da große Displays zu anderen Anwendungsfällen führen, kann dafür herkömmliche PC-Software nur eingeschränkt benutzt werden. Unter anderem sollten an einer Wand möglichst beliebige Datenformate dargestellt werden können (vgl. Black et al. 2002). Daher gibt es verschiedene Interaktionstechnologien und Applikationen, die speziell für große Displays und die Arbeit daran entwickelt wurden (vgl. Wissen et al. 2002).

Zur Interaktion mit dem System existieren verschiedene Eingabemethoden (vgl. Paradiso 2002). Sprache wird dabei genauso verwendet wie berührungssensitive Displays, Stifte, Kameragestenerkennung, Laserinteraktion oder die Bedienung über mobile Endgeräte.

3.5.3   Innovationen und Ergebnisse

Aufbau eines Raums mit einer interaktiven Wand

Im Rahmen des BMBF-geförderten Forschungsprojekts INVITE wurde am Fraunhofer IAO ein interaktiver Raum installiert. Dieser Raum besitzt drei vertikalen Projektionsflächen, jeweils mit Rückprojektion. Die drei Projektionsflächen erscheinen dem Benutzer als ein

System. Darauf laufende Anwendungen können über die komplette Breite dargestellt und genutzt werden.

Abb. 2: Vertikale Präsentationswand am Fraunhofer IAO

Die im Folgenden vorgestellten Ergebnisse wurden für einen derartigen Raum entwickelt und evaluiert.

Kombinierte Szenarien mit verschiedenen Gerätetypen

Mit einer herkömmlichen interaktiven Wand kann immer nur ein Benutzer interagieren. Dies scheint ideal für Präsentationsveranstaltungen und stark moderierte Sitzungen, bei denen die Rollen der Teilnehmer fest definiert sind oder selten wechseln. Für interaktive, dynamische Gruppenarbeitssituationen müssen allerdings sehr häufig die Rollen getauscht werden, z.B. zwischen „Zuschauer", „Aktor" und „Moderator". An einer vertikalen Wand kann der häufige Rollentausch zu Schwierigkeiten bei der Zusammenarbeit führen (vgl. Rogers et al. 2003). Daher wurden Mechanismen untersucht, durch die sich alle Gruppenmitglieder gleichzeitig an der Erarbeitung von Inhalten beteiligen können, ohne sich dabei gegenseitig zu stören. Da Systeme mit multiplen Mauszeigern spezielle Betriebssystemerweiterungen benötigen, scheint es nicht sinnvoll, dies für eine Systemlandschaft zu verwenden, in der das bekannte Look & Feel des Büroarbeitsplatzes beibehalten werden soll und dessen Anwendungen auf der Wand lauffähig sein sollen. Eine Lösungsmöglichkeit stellt daher die Kombination der interaktiven Wand mit weiteren mobilen Geräten dar.

Abb. 4: Interaktiver Raum: Vertikale Arbeitsfläche kombiniert mit mobilen Geräten

Im Labor des Fraunhofer IAO stehen verschiedene mobile Eingabegeräte zur Verfügung, die über Wireless LAN angeschlossen sind. So können mehrere Gruppenmitglieder gleichzeitig mit dem System interagieren. Dies wird durch dementsprechende CSCW-Software unterstützt (z.B. die Software MetaChart, siehe Kapitel 5.3). Die Applikation synchronisiert dabei laufend die verschiedenen Benutzersichten. Die Wand dient in einem solchen Szenario als großer Überblick, Blickfang und zentraler Punkt, an dem sich alle Interagierenden ausrichten und ggf. die Moderation erfolgt. Die Gruppenmitglieder können entweder direkt an der Wand agieren, oder an mobilen Geräten arbeiten. Alle erarbeiteten Inhalte werden im Idealfall sofort allen Teilnehmer mitgeteilt, so dass alle Gruppenmitglieder eine aktuelle Sicht auf den jeweiligen Bearbeitungsstand haben. Durch den Einbezug der mobilen Geräte wird der dynamische Rollentausch während der Gruppensitzung wesentlich vereinfacht, da nun mehrere Teilnehmer gleichzeitig agieren können und die gesamte Gruppe intensiver in den Erarbeitungsprozess mit einbezogen werden kann.

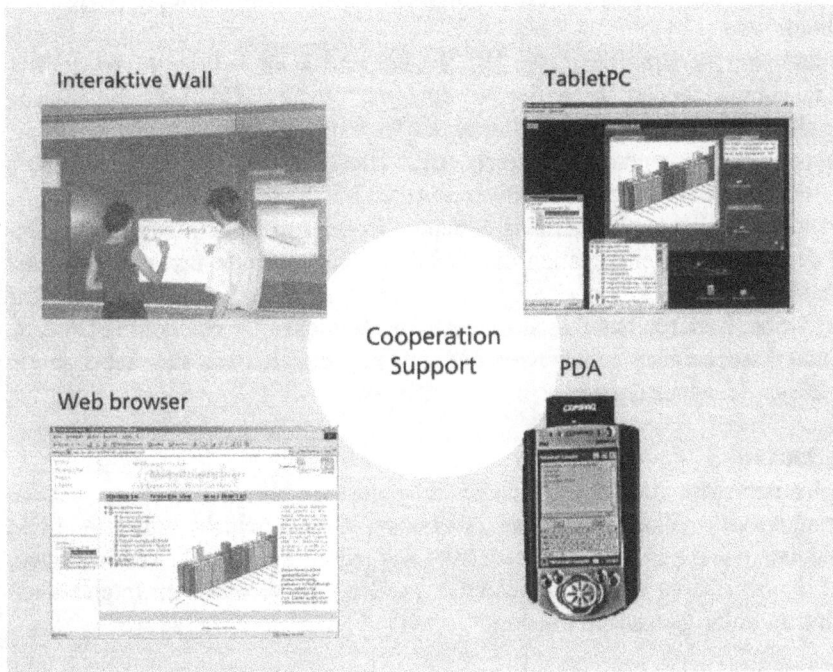

Abb. 2: Mögliche Geräte-/Medienkombinationen zur Zusammenarbeit in interaktiven Räumen

Im Rahmen des in INVITE entwickelten Szenarios werden neben der interaktiven Wand verschiedene mobile Geräte (z.B. PDAs und TabletPCs) unterstützt. Außerdem ist der Zugriff auf das System auch über eine browserbasierte Anwendung möglich. Alle laufenden Instanzen der verschiedenen Zugriffsmöglichkeiten werden über den applikationsspezifischen Cooperation-Support-Mechanismus jederzeit miteinander abgeglichen.

Anwendungen für interaktive Räume
Da interaktive Räume und Grossdisplays komplett neue Anwendungsszenarien bedingen, kann herkömmliche Software nur eingeschränkt darauf in ergonomischer und nutzbringender Weise angewendet werden. Deshalb wurde die Applikation MetaChart speziell für den Gebrauch in interaktiven Räumen entworfen und angepasst. Sie dient dazu, Inhalte zu erfassen und zu strukturieren. Sie kann von mehreren Arbeitsplätzen und verschiedenen Endgeräten aus gleichzeitig bedient werden, wobei Änderungen an einem Client sofort an alle anderen weiter propagiert werden. Im Rahmen der multimodalen Interaktion in interaktiven Räumen unterstützt MetaChart verschiedene Kooperationssituationen:

- Synchrones und asynchrones Arbeiten: Die Team-Mitglieder können sowohl gemeinsam zur selben Zeit an den Inhalten arbeiten, als auch zeitlich versetzt auf die bereits erarbeiteten Ergebnisse zugreifen und diese nachbearbeiten.
- Lokales und verteiltes Arbeiten: Obwohl die Anwendung ursprünglich für lokal anwesende Gruppen konzipiert wurde, können auch Teilnehmer, die sich nicht vor Ort befin-

den, über Internet in die Sitzung einbezogen werden. Dadurch wird verteilte Gruppenarbeit ermöglicht.

- Moderierte und unmoderierte Sitzungen: Das System setzt keine bestimmte Art der Sitzungsführung voraus, sondern kann flexibel eingesetzt werden. Unmoderierte Sitzung können vor allem in frühen, kreativen Phasen des Projekts verwendet werden, wenn die sich die Gruppe lokal an einem Ort befindet. Bei verteilten Sitzungen führen hingegen moderierte Sitzungen zu wesentlich effektiveren Arbeitsabläufen.

- Kreativitätsmethoden und methodenfreies Arbeiten: In der Anwendung können zur Unterstützung der Gruppenarbeitssituation die Kreativitätsmethoden benutzt werden, unter anderem Brainwriting, 7-5-3, Visuelle Synektik, Mindmapping, Kartenabfrage und Zufallwortassoziation. Daneben besteht jedoch auch die Möglichkeit, methodenfrei Objekte, Textfelder und Assoziationen zu benutzen und zu strukturieren, ohne sich dabei an ein fest vorgegebenes Schema zu halten.

Interaktionstechniken

Um die Möglichkeiten eines interaktiven Raumes möglichst gut nutzen zu können, werden verschiedene multimodale Eingabetechniken unterstützt. Dies geschieht teilweise direkt durch die interaktive Wand und deren Aufbau, teilweise jedoch auch durch Anwendungen, die speziell auf die interaktive Wand zugeschnitten wurden. Die verwendeten Interaktionstechniken werden im Folgenden näher erläutert.

Funk-/Lasersteuerung an einer interaktiven Wand

Zur Interaktion an einer wie zuvor beschriebenen interaktiven Wand wurde eine funk- und laserbasierte Eingabemethode entwickelt (vgl. Wissen et al. 2001). Da die Wand aus mehreren Bildschirmen besteht, muss die Interaktionstechnik es ermöglichen, auch über die Projektionsränder hinweg mit dem System zu interagieren. Dazu wurden hinter den Projektionswänden Kameras installiert, die zur Ermittlung des Laserpunktes auf dem Display verwendet werden, sowie Funkempfänger, um Maustastenbefehle über Funk zu empfangen.

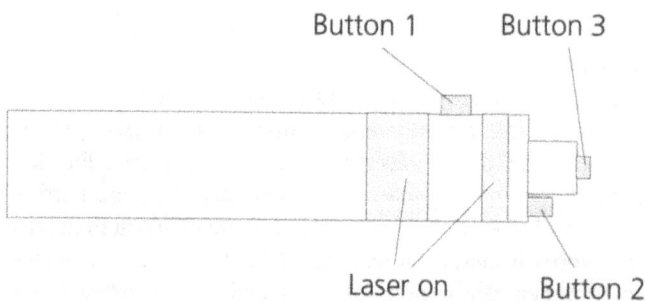

Abb. 3: Aufbau des Laserpointers zur Interaktion mit der Wand (Wissen et al. 2001).

Zur Interaktion bewegt der Benutzer den Mauszeiger mit Hilfe eines Laserpointers, der in ein speziell dafür ausgelegtes Gehäuse eingebaut ist. Er muss nicht explizit angeschaltet werden, sondern wird durch Fingerkontakt mit den metallischen Ringen aktiviert (in der Zeichnung als „Laser on" gekennzeichnet). Die Maustasten sind ebenfalls auf diesem Gehäuse angebracht. Bei Betätigung werden die Signale über Funk an Empfänger der interaktiven Wand übermittelt.

Zeichenaktionen können mit dem stiftähnlichen Laserpointer intuitiv auch direkt an der Wand ausgeführt werden (analog einer herkömmlichen Stift-Tafel-Interaktion). Dazu wird Button 3 bei Wandberührung automatisch betätigt und führt somit zu einer Signalübermittlung (Left Mouse Button down) zum System. Die beiden anderen Buttons ermöglichen die Betätigung der linken und der rechten Maustaste aus der Entfernung.

Durch dieses auf absoluter Basis operierende Zeigegerät können nun auch die großen Navigationsstrecken auf der Wand einfach zurückgelegt werden. Bedingt durch das natürliche Zittern der Hand kommt es jedoch bei größerer Entfernung des Aktors zur Wand zu ungewollten kleinen Mausbewegungen. Ohne Maßnahmen werden dadurch insbesondere zielgenaue Aktionen wie Doppelklick und Markierung erheblich erschwert. Ergonomische Systeminteraktion war damit in der ersten Implementierungsstufe der Lasersteuerung nur aus geringem Abstand möglich, da das natürliche Handzittern noch nicht als große Auslenkung an der Wand ins Gewicht fiel.

In einem zweiten Implementierungsschritt wurde ein Anti-Zitter-Algorithmus entworfen, der das Zittern der Hand erkennt und eliminiert. Der Mauszeiger wird nur bei größeren Ausschlägen bewegt. Nachteil dieser Lösung ist, dass nun feinmotorische Bewegungen direkt an der Wand (z.B. Zeichnen) nicht mehr möglich sind, da auch diese Bewegungen geglättet werden. Ein Lösungsansatz dazu ist, die Lasersteuerung in zwei verschiedenen Modi zu betreiben: Der Anti-Zitter-Algorithmus kommt bei der Bedienung der Wand aus der Entfernung zum Einsatz; direkt an der Wand werden ohne Anti-Zitter-Algorithmus feinmotorische Interaktionen zugelassen.

Interaktion mit Sprache

Im Rahmen des Projekts INVITE wurde in das Kreativitätssystem MetaChart ein auf dem Produkt ViaVoice (Marke der Firma IBM) aufbauendes Sprachmodul entwickelt. Dadurch kann der Moderator an der Wand das System mit Hilfe von Sprachbefehlen steuern. Er kann damit zum Beispiel neue Objekte erzeugen und Verbindungen zwischen Objekten anlegen, sowie Objekte benennen und Textinhalte diktieren. Sprachinteraktion hat sich jedoch aufgrund verschiedener Restriktionen in diesem Szenario als schwierig erwiesen:

- Das Tragen eines Funkmikrophons wurde von den Teilnehmern als umständlich und störend empfunden.
- Die Freitexteingabe muss aufgrund der Qualität der Spracherkennungssoftware noch nachgearbeitet werden. Um hier eine gute Qualität zu erzielen, muss das System zuvor auf den Nutzer trainiert werden. Eine Ad-Hoc-Teilnahme eines neuen Gruppenmitglieds ist dadurch nicht möglich.
- Bei Befehlseingabe ist die Erkennungsqualität auch ohne vorheriges Training bereits sehr gut. So können neue Karten ohne Probleme erzeugt werden. Die vorhandenen Befehle müssen jedoch erst gelernt werden und können somit ebenfalls nicht von ungeübten Benutzern verwendet werden.

- Die Kombination von Spracheingabe sowohl an der Wand als auch an den mobilen Endgeräten führt zu „babylonischem Wirrwarr".

Dadurch ist Sprachinteraktion in einem interaktiven Raum nur mit geübten Nutzern sinnvoll.

Interaktion mit Mausgesten
In das auf der Wand installierte System MetaChart wurden ebenfalls Algorithmen zur Mausgestenerkennung eingebaut. Dadurch können bestimmte Aktionen (z.B. das Erzeugen einer
neuen Karte) ohne Betätigung der Maustasten, sondern durch einfaches Bewegen der Maus
in einer bestimmten Art, ausgelöst werden.

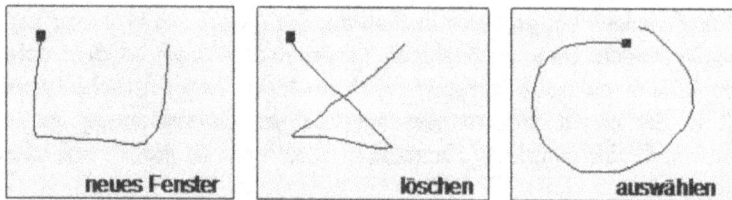

Abb. 3: Mausgestenerkennung in MetaChart

Für einen geübten Nutzer sind dadurch die Hauptfunktionalitäten der Anwendung wesentlich
schneller verfügbar, als bei Navigation durch ein Kontextmenü. Nachteil dieser Interaktions-
art ist jedoch ebenso wie bei der Sprachsteuerung, dass die Erlernung der Mausgesten eine
gewisse Übungsphase erfordert.

3.5.4   Anwendungsfelder und Verwertungsmöglichkeiten

Die vorgestellten Interaktionsmöglichkeiten zielen hauptsächlich auf große, interaktive
Räume ab, die beispielsweise als Besprechungsräume in Firmen verwendet werden können.
Modern ausgestattete Besprechungsräume sind bereits jetzt in vielen Firmen vorhanden.
Diese können durch die vorgestellten Szenarien und Interaktionstechniken zu Gruppenar-
beitsplätzen erweitert werden. Insbesondere die Ausstattung eines solchen Raumes nicht nur
mit einer großen Interaktionsfläche, sondern zusätzlich auch mit mobilen Geräten, die intuitiv bedienbar sind, ist ein Ansatz, der die Akzeptanz eines solchen Raumes und die Qualität
der Arbeitsergebnisse erheblich verbessern kann.

Gewisse Anwendungsfelder für die vorgestellten Interaktionsmöglichkeiten sind auch außerhalb der interaktiven Räume durchaus denkbar:

- Die Lasersteuerung an einer Wand wird am Fraunhofer IAO erfolgreich eingesetzt.
  Daneben existiert eine Kooperation mit SACL aus London, die eine einfach inbetriebzu-
  nehmende, portable und oberflächenunabhängige Laser-Steuerung als Produkt vertreibt,
  in das auch Ergebnisse aus der Forschungsarbeit am IAO einflossen.

- Sprach-Interaktion scheint in Gruppenarbeitssituationen nicht sinnvoll einsetzbar zu sein, da sie sich dort eher störend auswirkt. An Einzel-Arbeitsplätzen oder bei räumlich verteilt agierenden Gruppen ist die Interaktionstechnologie jedoch gut einsetzbar.
- Mausgesten-Interaktion ist nicht nur für interaktive Räume geeignet, sondern generell für alle Szenarien, in denen absolute Eingabemethoden verwendet werden. Dies bezieht beispielsweise den gesamten PDA-Bereich mit der dortigen Stiftinteraktion mit ein.

3.5.5 Bewertung und Ausblick

Im Rahmen der Projektarbeit wurden mehrere Evaluationsdurchläufe in interaktiven Räumen durchgeführt. Dabei stellte sich heraus, dass neue Eingabemethoden meist auf anfängliche Akzeptanzprobleme stoßen. So war es den Benutzern nicht möglich, sofort mit vollem Mehrwert zu interagieren – eine gewisse Einarbeitung in die Interaktionsmechanismen und Übungsphasen waren notwendig. Anschließend konnten die Interaktionsmechanismen gut benutzt werden.

Das Kombinierte Szenario wurde im Praxisgebrauch allgemein akzeptiert. Es stellte sich jedoch heraus, das die Effektivität, mit der in einer solchen Umgebung gearbeitet werden konnte, stark an der Person des Moderators und seiner Fähigkeit hing, die Gruppe zu führen. In einem nichtmoderierten Szenario bildete sich nach einiger Zeit meist eine moderatorähnliche Person heraus.

Es ist abzusehen, dass sich in Zukunft interaktive Räume im Business-Bereich schrittweise durchsetzen. Bereits jetzt ist fast jeder Besprechungsraum in der Industrie mit einem Beamer ausgestattet, und funkgesteuerte Eingabegeräte zur Bedienung von Präsentationen sind auf dem Vormarsch. In den nächsten Jahren werden sich auch andere Interaktionsmechanismen häufiger in marktfähigen Produkten wieder finden und Einzug in die Besprechungsräume halten. Als kritischster Punkt ist dabei nach wie vor die Einfachheit und Ergonomie des Produktes anzusehen – sowohl bei der Inbetriebnahme als auch im laufenden Betrieb.

3.5.6 Literatur

Black, J.; Hong, J.I.; Newman, M.W.; Edwards, W.K.; Izadi, S.; Sedivy, J.; Smith, T.F.: Speakeasy: A Platform for Interactive Public Displays, 2002. http://www.usabilityviews.com/int_by_date.html. Besucht: 29.03.2006.

Elrod et al.: LiveBoard: A Large Interactive Display Supporting Group Meetings Presentations and Remote Collaboration, in: Proceedings of CHI '92, Seite 559–607, ACM, 1992.

Holmer, T.; Lacour, I.; Streitz, N.: i-LAND: An Interactive Landscape for Creativity and Innovation Videos. In: Proceedings of ACM CSCW98 Conference on Computer Supported Cooperative Work 1998, Seite 423.

McCarthy, J. F.; Bian, X.; Ramachandran, V.: Augmenting Interaction with an Interactive Wall Map, 2002. http://ipsi.fhg.de/ambiente/collabtablewallws/papers/index.html. Besucht: 29.03.2006.

Paradiso, J. A.: Several Sensor Approaches that Retrofit Large Surfaces for Interactivity, 2002. http://ipsi.fhg.de/ambiente/collabtablewallws/papers/index.html. Besucht: 29.03.2006.

Rekimoto, J.: SmartSkin: An Infrastructure for Freehand Manipulations on Interactive Surfaces CHI 2002, 2002.

Rogers, Y.; Lindley, S.: Collaborating around large interactive displays: which way is best to meet? 2003. http://www.usabilityviews.com/int_by_date.html. Besucht: 29.03.2006.

Swaminathan, K.; Sato, S.: Interaction Design for Large Displays, Interactions 4(1), Seite15–24, ACM, 1997.

Wissen, M.; Wischy, M. A.; Ziegler, J.: Realisierung einer laserbasierten Interaktionstechnik für Projektionswände. Mensch & Computer 2001, Eds.: Oberquelle, H.; Oppermann, R.; Krause, J.: B.G. Teubner Verlag, 2001.

Wissen, M.; Ziegler, J.: Neue Formen der Kooperationsunterstützung für verteilte Teams. In: Personalführung 11, Seite 68–74, 2002.

3.6 Interaktion in 3D-Welten

Roland Blach

3.6.1 Einführung

Virtuelle 3D-Umgebungen als neue Mensch-Maschine-Schnittstelle haben viel versprechende Eigenschaften, die durch klassische Schnittstellentechniken bislang nicht in einer derartigen Konsequenz abgedeckt werden. Die wichtigsten Merkmale sind:

- Quasiholografische Raum- und Objektwahrnehmung
- Kontinuierliche räumliche und zeitliche Überlagerung des Benutzers mit räumlich repräsentierten Daten
- Direkte Raumnavigation und Manipulation
- 1:1 Größen- und Raumwahrnehmung

Einsatzgebiete dieser Technik sind vor allem bei komplexen räumlichen Fragestellungen mit hohem interdisziplinärem Kommunikationsbedarf zu sehen. Virtuelle 3D-Prototypen lösen zunehmend teuren und zeitaufwändigen physischen Modellbau ab oder ermöglichen überhaupt eine räumliche 1:1 Beurteilung von geplanten Objekten. An diesen digitalen Modellen kann von der reinen Raumwirkung über die Ergonomie bis hin zur Funktionalität alles virtuell überprüft werden. In folgenden Anwendungsgebieten werden derzeit virtuelle Umgebungen eingesetzt:

- Virtual Prototyping, Digital Mockup
- Einbauuntersuchungen Montageplanung
- Architektur
- Flug- und Fahrsimulation
- Medizin
- Technisch wissenschaftliche Visualisierung von Simulationsdaten
- Darstellung von komplexen Informationszusammenhängen und Wissensbasen

Um diese Techniken effizient anzuwenden, müssen neue Interaktionsverfahren entwickelt werden. Die Forschungen in INVITE konzentrierten sich auf zwei Anwendungsbereiche:

- CAD-Daten Evaluation
- Interaktion mit hierarchisch strukturierter Information

Ausgehend von diesen Bereichen wurden neuartige 3D-Interaktionskonzepte erforscht und entwickelt.

3.6.2   State of the Art

Bedeutung virtueller Umgebungen

Virtuelle Umgebungen werden seit Anfang der 90er Jahre intensiv erforscht und gehen auf frühe Arbeiten von Sutherland (Sutherland 1965) zurück, dessen Ideen Mitte der achtziger Jahre als Basis für erste prototypische Realisierungen dienten (Fischer et al. 1986; Zimmerman et al. 1987). In dieser Zeit entstand auch der Begriff virtuelle Realität (VR) bzw. später virtuelle Umgebungen. Diese stehen in der Tradition der Mensch-Maschine-Interaktion und erweitern die Interaktionsmöglichkeiten um neue Parameter für Raum und Zeit. Nicht nur die Möglichkeiten, sondern auch die Randbedingungen für Zeit verändern sich insofern, als die überzeugende Raumsimulation nur mit Hilfe von kontinuierlicher Bilderzeugung gelingen kann. War es am Desktop nur ärgerlich oder hinderlich, wenn sich das Bild nicht sofort nach Tastendruck des Benutzers neu aufbaute, ist Raumsimulation ohne Echtzeitberechnung nicht möglich.

Ein Gradmesser für die Überzeugungskraft der Raumsimulation ist die subjektive Empfindung des so genannten „Sense of Presence", der zum Zustand der Immersion führt. Der Grad des „Sense of Presence" wird durch Technik, Inhalt und psychische Nutzerverfassung bestimmt. Computergenerierte virtuelle Umgebungen versuchen Immersion primär durch technische Manipulation der Wahrnehmung zu erreichen.

Die Basistechnologien sind für die Ansprache der visuellen und auditiven Sinneskanäle bekannt und profitieren vom schnellen technischen Fortschreiten der allgemeinen Computerhardwareentwicklung. Allerdings erweisen sich einige Technologien als Flaschenhals, z.B. die Positionsbestimmungsverfahren, die Haptiksimulation oder die Kraftrückkopplung. Seit Mitte der neunziger Jahre, nachdem die grundlegenden technologischen Fragestellungen geklärt worden sind, wendet sich die Forschung stark der Anwendbarkeit dieser Systeme und damit verbunden der Zugänglichkeit der Inhalte zu.

3.6.3   Komponenten von virtuellen Umgebungen

Um virtuelle Umgebungen zu generieren, wird eine Vielzahl unterschiedlicher Komponenten eingesetzt, die eng gekoppelt agieren. Alle Komponenten müssen echtzeitfähig sein. Echtzeitfähigkeit im Falle von virtuellen Umgebungen folgt der Definition von so genannter weicher Echtzeit, d.h. alle externen Anfragen können vom System in der Regel in einer fest vorgegebenen Zeit (Systemreaktionszeit) abschließend bearbeitet werden. Verschiedene Komponenten erfordern für eine überzeugende Simulation unterschiedliche Auffrischungszeiten bzw. Wiederholfrequenzen der sinnlichen Stimulation:

- Visuelles System: zwischen 12-60 Bilder pro Sekunde
- Audio System: -22.05 Khz entsprechend der zu simulierenden Klänge
- Haptisches Feedback: ab 500 Hz

Alle Komponenten müssen synchron und zeitnah zum Interaktionszeitpunkt (Latenz <100 ms) Sinneseindrücke erzeugen, Verzögerungen führen zur Diskrepanz im Wahrnehmungssystem und in Folge zur so genannten Simulatorkrankheit, der „motion sickness" (Oman 1990). Weiterhin müssen die Komponenten in der Lage sein, räumliche Daten zu erzeugen, zu verarbeiten und wiederzugeben. Im Folgenden werden die wichtigsten Basiskomponenten beschrieben.

Hardware

Um virtuelle Umgebungen erzeugen zu können, wird hardwareseitig mit Echtzeit-Rechnersystemen, stereoskopischen 3D-Projektionssystemen, 3D-Audiosystemen und verschiedenen 3D-Interaktionsgeräten gearbeitet. Die Simulation von haptischen und Kraft- bzw. anderer Sinneseindrücke steht noch am Anfang und kann nur in engen Spezialfällen bereits nutzbar eingesetzt werden, z.B. bei Flug- und Fahrsimulatoren oder Endoskopiesimulationen. Die Interaktionssysteme teilen sich in Positions- und Orientierungsbestimmung und nichträumliche Eingabesysteme.

3D-Projektionssysteme arbeiten zurzeit alle nach dem stereoskopischen Prinzip. Es werden zwei Ansichten der 3D-Daten aus dem rechten und linken Augpunkt des Nutzers berechnet und diese Ansichten dem jeweiligen Auge zugeführt.

Hierzu gibt es folgende in der Praxis genutzte Verfahren:

- Kopfgebundene Displays (Head-Coupled-Displays): Zwei Mini-Displays werden mit entsprechender Optik vor jedem Auge in einen Helm eingebaut.
- Projektionswände: Die beiden Ansichten für linkes und rechtes Auge werden auf eine Projektionswand projiziert und danach mit Hilfe von Brillen wieder getrennt.
  - aktiv: Shutterverfahren; die Bilder werden zeitsequentiell erzeugt und mit einem Projektor auf die Wand projiziert und mit Hilfe einer bildsynchronisierten LCD-Shutter Brille getrennt.
  - passiv: Polarisationsfilter; die Bilder werden von zwei Projektoren übereinander auf die Wand projiziert und mit Polarisationsfiltern (linear oder zirkular) in den Brillen und vor den jeweiligen Projektoren getrennt

Diese Verfahren werden zu Projektionssystemen zum Teil aus mehreren Projektionswänden zusammengestellt, die dann auch Ausgangspunkt für den Arbeitsplatz des Nutzers sind. Folgende Systeme werden in der Praxis genutzt:

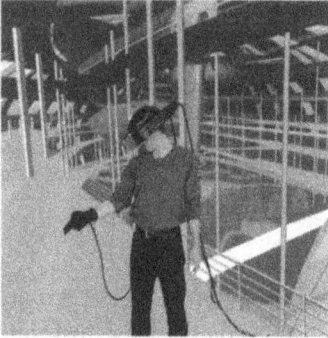

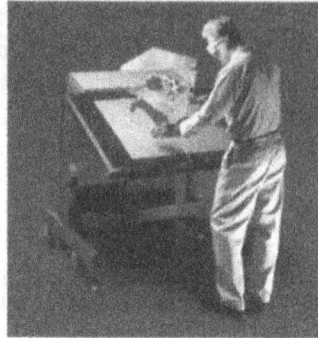

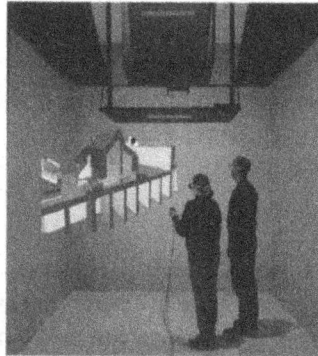

Abb. 3: Powerwall   *Abb. 4: CAVE®-artiges Mehrwand-System*

3D-Audiosysteme sind zurzeit nur partiell in virtuelle Umgebungen integriert. Die exakte Simulation von Raumklang und Reflektionen in komplexen Umgebungen ist noch sehr rechenintensiv und somit nur partiell echtzeitfähig. Deshalb greift man hier auf gängige Approximationsverfahren zurück, z.B.

- Stereokopfhörer mit HRTF-basierten (Head-Related Transfer-Function) Klangmodellen
- Surroundsysteme

Interaktionsgeräte – die zwei Hauptklassen der Interaktionssysteme lassen sich wie folgt beschreiben:

- Positions- und Orientierungsbestimmung (Tracking): Diese Systeme sind spezifisch für virtuelle Umgebungen und machen diese in der beschriebenen Form erst möglich. Gerade für die Berechnung der Stereoansicht ist die exakte räumliche Bestimmung der Augpunkte und der Blickrichtung des Benutzers unerlässlich.
- Nichträumliche Eingabesysteme: Diese Systeme werden generell zur Interaktion mit dem Computer genutzt, z.B. Joystick, Maus oder Spracheingabe. Aus diesen lassen sich häufig in Verbindung mit Tracking-Systemen neue Eingabesysteme zusammensetzen, z.B. 3D-

Joystick. Generell sollten alle Eingabemodi, die im Mensch-Maschine-Interaktions-kontext sinnvoll sind, auch in virtuellen Umgebungen unter den bekannten Randbedingungen zum Einsatz kommen.

In der Praxis finden sich zumeist Geräte, die aus oben genannten Klassen kombiniert werden – d.h. Mischformen darstellen. Typische Systeme sind:

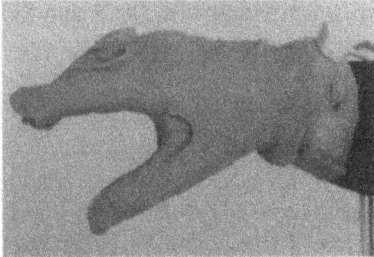

Abb. 5: Datenhandschuh   *Abb. 6: 3D-Joystick*

Um eine Echtzeitverarbeitung der Daten zu ermöglichen, müssen hinreichend schnelle Rechnersysteme eingesetzt werden. Besonderes Augenmerk muss auf die echtzeitfähige Bildgenerierung gelegt werden. Bis Ende der neunziger Jahre war dies nur mit Hochleistungsgrafikworkstations mit spezialisierter Grafikhardware und oft mehreren Prozessoren möglich. Es zeichnete sich damals bereits ab – und ist heute Realität – dass Commodity-Hardware vergleichbare bzw. bessere Grafikleistung bietet. Deshalb werden zurzeit häufig PC-Cluster-Systeme eingesetzt, da sie kostengünstiger und besser skalierbar sind. Hier kommt als zusätzliche Komponente die Synchronisierung für Berechnung und Bildaufbau hinzu.

Software
Zur Entwicklung von Anwendungen in virtuellen Umgebungen sind VR-Softwaresysteme Gegenstand aktueller Forschung und Entwicklung. Es haben sich hier kaum Standards entwickelt und viele produktive Systeme arbeiten mit prototypischer Software. VR-Anwendungsentwicklungssysteme stellen Bausteine (die häufig eine Abstraktion der unterliegenden Geräte sind) und Kommunikationsstrukturen zur Verfügung, um eine virtuelle Umgebung aufzubauen. Mit Hilfe von VR-Anwendungsentwicklungssystemen werden Anwendungen entwickelt bzw. zusammengestellt. Diese stellen den eigentlichen funktionalen Inhalt der virtuellen Umgebungen dar. Die Anwendungsentwicklung innerhalb des Projekts INVITE wurde mit Hilfe des VR-Entwicklungssystem Lightning des Fraunhofer IAO (Blach et al. 1998) realisiert.

3.6.4   Innovationen und Ergebnisse

Im INVITE Projekt lag der Schwerpunkt auf neuartigen Interaktionstechniken in virtuellen Umgebungen in den Anwendungsbereichen CAD-Daten Evaluation und Informationsvisualisierung.

Anwendungsszenario

Diese beiden Bereiche wurden zu einem Anwendungsszenario verknüpft. Dieses Szenario zeigt, wie der Prozess der Werkzeugbegutachtung im Automobilbau mit Hilfe von virtuellen Umgebungen effizienter durchgeführt werden kann.

- 3D CAD-Daten werden aus einem PDM-System mit Hilfe eines immersiven Daten-Strukturbrowsers ausgewählt. Der ausgewählte Datensatz wird geladen.
- Die 3D CAD-Daten werden begutachtet. Sie können mit einer interaktiven, im Raum frei positionierbaren, Schnittebene untersucht werden. Weiterhin können Fehlerstellen markiert und mit Annotationen versehen werden.
- Das Ergebnis einer solchen Begutachtungssitzung, sind Fehlerprotokolldatensätze, die eine Kombination aus Blickpunkt, zusätzlich eingeführten Markierungsobjekten, Geometrie- und Textannotationen sind. Diese können dann mit Hilfe des immersiven Daten-Strukturbrowsers – mit Referenzierung auf die begutachteten CAD-Daten – im PDM-System erzeugt oder verändert werden. Die erzeugten Daten können, z.B. bei einer Wiedervorlage der überarbeiteten CAD-Daten, strukturiert abgerufen werden.

Abb. 7: Datenstruktur und 3D-Modell   *Abb. 8: Datenstrukturbrowser*

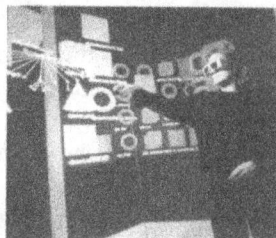

Die Anwendungsarchitektur der Gesamtanwendung lässt sich wie folgt darstellen:

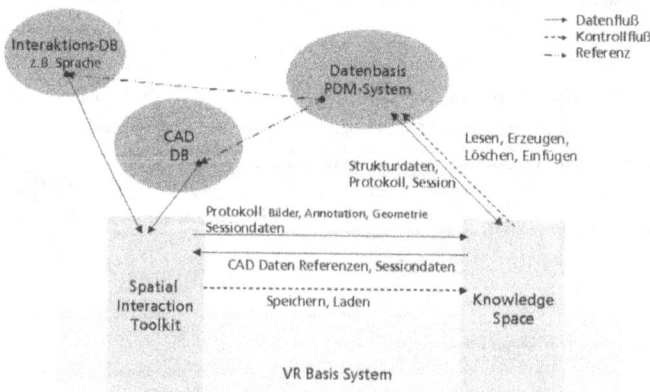

Abb. 9: Softwarearchitektur des Gesamtsystems

Mensch-Maschine Interaktion in virtuellen Umgebungen

Bei der Erforschung und Entwicklung von virtuellen Umgebungen müssen zunächst unter Berücksichtigung der kognitionswissenschaftlichen Randbedingungen für Raumwahrnehmung neue Interaktionstechniken erarbeitet werden. Diese ergeben sich unter anderem aus den jeweiligen Anwendungskontexten. Es wurden zunächst zusammen mit Anwendern bestehende Arbeitsabläufe und deren Problemstellen analysiert. Interaktionsmetaphern für virtuelle Umgebungen sind noch nicht hinreichend erforscht, so dass es noch keine Standards bzw. Richtlinien für die Gestaltung gibt.

Spezifische räumliche Interaktionen in virtuellen Umgebungen lassen sich nach Bowman et al. (2000) in folgende Kategorien einteilen:

* Benutzernavigation
* Selektion
* Objektmanipulation

Diese Einordnung dient der Herausarbeitung anwendungsunabhängiger Interaktionsprinzipien, die auch in anderen Anwendungsbereichen verwendbar sind. Das Ziel ist die Entwicklung einer allgemeinverständlichen Interaktionssprache für virtuelle Umgebungen die, vergleichbar mit Desktopinteraktionsstandards, von Nutzern verstanden wird und deshalb intuitiv genutzt werden kann. Hierfür werden folgende Begriffe eingeführt:

* Repräsentation: Sinnlich erfahrbare, auch zeitlich veränderliche Darstellung der Bedeutung eines Sachverhaltes, Prozesses oder Gegenstands.
* Szene: Gesamtheit der 3D-Objekte, die Gegenstand der Untersuchung oder Inhalt sind – einschließlich der Repräsentation von Benutzern. Im INVITE Anwendungsszenario sind dies die 3D CAD-Datensätze und die Repräsentationen der Datenstrukturelemente.
* Interaktionselemente: Spezifische 3D-Objekte, die nur zur Kommunikation mit dem System, zum Zweck der Systemkontrolle bzw. der Szenenmanipulation dienen. Im Anwendungsszenario INVITE sind dies z.B. das Kugel-Menü, Cursor-Repräsentationen, Lichtrepräsentationen oder Repräsentationen der interaktiven Schnittebene.
* Interaktionskonzept: Ein Interaktionskonzept beschreibt den zeitlichen Ablauf, die eingesetzten Interaktionselemente und deren Auswirkung auf die Szenenobjekte.

Repräsentationstechniken

In INVITE wurden neue visuelle Repräsentationen für die Inhalte der Anwendungsbereiche CAD-Datenevaluation und Informationsvisualisierung entwickelt. Bei der CAD-Datenevaluation ist die Repräsentation der CAD-Datensätze nicht Teil der Gestaltungsaufgabe – hier wurden vorwiegend Interaktionselemente gestaltet. Diese werden im Abschnitt Interaktionskonzepte beschrieben.

Der Bereich Informationsvisualisierung lässt nur bedingt eine Übertragung bekannter 3D-Repräsentationstechniken aus dem Desktopbereich zu, deshalb wurden hier neue Formen entwickelt. In der Produktdatenbank der CAD-Daten liegen die Daten in einer hierarchischen Struktur vor. Die Hierarchiebeziehung bedeutet hier „ist Teil von". 3D-Repräsentationen für Desktop-Umgebungen, um hierarchische Strukturen darzustellen, wurden z.B. durch den

Cone-Tree (Card et al. 1991), die 3D-Information Themescapes (Wise et al. 1995) oder den 3D-Information Cube (Rekimoto et al. 1993) eingeführt.

Abb. 10: 3D 3D-Repräsentationen: ThemeScape, InfoCube, Cone-Tree

In INVITE wurde aufbauend auf dem Cone-Tree Modell ein erweitertes Modell entwickelt. Bisher erfolgte die Navigation durch Manipulation der Datenstruktur und nicht durch einen Benutzerstandpunktwechsel – dieser ist aber spezifisch für virtuelle Umgebungen. Durch den variablen Benutzerstandpunkt entsteht die Problematik der Verdeckung durch durchdringende Knotenobjekte, die in der ursprünglichen Arbeit von Card et al. (1991) vernachlässigt werden konnte. Diese stellt neue Anforderungen an das Layout der Repräsentation. Um diesen Eigenheiten gerecht zu werden, wurde zunächst eine statische Implementierung des Cone-Tree Modells realisiert. Diese hatte folgende ungünstige Eigenschaften:

- Statisches, räumliches Layout
- Ungünstige, zu weiträumige Platzausnutzung, problematisch bei Knotenanzahl > 500.

Diese Eigenschaften hatten offensichtliche Einschränkungen bezüglich der Interaktion des Benutzers:

- Knoten in großen Strukturen konnten nur durch umständliche Handhabung erreicht werden
- Die Realisierung von kohärentem Bewegungsverhalten der Datenobjekte im Raum war aufwändig

Um diese Einschränkungen zu überwinden, wurde als Basis für die aktuelle Realisierung ein autonomes Verhalten von Einzelknoten umgesetzt. Die Wahl fiel hier auf ein physikalisch dynamisches System, das sich an Kraftmodellen orientiert.

- Knoten erhalten das Verhalten von Punktmassen die abstoßende Feldkräfte auf andere Knoten ausüben
- Beziehungen erhalten das Verhalten von Feder-Dämpfer Strukturen

Das ganze wurde mit Hilfe einer Partikelsystembibliothek realisiert, die diese dynamischen Funktionalitäten zur Verfügung stellt. Diese Partikelsystembibliothek wurde als Komponente in die Virtual Reality Entwicklungssoftware Lightning integriert.

Als Ausgangspunkt wurde wieder das Cone-Tree Layout gewählt. Die Knoten können sich aber ausgehend vom Grundlayout durch die innewohnenden Kräfte der Objekte selbständig im Raum anordnen. Dadurch kann das System flexibel auf das Einfügen und Löschen neuer geometrischer Objekte reagieren.

Abb. 11: Partikelsystembasierte Repräsentation von Baumstrukturen in einer CAVE®

Ein weiterer Vorteil ist das kohärente Bewegungsverhalten der Datenobjekte im Raum, die sich nutzererwartungskonform verhalten. Diese Bewegungen müssen in statischen, rein animierten Repräsentationen aufwändig programmiert werden.

Interaktionskonzepte
Es zeigt sich, dass die im vorigen Abschnitt eingeführte Klassifizierung von Interaktionsaufgaben gerade für die Fragestellungen der Interaktion mit komplexen Datenstrukturen nicht ausreicht. Hierfür wird folgende erweiterte Klassifizierung vorgeschlagen:

- Navigation
  - Benutzernavigation, räumlich
  - Szenenstruktur-Navigation, nicht zwingend räumlich, repräsentationsabhängig
- Selektion
  - Objekt-Selektion, räumlich (außer in Verbindung mit Szenenstruktur-Navigation, nicht zwingend räumlich)
- Szenen/Objektmanipulation
  - Anordnung, räumlich
  - Form- und Topologiemanipulation, räumlich
  - Attributmanipulation, nicht zwingend räumlich
- Systemkontrolle
  - Zustandsänderung, nicht räumlich

	Benutzer-navigation	Szenen-strukur-navigation	Selektion	Objekt-anordnung	Objekt-struktur	Objekt-attribut	System-kontrolle
Menü			x			x	x
3D-Icon						x	x
Direkte Interaktion	x	x		x	x		
Indirekte Interaktion über Strahl	x	x		x	x		
Geräte-mapping		x	x			x	x
Spracheingabe		x	x			x	x

Tabelle 1: Zuordnung von Interaktionselementen zur Funktionalität

Häufig genannte Schwachpunkte bei Interaktionskonzepten für virtuelle Umgebungen sind:

• Zeigestrahlbasierte Selektionsmechanismen: Durch die hohe Empfindlichkeit bei Rotationen schwierig zu positionieren bei geringen Frameraten, hoher Latenz oder ungenauem Tracking

• Fensterbasierte Menüstrukturen: Nehmen viel Platz auf der Projektionsebene ein, starke Verdeckung der Restszene

Deshalb wurden für den oben beschriebenen Anwendungskontext alternative Interaktionskonzepte entwickelt. Für Selektionsverfahren in ein- bzw. zweidimensionalen Strukturen bietet es sich an, die Benutzerinteraktion aus dem räumlichen Kontext herauszuholen und durch adäquate Eingabegeräte diese Auswahlfreiheitsgrade zu beschränken, z.B. durch ein Drehrad oder Jog-Dial zur Listen- oder Menünavigation. Dies lässt sich auch durch Gesten mit Hilfe von Orientierungstracking realisieren (Häfner 2003).

Der Gestaltung von 3D-Cursorrepräsentationen wird in vielen Anwendungsbereichen keine besondere Bedeutung zugemessen. Bei der CAD-Evaluation, bei der Maßstäblichkeit eine wichtige Systemeigenschaft ist, scheint es hilfreich, zusätzliche Referenzgrößen einzuführen. Mit dieser Vorgabe wurde der 3D-Cursor gestaltet. Er zeigt ein Maßsystem auf kompakte Weise und ist gleichzeitig unauffällig.

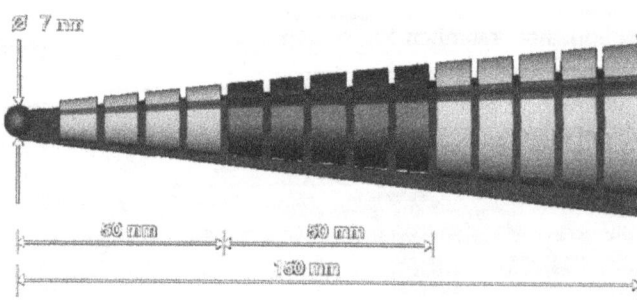

Abb. 12: 3D Cursor

Die erarbeiteten Kugelmenus gehen auf vorangegangene Arbeiten von Simon et al. (2000) zurück. Kugelmenus sind angelehnt an 2D-Kontextmenus mit zwei Bewegungsachsen. Sie haben den Vorteil der geringen Sichtabdeckung. Die Selektionsnavigation erfolgt durch eine einfache Gestensteuerung.

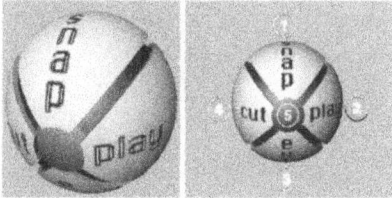

Abb. 13: Kugelmenü

Nachteilig erweist sich die geringe Anzahl von Auswahlmöglichkeiten, die hier unterge-bracht werden können. Es gibt mehrere Ansätze, das zu kompensieren:

- Fächermenü: Transparenzen, um das Problem der Verdeckung zu adressieren
- Mehrfaches Kugelmenü: Anordnung von mehreren Kugeln und einer Hauptkugel

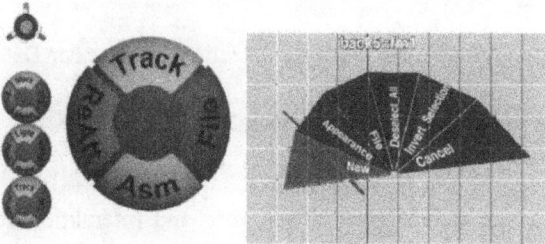

Abb. 14: Mehrfaches Kugelmenü und Fächermenü

Interaktionselemente

Um die Vorteile der direkten Interaktion zu nutzen, die virtuelle Umgebungen bieten, wur-den einige Funktionalitäten auf abstrakte Objekte im Raum übertragen, die auch im Raum aktiviert werden – so genannte Power-Icons (Simon et al. 2000). Im Falle der CAD Daten-evaluation waren dies:

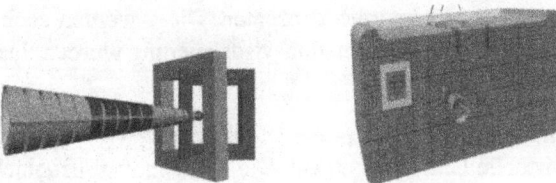

Abb. 15: Schnittebenen Power-Icon

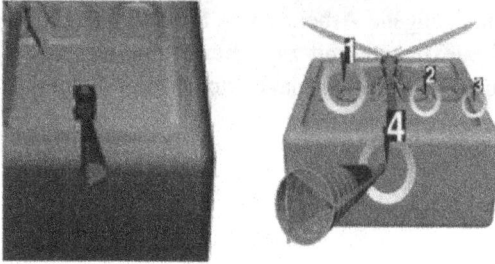

Abb. 16: Licht Power-Icon und Marker Power-Icon

Diese Objekte können im Raum frei angeordnet und durch direktes Selektieren aktiviert werden. Sie kontrollieren auf indirekte Weise Systemfunktionen, die aber durch die räumliche Anordnung eine direkträumliche Schnittstelle haben.

In INVITE wurden unterschiedliche Möglichkeiten zur Selektion dem Benutzer angeboten:

*   Trackingbasiert, Touch: Selektion durch Greifen; Auswahl des Objekts direkt mit 3D-Zeiger Repräsentation
*   Trackingbasiert, CursorRay: Selektion durch einen Strahl; Auswahl des Objekts indirekt mit Strahl aus dem 3D-Zeiger
*   Trackingbasiert, X-Ray-Browsing: Strahlbasierte Selektion mit Ausblenden von verdeckenden Objekten
*   Nichttrackingbasiert, LinkFollow: Indirekte, gestenbasierte Selektion entlang der Datenstruktur
*   Nichttrackingbasiert, Geräte-Mapping: Indirekte Auswahl für Listen, z.B. ScrollRad

Zusammenfassung
In diesem Beitrag wurden die wesentlichen Repräsentationstechniken und Interaktionskonzepte vorgestellt, die im Kontext des INVITE Anwendungsszenarios für virtuelle Umgebungen entstanden sind. Diese wurden in ein generelles Interaktionsklassifizierungsschema eingeordnet. Diese Basistechniken sind so grundlegend, das der Einsatz in anderen Anwendungsbereichen einfach zu realisieren ist.

3.6.5   Bewertung und Ausblick

Das INVITE Anwendungsszenario zeigt deutlich den Nutzen von virtuellen Umgebungen bei komplexen räumlichen Evaluations- und Kommunikationsfragestellungen. Das CAD-Datenevaluationsmodul profitiert von den neuen Interfacekonzepten. Diese werden auch in anderen Anwendungskontexten eingesetzt. Bei der Informationsvisualisierung wurden Basistechniken und Interfacekonzepte realisiert und erprobt.

Die Erkenntnisse über neuartige Schnittstellen und Repräsentationen fließen direkt in die Entwicklung von Anwendungen für virtuelle Umgebungen ein. Die 3D-Schnittstellenobjekte und -funktionen zur CAD-Daten Evaluation wurden direkt im Werkzeugbau eines Autoherstellers in einer produktive Anwendung umgesetzt und dort evaluiert (siehe Kapitel 6.4).

Diese sind zudem als Interaktionskomponenten in ein kommerzielles VR-Produkt eingeflossen (Rößler et al.). Hier zeigt sich, dass die hier erarbeiten Interaktionen grundlegenden Charakter haben und in einem breiten Anwendungsspektrum eingesetzt werden können. Dies gilt insbesondere für die Selektions- und Menutechniken.

Die Repräsentations- und Interaktionstechniken für hierarchische Datenstrukturen sind Ausgangspunkt für weitere Forschungstätigkeiten. Es wurde ein Testbett erstellt, in dem neue Repräsentationen einfach integriert werden können. Ausgehend von dieser Forschungsumgebung ist noch Bedarf an Verfeinerung zu erkennen. Ein funktional ausgereifter Prototyp wird in Zukunft die Durchführung von Usability-Studien ermöglichen. Hier kann erarbeitet werden, in welchen Bereichen der Informationsvisualisierung virtuelle Umgebungen sinnvoll und effizient eingesetzt werden können.

Grundsätzlich ist der Bedarf für neue Methoden zur Interaktion mit komplexen Informationsstrukturen zu erkennen. Zunehmende Informationsmengen sind mit herkömmlichen Methoden schwer erfahr- und kommunizierbar. Virtuelle Umgebungen haben das Potential für Teilbereiche effizientere Zugänge zu ermöglichen.

Technologisch zeigte sich, dass der Übergang von High-End Grafikworkstations auf PC-basierte Systeme, der auch innerhalb von INVITE realisiert worden ist, die Möglichkeit zur stärkeren Verbreitung der Technologie der virtuellen Umgebungen gestattet. Gerade im Bereich der mittelständischen Zuliefererindustrie eröffnet dies neue Märkte. Umso wichtiger sind aber Fragestellungen der Benutzbarkeit und der Prozessintegration.

3.6.6 Literatur

Blach R.; Landauer J. M.; Simon A.; Rösch A.: A Flexible prototyping Tool for 3D Real-Time User-Interaction. In: Virtual Environments 98, Proceedings of the Eurographics Workshop, Seite 195–203, 1998.

Bowman D. et al.: 3D User Interface Design: FundamentalTechniques, Theory, and Practice. In: Course Notes SIGGRAPH 2000, July 25, 2000.

Card S. K.; Robertson G. G.; Mackinlay J.D.: Cone trees: Animated 3D visualization of hierarchical information.In: Proceedings of the ACM SIGCHI Conference on Human Factors in Computing Systems '91, New York: ACM Press, Seite 189–194, 1991.

Fischer S. S.; Wenzel E. M.; Coler C.; McGreevy M. W.: Virtual environment Display. In: ACM Workshop on Interactive 3D Graphics, Chapel-Hill, Seite 1–11, 1986.

Häfner U.: Entwicklung eines kabellosen Eingabesystems für immersive Umgebungen. Institut für Arbeitswissenschaft und Technologiemanagement. Dissertation Universität Stuttgart, 2003.

Oman, C.M.: Motion sickness: a synthesis and evaluation of the sensory conflict theory. In: Canadian Journal of Physiology and Pharmacology, Vol. 68, Seite 294–303, 1990.

Rekimoto J.; Green M.: The Information Cube: Using Transparency in 3D Information Visualization. In: Proceedings of the Third Annual Workshop on Information Technologies & Systems (WITS'93). Seite 125–132, 1993.

Rößler, A.; Reiber, T.: Produktbeschreibung Modul IDO:Base, Icido GmbH Suttgart, http://www.icido.de

Simon A.; Doulis M.; Häfner U.: Unencumbered Interaction in Display Environments with Extended Working Volume. In: Three-Dimensional Video and Display: Devices and Systems. SPIE Proceedings Vol. CR76. Tokyo, Japan. SPIE PRESS, 2001.

Sutherland I. E.: The ultimate Display. In: Proceedings of IFIP Congress Vol. 2, Seite 506-508, 1965.

Wise, J.A.; Thomas, J.J.; Pennock, K.; Lantrip, D.; Pottier, M.; Schur, A.; Crow, V.: Visualizing the non-visual: Spatial analysis and interaction with information from text documents. In IEEE Symposium on Information Visualization '95, IEEE Computer Society Press, 1995.

Zimmerman T.; Lanier J.; Blanchard C.; Bryson S.; Harvil Y.: A Hand Gesture Interface Device. In: Proceedings of CHI and GI, Toronto 1987, New York: ACM Press, Seite 189–192, 1987.

4 Entwurfs- und Evaluationsmethoden

4.1   Neue Perspektiven des Usability Engineerings

Wolfgang Beinhauer

4.1.1   Forschungsfragen des Usability Engineerings

Die besondere Bedeutung der Nutzerfreundlichkeit bei der Gestaltung interaktiver Produkte ist inzwischen weithin anerkannt. Tatsächlich stellt die Gebrauchstauglichkeit neuer Hardware- und Softwareprodukte einen wesentlichen Erfolgsfaktor für die Marktchancen eines interaktiven Produkts dar. Gerade in Märkten funktional eng beieinander liegender Produkte wie etwa in der Heimelektronik oder im Softwarebereich stellt nutzerfreundliches und optisch attraktives Design neben dem Preis das wichtigste Differenzierungsmerkmal dar. Während deutsche Unternehmen im globalen Markt aufgrund ihrer hohen Produktionskosten preislich oft nur schwer konkurrieren können, ist das Qualitätsmerkmal „Usability" auf dem besten Wege, sich zum neuen Kennzeichen interaktiver Produkte „Made in Germany" zu entwickeln.

Der wachsende Bedarf an Dienstleistungen im Bereich des Usability Engineerings hat in den letzten Jahren zu einem Boom entsprechender Agenturen und Dienstleister geführt. Die dabei anzutreffende Qualitätsspanne ist weit. Zwar hat sich ein etabliertes Methodeninventar herauskristallisiert, jedoch besteht ein Mangel an Objektivität und Vergleichbarkeit der angebotenen Dienstleistungen und Ergebnisse, mithin ein Mangel an theoretischer Fundierung und Quantifizierbarkeit der Methoden.

Ziel der Fortentwicklung des Usability Engineerings muss es deshalb sein, die Grundlagen für ein objektiviertes, standardisiertes und effizientes Vorgehen zu schaffen, das die Durchführung akzeptanzstiftender Usability Maßnahmen im Sinne einer Ingenieurswissenschaft ermöglicht. Konkret bedeutet dies, erstens standardisierte Vorgehensmodelle zu entwerfen, die einheitliche Ergebnisse unabhängig vom Auge des Betrachters liefern. Zum zweiten ist es wünschenswert, Usability Untersuchungen durch Hinzunahme quantitativer Kennzahlen zu objektivieren und somit auch ein Maß für den Erfolg von Usability-Dienstleistungen zu schaffen. Schließlich muss es drittens Ziel einer im Sinne einer Ingenieurswissenschaft betriebenen Disziplin Usability Engineering sein, einmal erprobte Methoden und Vorgehensweisen auch auf neue Anwendungsfälle zu übertragen und somit zu verallgemeinerten Design-Prinzipien für die Gestaltung interaktiver Produkte zu gelangen. Die drei Leitparadigmen des INVITE Projekts – dynamische Visualisierung, kooperatives Explorieren und multimodale Interaktion – mögen hier als Leitlinien verallgemeinerter Design-Prinzipien dienen.

4.1.2 Standardisierung und Verallgemeinerbarkeit

Aus der Distanz betrachtet, ist im Usability Engineering eine Wandlung zu beobachten: von der analytischen, bestenfalls Handlungsempfehlungen gebenden Disziplin zur konkret gestalterischen, konstruktiven Ingenieurswissenschaft. Entsprechend bietet sich die Möglichkeit, erprobte Designprinzipien bereits im Vorhinein in den Entwicklungsprozess zu integrieren. Dadurch können Werkzeuge entwickelt werden, die eine Methodenunterstützung in der Projektorganisation und konkrete Gestaltungsmerkmale in ihrem Funktionsumfang bereits beinhalten. Ein solches Werkzeug zur Entwicklung bedarfsgerechter Webapplikationen wird in Kapitel 4.2 („Ontologiebasierter Entwurf von Web-Anwendungen") vorgestellt. Kapitel 4.3 („Engineering attraktiver Produkte – AttrakDiff") beschäftigt sich mit der Frage der hedonischen Qualität interaktiver Produkte und macht bereits den Ansatz einer Quantifizierung dieser Eigenschaften auf Basis objektivierbarer Kriterien. Ein weiterer Ansatz zur Quantifizierung des Usability Engineerings wird am Ende dieses Einleitungskapitels vorgestellt.

Kapitel 4.4 („WebSCORE – Konzeption, Design und Evaluation von Webapplikationen") zielt schließlich auf allgemeine Prinzipien und Gestaltungsmerkmale bei Konzeption, Design und Evaluation von Webapplikationen ab und stellt somit eine standardisierbare und höchst effiziente Vorgehensweise des Usability Engineerings von Web Applikationen dar. Die Methodik ist mit der vergleichbaren Normenreihe zur Gebrauchstauglichkeit ISO-9241 kompatibel und wurde in der Folge von Web Applikationen auch auf andere Kontexte wie Interfaces für die Produktionssteuerung oder mobile Applikationen verallgemeinert.

4.1.3 Quantitatives Usability Engineering

Ein weiterer Schritt in Richtung Objektivierung und Erfolgskontrolle bei Portalen und Web Sites wurde mit dem Werkzeug LogSCORE unternommen. LogSCORE geht von der Beobachtung aus, dass die systematische Evaluation der Benutzerfreundlichkeit und die kontinuierliche Überprüfung des Erfolgs einen zentralen Aspekt der nachhaltigen Nutzung einer Web Site als Vertriebskanal oder Informationsmedium bilden. Mit der LogSCORE Usability Evaluation wird erstmals eine automatisierte und quantitativ belegbare Untersuchung des Nutzerverhaltens möglich, und somit ein Return on Investment konkret nachweisbar.

Schlüssel zu einer bislang nicht abdeckbaren Überwachung und Evaluierung stellt das Werkzeug Semantic Tracker dar, mit dessen Hilfe das Verhalten der Gesamtheit der tatsächlichen Nutzer über einen längeren Zeitraum hinweg beobachtet werden kann und Schwachstellen in Aufbau, Nutzerführung und Präsentation entdeckt werden können. Kernstück des Werkzeugs Semantic Tracker ist eine semantische Seitenkategorisierung, die beliebige, also auch dynamisch erzeugte Seiteninhalte kategorisiert und einem Inhaltsschema zuordnet. Somit wird eine Analyse der Log-Daten auf Inhaltsebene ermöglicht – anstatt auf Ebene der nichts sagenden aufgerufenen URLs.

Die Auswertung der erhobenen Daten, Interpretation der Ursachen von Usability-Problemen und Zusammenstellung der Optimierungsempfehlungen erfolgen durch Usability-Experten. Die LogSCORE Site-Evaluation stützt sich auf eine Reihe quantitativ ermittelter Parameter.

Eine zuvor definierte Usability-Scorecard wird durch den Semantic Tracker mit den Nutzungsdaten des zu untersuchenden Web Sites befüllt. Somit werde alle Zugriffe auf Ihre Seiten erfasst und ein Höchstmaß an Objektivität und quantitativer Präzision erreicht. Zudem bietet die quantitative Erfassung objektiver Usability-Daten die Möglichkeit, Steigerungen in der Performanz wie etwa Verkaufszahlen nach Umsetzung der Handlungsempfehlungen direkt nachzuweisen und zu messen.

Der LogSCORE Expertentest besteht aus einer Expertenanalyse und einer Untersuchung unter Zuhilfenahme des LogSCORE Analysetools Semantic Tracker. Die Zugriffe auf eine Web Site werden über einen festgelegten Zeitraum hinweg beobachtet. Nach einer teilweise toolgestützten Analyse und Interpretation der Analysedaten werden Handlungsempfehlungen zur Verbesserung der Inhalte, Nutzerführung, Suchmechanismen und der Darstellungsformen geliefert, deren Erfolg anhand einer anschließenden weiteren Beobachtung direkt ermittelt werden kann. So ist direkt ein Return on Investment für Usability-Dienstleistungen messbar.

Eine LogSCORE Site-Evaluation beinhaltet eine Analyse und Interpretation der durchlaufenen Pfade und getätigten Kaufentscheidungen, Einstiegs- und Herkunftsseiten, falls möglich die Detektion und Charakterisierung spezieller Nutzergruppen und dazugehörige Hinweise für eine nutzergruppenspezifische Ansprache, die Detektion formaler Fehler und Defizite in Navigation, Wording und Grad der Vertrauensvermittlung, die Übereinstimmung von Site-Impression mit dem beabsichtigten Image, die Ermittlung betriebswirtschaftlich relevanter Parameter wie Erfolgsquoten, Verweildauern und erreichten Lesern, quantitative Maße für Informationsgehalt und weitere wichtige Parameter.

4.2 Ontologiebasierter Entwurf von Web-Anwendungen

Michael Wissen

Dieser Beitrag thematisiert eine durchgängige Vorgehensweise für den Entwurf von sowohl content- als auch applikationsorientierter Web-Anwendungen. Hierzu werden in einem integrierten Ansatz verschiedene Modelle vorgestellt, die sich auf die unterschiedlichen Entwurfsbereiche bei der Entwicklung von Web-Anwendungen beziehen. Die Konzeption berücksichtigt neben der Bereitstellung einer Methodik zur graphischen Modellierung von Websites die Überführung der beim Entwurf erstellten Modelle in eine formale Repräsentationssprache. Diese dient als Grundlage für die systemunterstützte Generierung von Web-Anwendungen unter Einbeziehung verschiedener Kontextfaktoren wie Zeit, Ort etc. zur Laufzeit der Applikation.

4.2.1 Einleitung

Die Entwicklung webbasierter Informationssysteme wird technologisch seit einigen Jahren durch eine Vielzahl unterschiedlicher Systeme wie z.B. Web-Editoren und insbesondere Content-Management-Systeme unterstützt. Der Fokus dieser Technologien liegt im Wesentlichen auf der Gestaltung und flexiblen Erzeugung der grafischen Präsentation von Inhalten, dem Einstellen und Verwalten der Inhalte innerhalb eines Redaktionsprozesses sowie der Anbindung an Datenbanken und existierende Applikationen. Im Unterschied zu konventionellen Applikationen sind webbasierte Anwendungen oft einer ständigen Überarbeitung sowohl hinsichtlich ihrer Struktur als auch hinsichtlich ihrer Inhalte unterworfen. Die Erneuerung des Informationsangebotes, z.B. aufgrund der Einbindung externer Dienste oder einer Änderung der Navigationsstruktur, bedeutet oft eine weitgehende Neugestaltung der Anwendung. Existierende Entwicklungsmethoden und Modellierungstechniken sind für diese Situationen oft nicht geeignet und kommen entsprechend selten zum Einsatz.

Dementsprechend ist der Einsatz systematischer Entwurfsmethoden in der Entwicklung von Web-Anwendungen bislang wenig verbreitet. Von Barry & Lang (Barry et al. 2001) durchgeführte Untersuchungen belegen den vor allem im Medienbereich geringen Einsatz systematischer und modellbasierter Vorgehensweisen. Darüber hinaus ist keine standardisierte Vorgehensweise beim Entwicklungsprozess erkennbar, selbst Standardmethoden wie UML (Rational 1997) finden bislang nur selten Anwendung.

Stattdessen erfolgt die Entwicklung von Web-Sites zumeist adhoc und ohne einen systematischen Ansatz. Zahlreiche Tools wie z.B. HTML-Editoren, Database Publishing Wizards, Web Site Managers und Web Form Editoren unterstützen eine „Quick and Dirty"-Vorgehensweise, deren Einsatz zu einem hohen Wartungsaufwand bzgl. der erstellten Websites führt. Darüber hinaus weisen die genannten Werkzeuge einen Mangel an Mechanismen zur Qualitätskontrolle und -sicherung auf, was in Verbindung mit fehlenden Möglichkeiten zur Wiederverwendung einzelner Teilbereiche des Entwurfs zu einer kompletten Neugestaltung der Web-Anwendung führen kann.

Im Zuge des hohen Stellenwerts webbasierter Informationsbereitstellung, zeichnet sich gegenwärtig ein Trend zu immer größeren Web-Projekten ab. Diese bieten dem Besucher neben der content-intensiven Informationsbereitstellung in zunehmendem Maße auch applikationsbasierte Dienste an und sind insbesondere im Bereich des Electronic Commerce sowie des Mobile Commerce vorzufinden. Kennzeichen derartiger Projekte ist die Interaktion mit anderen Anwendungen und eine webbasierte dynamische Informationsaufbereitung. Entwurfsmethoden müssen diese Eigenschaften heutiger Websites innerhalb des Entwicklungsprozesses berücksichtigen und entsprechende Modellierungswerkzeuge zur Einbindung externer Applikationen und Dienste zur Verfügung stellen.

Wesentliches Merkmal der Web-Anwendungsentwicklung ist die Beteiligung mehrerer Personen aus zumeist unterschiedlichen Fachdisziplinen. Die Verwendung von Entwurfsmodellen erlaubt eine verbesserte Kommunikation zwischen den Projektmitarbeitern sowie den Austausch von Teilergebnissen im Entwicklungsprozess. Zudem können diese Modelle vor allem die Verständigung zwischen Entwickler und Auftraggeber vereinfachen. Vor diesem Hintergrund ist eine systematische Vorgehensweise für den Erfolg einer Web-Anwendung grundlegend.

4.2.2   Existierende methodische Vorgehensweisen zur Modellierung von Web-Anwendungen

Bereits gegen Mitte der neunziger Jahre wurden erste Entwurfmethoden für die webbasierte Anwendungsentwicklung vorgeschlagen. So konzentriert sich HDM (Garzotti et al. 1993) vorrangig auf die hypermediale Struktur von Web-Anwendungen und wurde kurze Zeit später durch OOHDM (Schwabe et al. 1994) hinsichtlich einer objektorientierten Vorgehensweise erweitert. Weitere Ansätze, wie z.B. RMM (Isakowitz et al. 1995), basieren auf Entity-Relationship-Diagrammen und unterstützen vor allem die Design- und Konstruktionsphase, sind jedoch in der Varianz der graphischen Gestaltung sehr eingeschränkt. Darüber hinaus existiert eine Vielzahl von UML-Erweiterungen (Baumeister et al. 1999; Hennicker et al. 2000), die allerdings die Unterstützung des Entwicklers durch geeignete softwarebasierte Werkzeuge zur weiteren Verarbeitung der erstellten Modelle vermissen lassen.

Wesentliche Unterschiede zwischen den einzelnen Methoden bestehen vorrangig bezüglich einer durchgängigen Unterstützung des Web-Anwendungsentwurfs in allen Prozessphasen. Während die meisten Methodologien lediglich Teilbereiche fokussieren, sind lediglich die Methoden Lowe-Hall (Lowe et al. 1998) sowie HPFM (Olsina 1998) im Zusammenhang mit einer durchgängigen Betrachtung des Entwicklungsprozesses, der die Phasen Anforderungsanalyse, Konzeptualisierung, Implementierung, Verifikation und Test umfasst, zu nennen.

Dennoch bestehen Defizite auch im Hinblick auf die Übertragbarkeit der generierten Modelle in lauffähige Web-Anwendungen, der Möglichkeit zur rechtzeitigen Evaluation von Effizienz, Navigierbarkeit und Darstellung einer Web-Anwendung anhand eines generierten Prototyps sowie der konzeptionellen Unterstützung sich dynamisch verändernder Begriffswelten und Inhalte. Trotz verschiedener Vorschläge hat sich kein Verfahren auch nur annähernd etabliert oder durchgesetzt. Stattdessen existiert eine Fülle von Fragestellungen, die nach wie vor ungelöst sind.

4.2.3 Ontologiebasierte Vorgehensweise zur Modellierung komponentenorientierter Web-Anwendungen

Um der Komplexität der Web-Anwendungsentwicklung zu begegnen, erweist sich für den systematischen Aufbau einer Web-Anwendung eine Zerlegung des Entwicklungsprozesses in unterschiedliche Phasen als sinnvoll. Der Entwickler kann dadurch die unterschiedlichen Entwurfsbereiche und Aspekte einer Web-Applikation getrennt voneinander betrachten, was eine methodische Vorgehensweise fördert.

Zur einheitlichen Beschreibung des Entwicklungsprozesses ist die Bereitstellung durchgängiger, umfassender und integrierter Modellierungsmethoden für die im Web-Kontext relevanten Entwurfsbereiche notwendig (vgl. Abbildung 1). Hierzu wird in jeder Phase ein Modell erstellt, das einen bestimmten Aspekt der Web-Anwendung abstrahiert. Die einzelnen Modelle, die sich auf verschiedene Ebenen der Anwendung beziehen, ermöglichen den systematischen Aufbau von Web-Applikationen und unterstützen den gesamtem Entwicklungsprozess von der Anforderungsanalyse bis hin zur Wartung- und Pflege von Web-Anwendungen. Die Konzepte und Techniken für die verschiedenen Modellierungsaspekte, die auf eine systemunterstützte automatisierte Weiterverarbeitung zielen, werden in einem Methodenverbund bereitgestellt, der folgende Entwurfsbereiche umfasst.

Entwurfsbereiche einer Web-Anwendung
Die konzeptuelle Ebene analysiert vorhandene Strukturen eines Ausschnittes der Realität und dient der Erstellung von Katalogen von Objekten und Beziehungen. Hierbei handelt es sich in erster Linie um die Betrachtung von Prozessen sowie Ressourcen, die in Form von Dokumenten vorliegen. Die ontologische Beschreibung des Informationsbestandes innerhalb eines konzeptionellen Modells, die vorhandene Konzepte und Relationen der zugrunde liegenden Ontologie (Lenat et al. 1990) als Themenbausteine einbezieht, dient als Grundlage für den systematischen Entwurf einer Navigations- und Sichtenstruktur. Die Entwicklung dieser Ontologien kann entweder manuell erfolgen oder durch automatisierte Analysen von Ressourcenkorpora unterstützt werden. Die navigationale Ebene beinhaltet darauf aufbauend eine Beschreibung der darzustellenden Inhalte sowie der Navigationsstrukturen, die den Zugang zu den Informationsressourcen definieren. Durch die Konzeption und Entwicklung sog. navigationaler Klassen können wiederkehrende Navigationsmuster modelliert und bei der Implementierung der Modelle angewendet werden. Eine wichtige Eigenschaft der navigationalen Klassen ist die automatisierte Zuordnung von Informationsobjekten zu einzelnen Themen der Navigationsstruktur unter Berücksichtigung der unterschiedlichen Sichten. Das daraus entstandene Navigationsmodell wird innerhalb der Sichtenebene um die Definition der tatsächlich darzustellenden Inhalte in Abhängigkeit verschiedener Nebenbedingungen

wie beispielsweise die Rolle der Benutzers, seine Interessen, Ortsinformationen etc. erweitert. Zuletzt wird die graphische Präsentation der Inhalte in der Präsentationsebene festgelegt.

Aus der Betrachtung unterschiedlicher Ebenen in Verbindung mit der Generierung verschiedener Modelle am Ende jeder Phase, ergeben sich Vorteile für den Entwickler bzgl. Aufbau und Wartung der Web-Anwendung. Im Hinblick auf Möglichkeiten zur Unterstützung der Kooperation und Koordination der an der Entwicklung beteiligten Akteure, lassen sich frühzeitig Teilergebnisse kommunizieren. Darüber hinaus bestehen Verifikationsmöglichkeiten am Ende jeder Phase. Aufgrund der Trennung von Inhalt, Navigation und Darstellung ist es möglich, die zugrunde liegenden Daten unabhängig von Navigationspfaden oder Darstellungsmerkmalen zu warten, ohne die Web-Anwendung neu implementieren zu müssen. Dies gilt für alle Entwicklungsbereiche der Web-Applikation. Inhalt, Navigation und Präsentation können sowohl zur Laufzeit (z.B. für Fein-Tuning) als auch beim Re-Design unabhängig voneinander modifiziert werden.

Der Entwurfsprozess einer Web-Anwendung setzt sich demnach aus folgenden Schritten zusammen: Entwurf des Metadatenmodells (Themenstruktur), Aufbau des Navigationsmodells, formale Analyse der Benutzeranforderungen, Ableiten der Sichtenstruktur zur Modellierung personalisierter bzw. rollenbasierter Darstellungen auf der Grundlage des Navigationsmodells, Konfiguration externer Dienste und Definition der graphischen Darstellung und Interaktion (vgl. Abbildung 1). Im Unterschied zu existierenden Methodologien werden alle Entwurfsbereiche einer Web-Anwendung berücksichtigt und gleichzeitig durch die Möglichkeit, vom Benutzer erstellte Web-Modelle prototypisch darzustellen, Mechanismen zur Evaluation der Effizienz von Struktur, Navigation und Präsentation zur Verfügung gestellt.

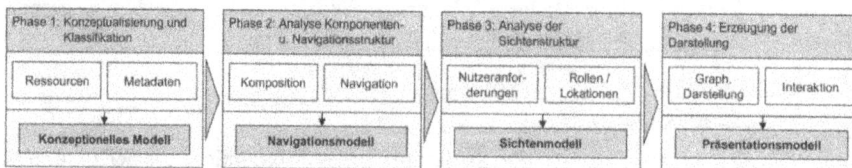

Abb. 1: Strukturierung der Vorgehensweise

Konzeptionelles Modell

Die Ressourcen, die als Instanzen in Form von Dokumenten, Aufgaben- und Prozessbeschreibungen etc. vorliegen, dienen als Grundlage für die Erstellung des konzeptionellen Modells. Dieses setzt sich aus einer übergeordneten Themenstruktur, bestehend aus Konzepten und zugehörigen Assoziationen, sowie der Zuordnung von Instanzen aus der Ressourcenmenge zusammen. Das konzeptionelle Modell stellt die Konzeptualisierung des Informationsbestandes dar und ermöglicht in Form einer Ontologie die Zugriffsmöglichkeit auf die instanziierten Inhalte. Die Herleitung der Themenstruktur kann prinzipiell auf zwei unterschiedliche Arten erfolgen. Zum einen können solche Begriffssysteme manuell erarbeitet und in einem weiteren Schritt den darin enthaltenen Themen die instanziierten Inhalte zugewiesen werden. Zum anderen besteht die Möglichkeit, die vorhandenen Dokumente automatisch zu klassifizieren. Hierzu wird eine Cluster-Struktur auf der Grundlage vorhandener Dokumente, die paarweise durch ein Ähnlichkeitsmaß beschrieben werden, erstellt. Dieses Ähnlichkeitsmaß kann Kriterien wie beispielsweise häufige gemeinsame Referenzen oder textliche Gemeinsamkeiten abbilden.

Die erzeugte Ontologie stellt eine Navigationsmöglichkeit über Themen zur Verfügung, d.h. über die Assoziationen zwischen den Themen ist es möglich, innerhalb der Ontologie zu navigieren bzw. diese zu explorieren. Diese Form der Navigation unterscheidet sich jedoch gegenüber der in einer Web-Anwendung definierten Navigation, deren Navigationsrelationen bzw. Links nicht den Assoziationen innerhalb der Ontologie entsprechen müssen. Allerdings lassen sich mit Hilfe einer Ontologie explorative Zugriffe innerhalb der Web-Applikation realisieren und darüber hinaus Navigationsmöglichkeiten auf dynamische Mengen und Hierarchien erweitern.

Komponentenentwurf und -strukturierung
Die Themenstruktur des konzeptionellen Modells bildet ein semantisches Netz über die Ressourcen. Im Folgenden geht es um die Strukturierung und Positionierung der Inhalte sowie die Festlegung der Navigationsstruktur. Hierzu werden einzelne Elemente einer Web-Anwendung in Komponenten beschrieben, die in Form eines Kompositionsmodells zusammengesetzt werden. Struktur und Aufbau lassen sich unter Verwendung von Containern und Partitionen modellieren, die in der späteren Web-Applikation z.B. durch Frames realisiert werden können. Zusammenhänge zwischen den einzelnen Komposita werden anschließend durch das Navigationsmodell festgelegt.

Definition der Komponenten
Bei der Gestaltung von Webseiten werden zwei unterschiedliche Arten von Komponenten eingesetzt. Strukturelle Komponenten bestimmen den strukturellen Aufbau einer Seite, d.h. sie definieren die Zusammenstellung von Komponenten zu Teilbereichen sowie deren konzeptionelle Anordnung innerhalb der Seite. Inhaltsspezifische Komponenten sind für die Präsentation der Inhalte verantwortlich. Diese Komponenten legen die Darstellung statischer Inhalte, d.h. Inhalte, die bereits zur Modellierungszeit bekannt sind, sowie dynamischer Inhalte, die sich erst zur Laufzeit der Web-Anwendung ergeben, fest. Im Folgenden werden die zur Modellierung von Web-Sites notwendigen Komponenten definiert.

Container und Partitionen
Die Elemente, die eine einzelne Webseite beschreiben, werden in sog. Containern organisiert. Diese haben die Aufgabe, die gesamte Web-Site sowie einzelne Webseiten zu strukturieren und die darzustellenden Inhalte getrennt voneinander zu betrachten. Daraus ergibt sich die Anforderung, dass ein Container weitere Container enthalten kann, so dass verschachtelte Webseiten darstellbar sind. Jeder Container kann beliebig viele Subcontainer beinhalten, die wiederum als eigenständige Container betrachtet werden. Durch die Möglichkeit, Container ineinander einzubetten, entstehen Ebenen. Mehrere Subcontainer innerhalb eines Containers, die auf der gleichen Ebene liegen, können gemäß einer XOR-Verknüpfung dargestellt werden, d.h. in diesem Fall ist immer genau ein Subcontainer sichtbar (vgl. Abbildung 2a). Liegen mehrere Subcontainer auf gleicher Ebene eines Containers muss festgelegt werden, welcher Subcontainer zunächst sichtbar ist. Dazu wird gemäß Abbildung 3a ein Startzustand definiert. Um verschiedene Container parallel darstellen zu können, werden Subcontainer in

einzelnen Partitionen angeordnet. Alle Partitionen in einem Container werden so in der Web-Anwendung gleichzeitig angezeigt (vgl. Abbildung 2b).

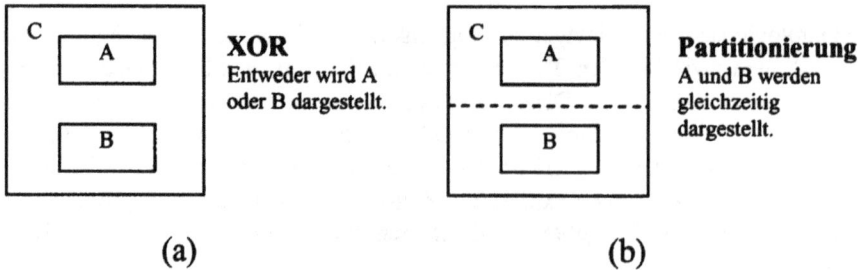

(a)   (b)

Abb. 2: Container und Partitionen

Die Inhalte, die in einem Container beschrieben werden können und später in der Web-Darstellung präsentiert werden, lassen sich in zwei Bereiche aufteilen. Zum einen stehen sie zur Modellierungszeit bereits fest, es handelt sich in diesem Fall um statische Inhalte. Zum anderen ist es möglich, dass sich die in einer Webseite anzuzeigenden Informationen erst zur Laufzeit einer Web-Anwendung ergeben, also dynamisch erzeugt werden. Sowohl statische als auch dynamische Inhalte werden nicht unmittelbar in einem Container gehalten, sondern durch sog. Modellklassen beschrieben, die einem Container zugeordnet sind. Prinzipiell kann jeder Container genau eine Modellklasse enthalten.

Die Modellklassen sollen die Klassifizierung der Inhalte innerhalb der Ontologie auch im Navigationsmodell erhalten. Hinsichtlich statischer Inhalte wird daher ihre Art im Navigationsmodell festgelegt, d.h. es wird definiert, ob es sich z.B. um Texte, Bilder, Services oder andere Inhalte handelt. Werden Inhalte dynamisch generiert, geht ihre Art aus der Ressourcenontologie hervor, d.h. sie können über den in der Ontologie definierten Wertebereich der entsprechenden Eigenschaft eines Konzeptes ermittelt werden. Zusätzlich übernehmen bei dynamischen Inhalten die Modellklassen die Aufgabe, die darzustellenden Informationen zu gruppieren, falls mehrere Instanzen eines Konzeptes der Ontologie dargestellt werden müssen.

Dynamische Inhalte sind im Gegensatz zu statischen Inhalten kontextabhängig. Das erfordert, den aktuellen Kontext einem Container während der Navigation mitzuteilen. Da alle Inhalte in Modellklassen und daher nicht unmittelbar im Container abgelegt werden, kann die Navigation ausschließlich von einer Modellklasse zu einem Container erfolgen. Der aktuelle Kontext eines Containers setzt sich somit aus Ursprungsmodellklasse, aktueller Instanz und zugehörigem Konzept in der Ontologie zusammen.

Die graphische Beschreibung des Navigationsmodells, das die Grundlage für die spätere Darstellung der Web-Applikation bildet, beruht auf einem HiGraphen-ähnlichen Ansatz (vgl. Harel et al. 1988). Es definiert die Anordnung von Containern zu beliebig komplexen Sichten, die durch flächenmäßige Erschließung von Teilsichten erzeugt werden können. Einzelne Bereiche werden durch gerichtete Navigationsbeziehungen, die eine Übergangsrelation zwischen den einzelnen Containern darstellen, miteinander verbunden. Jeder Container, der keinen weiteren Container, und somit auch keine weiteren Partitionen enthält, definiert einen Zielbereich, in dem die Inhalte der Web-Anwendung mittels einer Modellklasse angezeigt werden können. Startcontainer sowie Partitionen werden zur Laufzeit mit den Werten ihres übergeordneten Containers initialisiert.

Platzhalter
Mit Hilfe von Platzhaltern können Teilbereiche der Web-Anwendung zu besseren Überschaubarkeit schematisch dargestellt werden. Eine detaillierte Modellierung des durch einen Platzhalter nur grob dargestellten Bereiches kann an einer anderen Stelle erfolgen (vgl. Abbildung 3b).

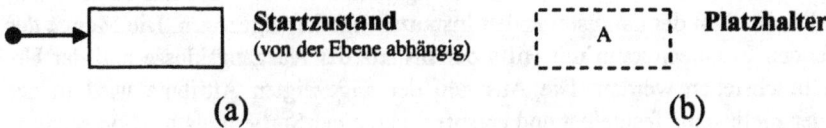

Startzustand   **Platzhalter**
(von der Ebene abhängig)   A

(a)   (b)

Abb. 3: (a) Festlegung des Startzustandes; (b) Platzhalter für einen an anderer Stelle definierten Container

Primitive statische Klassen
Primitive statische Klassen beschreiben einfache Objekte, die nicht weiter zerlegt werden können. Hierzu zählen beispielsweise Texte, Bilder, Multimediaobjekte, einfache HTML-Seiten etc. Derartige Objekte werden als Instanzen ihres zugehörigen primitiven statischen Konzeptes innerhalb der zugrunde liegenden Ontologie betrachtet. Sie dienen in erster Linie zur einheitlichen Beschreibung der verschiedenen darzustellenden Objekte innerhalb des Navigationsmodells.

Primitive dynamische Klassen
Nicht alle darzustellenden Inhalte müssen bereits zur Modellierungszeit feststehen – vielmehr sollen Veränderungen im Datenbestand nicht notwendigerweise zu einer Neuentwicklung der Web-Applikation oder von Teilen der Anwendung führen. Darüber hinaus ist die Präsentation von Inhalten in machen Fällen abhängig vom Navigationsverhalten des Benutzers bzw. von bereits erfolgten Benutzereingaben.

Aus diesem Grund müssen Modellkomponenten angeboten werden, die es dem Entwickler einer Web-Anwendung erlauben, Inhalte zur Laufzeit dynamisch generieren zu lassen, die darüber hinaus vom aktuellen Kontext der Applikation abhängig sein können. Primitive dynamische Klassen sind derartige Modellkomponenten, die eine Eigenschaft einer erst zur Laufzeit definierten Instanz eines Konzeptes der Ontologie darstellen können. Hierzu sind die Angabe eines Zielkonzeptes der Ontologie sowie die entsprechende Eigenschaft des Ausgangskonzeptes notwendig. Die Auswahl der darzustellenden Eigenschaft ist abhängig vom gegenwärtigen Kontext oder genauer, von der aktuellen Instanz, also der Ursprungsinstanz. Diese kann entweder bereits zur Modellierungszeit festgelegt oder mittels Rückverfolgung zur Laufzeit berechnet werden. Mit ihr, dem Zielkonzept und der zugehörigen Relation ergibt sich die darzustellende Instanz.

Navigationale Klassen

In einem Zielbereich kann entweder eine einzelne Instanz einer Klasse dargestellt werden oder – falls in einer Klasse mehrere Instanzen vorhanden sind – eine Übersicht der vorhandenen Instanzen, mit der Möglichkeit, an definierter Stelle die Instanzen im Einzelnen zu betrachten. Zu diesem Zweck werden navigationale Klassen definiert, die die Navigation auf einer Menge von Instanzen mit Hilfe einer Übersicht ermöglichen. Die Art und Weise, in der die Übersicht dargestellt wird, kann entweder von der navigationalen Klasse selbst bestimmt werden oder ist bereits im zugrunde liegenden Navigationsmodell festgelegt. Im letzteren Fall wird eine Darstellungsart aus einer Menge vordefinierter Navigationstypen gewählt. Zu dieser Menge gehören (gemäß Abbildung 4) Typen wie z.B. Baum, Index, Sequenz (vgl. Ziegler 1997). Wird die Darstellungsart von der navigationalen Klasse dynamisch ermittelt, wird hierzu die Kardinalität der darzustellenden Instanzmenge herangezogen. Die Menge der zu repräsentierenden Instanzen kann mit Hilfe der Instanz der Ausgangsklasse und der Ursprungsrelation beschrieben werden. Die Auswahl der angezeigten Attribute wird in der Attributmenge der Zielinstanz festgelegt und entsprechend einer Sortierungsfunktion sortiert.

Index	Group	Tree	Collection	Sequence
Auflistung der Instanzen	Instanzmenge gruppiert nach 1..n Elementen	Hierarchische Organisation der Instanzen	Sicht auf Kollektion als Gesamtes	Instanzmenge mit sequenz. Navigation

Abb. 4: Auswahl unterschiedlicher Typen navigationaler Klassen

Die graphische Darstellung der navigationalen Klasse besteht aus zwei Komponenten, die mit einer Navigationsrelation miteinander verbunden sind. Bei der Navigationsrelation handelt sich um einen parametrisierbaren Link, der durch die einzelnen Instanzen in der navigationalen Klasse bei dem entsprechenden Aufruf initialisiert wird (vgl. Abbildung 5). Er ist durch eine offene Pfeilspitze gekennzeichnet.

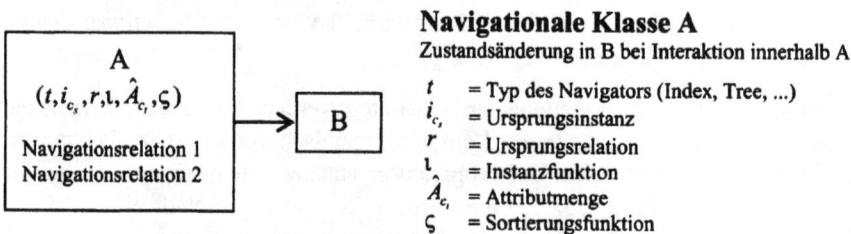

Navigationale Klasse A
Zustandsänderung in B bei Interaktion innerhalb A

A
$(t, i_{c_s}, r, \iota, \hat{A}_{c_t}, \varsigma)$

Navigationsrelation 1
Navigationsrelation 2

B

t = Typ des Navigators (Index, Tree, ...)
i_{c_s} = Ursprungsinstanz
r = Ursprungsrelation
ι = Instanzfunktion
$\hat{A}_{c_t}$ = Attributmenge
ς = Sortierungsfunktion

Abb. 5: Graphische Darstellung navigationaler Klassen

Ereignisse und Links

Eine Veränderung der auf einer Webseite dargestellten Inhalte wird durch ein Ereignis hervorgerufen, das typischerweise von einem Benutzer durch Interaktionen ausgelöst wird. Zusätzlich können Ereignisse automatisch verursacht werden, beispielsweise durch Überschreitung einer Zeitspanne oder durch vorangegangene Ereignisse. Hervorgerufen durch ein Ereignis wird ein Link aktiviert, was zu einer Veränderung der Darstellung in einer Webanwendung führt. Der Zielbereich eines Links definiert den Container bzw. die Partition, in der die Änderungen durchgeführt werden sollen. Der aktuelle Kontext wird in Form der Ursprungsinstanz ebenfalls in einem Link mitgeführt. Die Ursprungsinstanz ist die durch den Link repräsentierte Instanz einer Klasse. Die Übergabe des Kontextes ist notwendig, um Abhängigkeiten der neu aufzubauenden Informationen mit dem aktuellen Kontext zu bedienen. Da der Zielbereich nicht durch eine atomare Komponente definiert werden kann, müssen dem Link zusätzlich die Zielklasse sowie die zugehörige Relation zwischen der Ursprungsinstanz und der Zielklasse bekannt sein. Anhand dieser Informationen ist es möglich, die darzustellende Instanz bzw. Instanzmenge zu ermitteln. Handelt es sich bei der Zielklasse um eine atomare Klasse, ist die Ursprungsinstanz die Komponente, in der der Link definiert wurde. Bei dieser Komponente handelt es sich entweder um einen Container oder eine Partition. Somit ist es möglich, innerhalb der Webapplikation auf beliebige freie Objekte zu verweisen, die nicht in der Ontologie enthalten sind.

In der graphischen Repräsentation des Navigationsmodells definieren Links den Übergang von einer Komponente zu einer anderen. Entsprechend Abbildung 6a wird ein Link mit einem beschrifteten Pfeil dargestellt. Soll nach der Ausführung des Links im Sinne eines Broadcast ein weiteres Ereignis ausgelöst werden, wird der zusätzliche Link mit in die Beschriftung aufgenommen (vgl. Abbildung 6b).

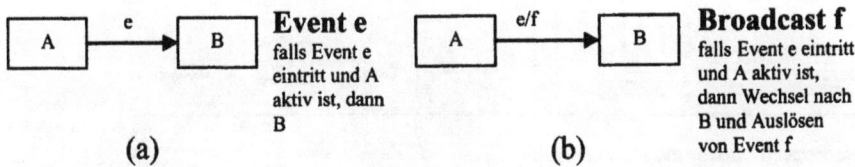

Abb. 6: (a) Aufruf von B aufgrund von Link e; (b) Aktivierung des Link f nach Aufruf von e

Popup-Fenster
Stellt der Zielbereich einer Navigationsrelation ein Popup-Fenster dar, wird in der Navigationsrelation zusätzlich spezifiziert, welche Aktion bzgl. des Popup-Fensters ausgeführt werden soll. Die Aktion kann entweder das Öffnen oder das Schließen eines Popup-Fensters enthalten. Der entsprechende Container wird gemäß Abbildung 7 modelliert.

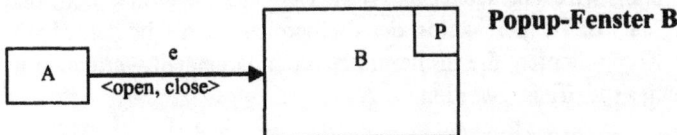

Abb. 7: Popup-Fenster

Kompositionsmodell

Das Kompositionsmodell definiert die Zusammensetzung beliebiger Komponenten zu einzelnen Web-Seiten. Es spezifiziert die mit Hilfe von Containern und Partitionen die Struktur einer Web-Seite und die assoziierten Modellklassen der einzelnen Container. Als Modellklassen werden primitive Klassen, navigationale Klassen und Serviceklassen bezeichnet. Modellklassen lassen sich ausschließlich atomaren Containern zuordnen, die keine weiteren Container beinhalten.

Navigationsmodell

Das Navigationsmodell setzt sich aus den Kompositionsmodellen der einzelnen Web-Seiten und einer zusätzlichen, übergeordneten Navigationsstruktur zusammen. Diese legt die Navigation zwischen den einzelnen Web-Seiten fest.

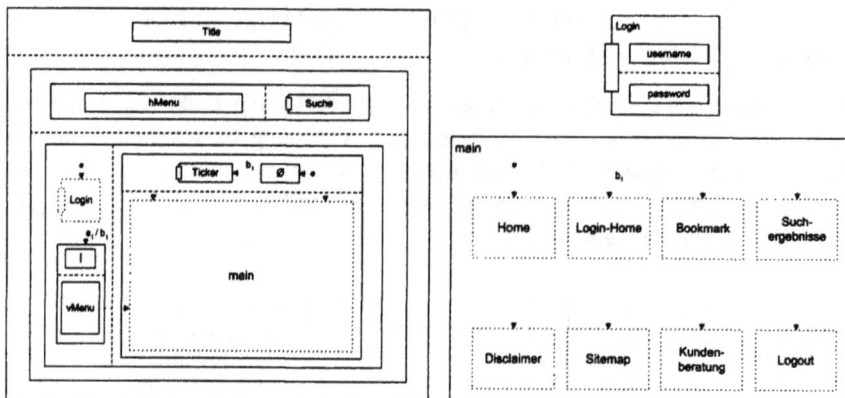

Abb. 8: Navigationsmodell (Auszug aus einem Portal)

Abbildung 8 zeigt beispielhaft das Navigationsmodell einer Portalseite, das den Rahmen der entsprechenden Anwendung darstellt. In der Web-Applikation findet sich im oberen Bereich eine Titelzeile, unmittelbar darunter liegt eine Menüleiste mit einem rechts angehefteten Suchfeld in Form einer Applikation. Unterhalb ist eine weitere Partition. Diese enthält im Startzustand links zunächst ein Login-Feld, das nach erfolgreicher Anmeldung durch ein vertikales Menü mit einem darüber liegendem Bild („I" steht für „Image") ersetzt wird. Rechts davon wird im oberen Bereich zunächst nichts angezeigt („Ø" steht für die leere Menge), erst nach der Anmeldung wird der Ticker aktiviert. Der untere Bereich stellt den Hauptbereich der Anwendung dar. Er ist gleichzeitig der Zielbereich für die beiden Menüleisten und das Suchfeld. Die Komponenten, die in diesem Bereich dargestellt werden, können nun an anderer Stelle genauer spezifiziert werden.

Sichtenmodell

Mit dem Ziel, ein den jeweiligen Anforderungen des Nutzers angepasstes Informationsangebot zu generieren, werden auf die vorhandenen Informationen mit Hilfe von Sichtenklassen verschiedene Sichten erzeugt. Diese haben die Aufgabe, definierte Eigenschaften einer Instanz einer Klasse unter Berücksichtigung von Nebenbedingungen darzustellen. Die Modellierung der Kontextfaktoren in den Sichtenklassen erfolgt anhand des Komponenten- bzw. Navigationsmodells. Für jede darin enthaltene Modellklasse können Bedingungen hinzugefügt werden, die über ihre Sichtbarkeit in Abhängigkeit des Kontextes entscheiden. Beispielsweise ist es möglich, die Darstellung ganzer Teilbereiche für eine bestimmte Person, Benutzerrolle oder ein spezielles Endgerät zu verhindern.

Eine Sichtenklasse besteht aus zwei Teilen, einer Zuordnungsangabe und einem Bedingungsteil. Die Zuordnungsangabe legt den Benutzer bzw. die Rolle fest, auf den sich die Sichtenklasse bezieht. Der Bedingungsteil enthält einen beliebigen booleschen Ausdruck, der erfüllt sein muss, um den in der zugehörigen Modellklasse festgelegten Inhalt darzustellen. Prinzipiell ist es möglich, für verschiedene Rollen bzw. Benutzer jeweils eine Sichtenklasse zu erstellen. Dadurch lassen sich rollenbasierte bzw. benutzerspezifische Darstellungen innerhalb der Web-Applikation realisieren. Abbildung 9 zeigt die graphische Beschreibung einer Sichtenklasse.

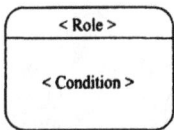

```
┌─────────────────────┐
│  < Role >           │
├─────────────────────┤
│  < Condition >      │
│                     │
└─────────────────────┘
```

Abb. 9: Graphische Beschreibung einer Sichtenklasse

Das Sichtenmodell setzt sich aus einer Menge von Sichtenklassen für jede einzelne Modellklasse zusammen. Jede Sichtenklasse ist genau einer Modellklasse zugeordnet. Die graphische Modellierung kann auf zwei Arten erfolgen: Sollen nur wenige Sichten modelliert werden, können die Sichtenklassen neben den zugehörigen Modellklassen positioniert und durch eine Linie verbunden werden. Im anderen Fall, d.h. bei einer umfangreichen Sichtenmodellierung, kann eine unmittelbare Integration der Sichtenklassen in das Navigationsmodell zu einer unübersichtlichen Darstellung führen. Das Sichtenmodell ist dann als eigenständiges graphisches Modell zu betrachten, das alle Modellklassen des Navigationsmodells als Liste aufführt und jede dieser Modellklassen mit den zugeordneten Sichtenklassen verbindet.

Präsentationsmodell
Das Präsentationsmodell definiert verschiedene Präsentationsmöglichkeiten für die gleiche Navigationsstruktur, je nachdem, ob unterschiedliche Benutzerrollen bzw. personalisierte Darstellungen existieren. Die Modellierung und der Aufbau eines Präsentationsmodells erfolgt daher in Anlehnung an das Sichtenmodell, das bereits Sichtenklassen für die verschiedenen Benutzer bzw. Nutzergruppen enthält. Für jede Sichtenklasse wird eine Präsentationsklasse erzeugt, die z.B. Angaben über die relative Größe, Farbwahl und Interaktion der zugeordneten Modellklasse enthält. Diese Informationen werden unter Verwendung von Stylesheets den einzelnen Sichtenklassen zugeordnet und zur Laufzeit abgerufen. Neben diesen Informationen zur graphischen Gestaltung der einzelnen Komponenten können weitere Angaben festgelegt werden. Das Präsentationsmodell stellt dazu eine offene Struktur zur Verfügung, die es erlaubt, beliebige Merkmale der graphischen Gestaltung zu bestimmen. So lassen sich z.B. zusätzlich Angaben über die zu verwendende Schriftart oder Schriftgröße festlegen.

Zur graphischen Modellierung der Präsentationsklassen können die bestehenden Sichtenklassen genutzt werden, da sich diese ebenfalls auf bestimmte Benutzergruppen bzw. einzelne Benutzer für jede Modellklasse beziehen. Die graphische Darstellung einer Sichtenklasse im Sichtenmodell wird hierzu durch die Angabe der Darstellungszuordnung erweitert. Abbildung 10 zeigt beispielhaft die graphische Modellierung zweier Präsentationsklassen in Verbindung mit den Sichtenklassen, die den Modellklassen zugeordnet wurden. Die in der Sichtenklasse definierten konditionalen und graphischen Merkmale des Navigators (linke Seite) und des Informationsbereiches (rechte Seite) gelten für alle Benutzer. Unterschiede zwischen beiden Partitionen bestehen in Größendefinition und Farbwahl. Während dem Navigationsbereich 30 Prozent des Bereichs der Komponente zugewiesen werden, bleiben dem Informationsbereich 70 Prozent zur Darstellung des Namens und der Adresse eines gewählten Restaurants.

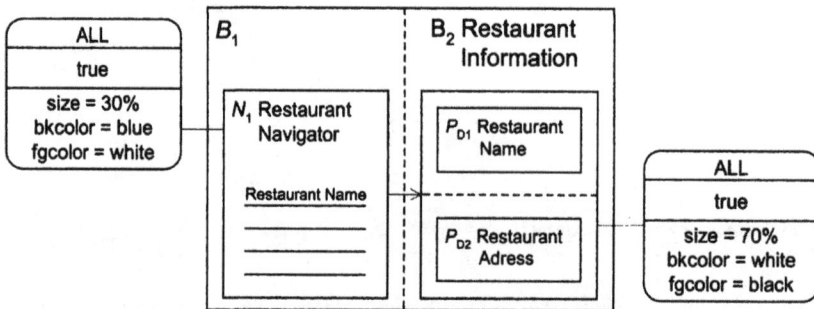

Abb. 10: Graphische Modellierung der Präsentationsklassen in Verbindung mit Sichtenklassen

4.2.4   Umsetzung

Mit Hilfe parametrisierbarer Komponenten, die auf der Grundlage definierter Metadaten- und Navigationsmodelle zur Laufzeit dynamische und kontextsensitive Navigationsstrukturen erstellen, lassen sich die vom Benutzer erstellten Modelle in einer Laufzeitumgebung für Test- und Verifikationsmöglichkeiten realisieren. Hierzu werden Verfahren zur automatisierten Generierung von Navigationsstrukturen anhand der entwickelten Modelle konzipiert und implementiert, deren hohe Wiederverwendbarkeit die Umsetzung einer modellierten Web-Anwendung in ein lauffähiges System ermöglichen. Abbildung 11 zeigt die Architektur einer Modellierungs- und Laufzeitumgebung, die derzeit in Form eines Prototyps implementiert wird. Innerhalb einer Werkzeugunterstützten Modellierungsumgebung werden unter Zuhilfenahme der ontologischen Beschreibung der Informationsinhalte die einzelnen Modelle schrittweise erstellt. Der Zugriff auf die formale Beschreibung der Modelle erfolgt durch die Laufzeitumgebung, die die verschiedenen Kontextfaktoren wie beispielsweise Ort und Zeit beim Zugriff auf die Ontologie und die darin referenzierten Inhalte berücksichtigt. Die Architektur fokussiert vor allem die systemunterstützte und weitestgehend automatisierte Verarbeitung der zur Modellierungszeit erstellten Modelle, um darauf aufbauend die Web-Anwendung zu generieren.

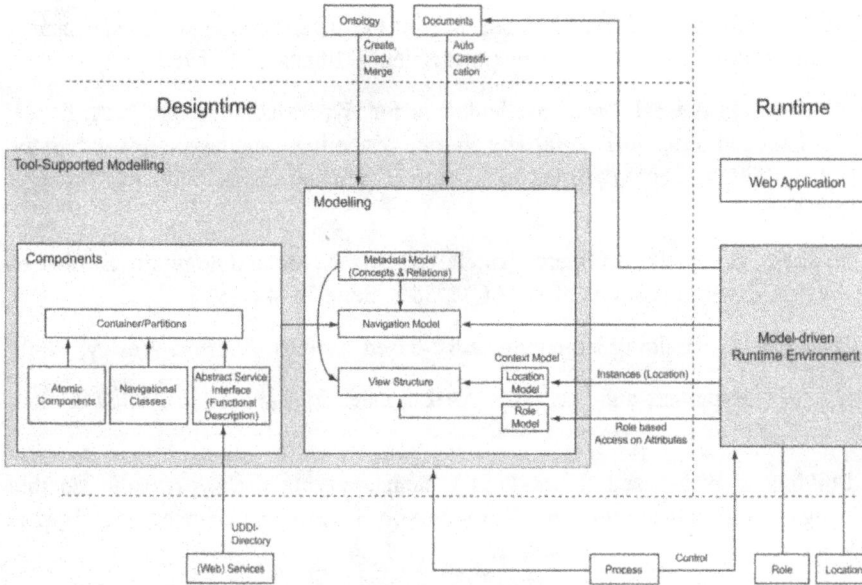

Abb. 11: Architektur der Modellierungs- und Laufzeitumgebung

4.2.5 Ausblick

Dieser Beitrag zeigt eine Vorgehensweise zur systematischen und durchgängigen Entwicklung von Web-Anwendungen. Besonderes Augenmerk wurde bei der Konzeption auf eine möglichst leichte Verständlichkeit der Modelle und insbesondere auf Unterstützungsmöglichkeiten durch softwarebasierte Werkzeuge gelegt, die den Benutzer bei der Erstellung und Verifikation der Modelle weitestgehend entlasten sollen.

Der komponentenorientierte Ansatz ließe sich in einem weiteren Schritt auch auf im Web bereitgestellte Modellkomponenten ausweiten, die eine einheitliche Beschreibung aufweisen. Für den Entwickler einer Web-Anwendung würde sich daraus der Vorteil bieten, für bestimmte Teile seiner Anwendung auf bereits existierende eigen- oder fremdentwickelte Lösungen zurückgreifen zu können.

4.2.6 Literatur

Barry, C.; Lang, M.: A Survey of Multimedia and Web Development Techniques and Methodology Usage. IEEE Multimedia, 8(3), Seite 52–60, 2001.

Baumeister, H.; Koch, N.; Mandel, L.: Towards a UML extension for hypermedia design. In UML'99, USA: Fort Collins, 1999.

Garzotti, F.; Paolini, P.; Schwabe, D.: HDM – A model-based approach to hypermedia application design. ACM-Transactions on Information Systems, 11/1, 1993.

Harel, D.; Pnueli, A.; Schmidt, J. P.; Sherman, R.: On the formal semantics of statecharts. Proc. 2nd. IEEE Symposium on Logic in Computer Science, Ithaca, N.Y, 1987.

Hennicker, R.; Koch, N.: A UML-based Methodology for Hypermedia Design. In A. Evans, S. Stuart, and B. Selic, editors, UML'2000 The Unified Modeling Language – Advancing the Standard, volume 1939 of Lecture Notes in Computer Science. York, England: Springer Verlag, October 2000.

Isakowitz, T.; Stohr, E. A.; Balasubramanian, P.: RMM: A Methodology for Structured Hypermedia Design. Communications of the ACM, 38/8: Seite 34–44, 1995.

Lenat, D. B.; Guha, R. V.: Building large knowledge-based systems. Addison-Wesley, 1990.

Lowe, D.; Hall, W.: Hypertext and the Web: An Engineering Approach. J.Wiley & Son, 1998.

Olsina, L.: Building a Web-based information system applying the hypermedia flexible process modeling strategy. 1st International Workshop on Hypermedia Development, Hypertext'98, 1998.

Rational Software Corporation: UML-Notation-Guide. Version 1.1, 1997. http://www.rational.com/uml/html/notation/. Besucht: 29.03.2006.

Schwabe, D.; Rossi, G.: From Domain Models to Hypermedia Applications: An Object-Oriented Approach. International Workshop on Methodologies for Designing and Developing Hypermedia Applications, Edinburgh 1994.

Ziegler, J. E.: ViewNet – Conceptual design and modelling of navigation. In S. Howard, J. Hammon & G. Lingaard (Eds.), Human-Computer Interaction: Interact'97, London: Chapman & Hall, 1997.

4.3 Engineering attraktiver Produkte – AttrakDiff

Michael Burmester, Marc Hassenzahl, Franz Koller

4.3.1 Attraktivität von Produkten

Die Usability von interaktiven Produkten (Gebrauchstauglichkeit, Benutzbarkeit, Benutzungsfreundlichkeit) ist mit der zunehmenden Verbreitung solcher Produkte und nicht zuletzt durch die verstärkte Nutzung des Internets zu einem wichtigen Qualitätsmerkmal geworden. Ein Produkt ist „usable", wenn bestimmte Nutzer ihre Ziele mit Hilfe des Produktes prinzipiell und mit möglichst geringem Aufwand erreichen können. Das Produkt kann dann als effizient und effektiv bezeichnet werden. Zudem sollte das Produkt die organisatorischen und sozialen Zusammenhänge sowie die physische und technische Umgebung (den so genannten „Nutzungskontext") berücksichtigen. Kommt es zu einer Passung von Produkt und Nutzungskontext ist das Produkt „usable" und es stellt sich Zufriedenheit der Nutzer ein, d.h. die Abwesenheit psychischer Belastung und eine positive Einstellung gegenüber dem Produkt. So definiert in der DIN EN ISO 9241-11 (1998).

Im Bereich der Mensch-Maschine Interaktion wiesen 1988 Carroll und Thomas darauf hin, dass der Fokus auf Ziel- und Aufgabenorientierung nicht ausreicht, und dass Spaß und Freude bei der Nutzung interaktiver Produkte berücksichtigt werden müssen. Igbaria, Schiffmann und Wieckowski (1994) konnten zeigen, dass von den Nutzern wahrgenommener Spaß bei und Freude an der Nutzung von Softwareprodukten einen positiven Effekt auf die Akzeptanz und Zufriedenheit mit diesen Produkten haben: „fun has its greatest value as a means of accepting the new technology and making individuals more adaptable and satisfied with the quality of the system" (Seite 358).

Autoren wie Logan (1994), Norman (2002) oder Karat (2002) weisen auf die Bedeutung von Emotionen in der Interaktion von Menschen und Produkten hin. So findet sich im „Handbook of Human Computer Interaction" ein kompletter Einführungsartikel in die Emotionspsychologie mit Bezug auf HCI von Brave und Nass (2002). Interessant ist in diesem Zusammenhang, wie positive Emotionen durch Produktgestaltung erzeugt werden können. Es kann nicht nur darum gehen, die bekannten negativen Emotionen wie Ärger und Frustration – ausgelöst durch wenig gebrauchstaugliche Produkte (Ramsay 1997) – zu vermeiden. Denn die Abwesenheit von Krankheit ist noch nicht gleichzusetzen mit Gesundheit.

Hassenzahl (2003) weißt darauf hin, dass Personen mit einem Produkt auch Bedürfnisse nach Stimulation und Identität verbinden:

- Stimulation: Menschen streben nach der Verbesserung ihrer Kenntnissen und Fertigkeiten, kurz: nach persönlicher Entwicklung. Produkte können diese Entwicklung unterstützen, in dem sie den Nutzer beispielsweise mit neuartigen, interessanten und anregenden

Funktionalitäten stimulieren. Inhalte, Interaktions- und Präsentationsstile können die Aufmerksamkeit erhöhen, Motivationsprobleme dämpfen oder das Finden neuer Lösungen für bestehende Probleme erleichtern. So kann Stimulation sogar indirekt bei der Aufgabenerledigung helfen.

- Identität: Menschen bringen durch Objekte auch ihr Selbst zum Ausdruck (Prentice 1987). Sie wollen von relevanten Anderen in einer spezifischen Weise wahrgenommen werden. Dies ist eine ausschließlich soziale Funktion von Produkten. Es kann dies unterstützen, indem es eine gewünschte Identität kommuniziert.

Können die Nutzer mit einem interaktiven Produkt ihre Ziele und Aufgaben in der jeweiligen Nutzungsumgebung erfüllen, und wird das auch von den Nutzern so wahrgenommen, besitzt das Produkt „pragmatische" Qualität (PQ). Erweitert ein interaktives Produkt hingegen durch neue Funktionen die Möglichkeiten des Nutzers, stellt neue Herausforderungen, stimuliert durch visuelle Gestaltung und neuartige Interaktionsformen oder kommuniziert eine gewünschte Identität (z.B., indem es professionell cool, modern, anders wirkt) besitzt es „hedonische" Qualität (HQ). Die zwei zentralen Aspekte der hedonischen Qualität sind somit Hedonische Qualität – Stimulation (HQ-S) und Hedonische Qualität – Identität (HQ-I).

Hedonisch – hedonistisch: Gegenüber früheren Veröffentlichungen wird hier das Kunstwort „hedonisch" verwendet, denn gegenüber dem breiteren, auf eine philosophische Richtung verweisenden Begriff „hedonistisch" ist hier vor allem die Stimulation der Nutzer und Kommunikation einer sozialen Identität gemeint.

4.3.2   Evaluation der Attraktivität

Nachdem die Wichtigkeit der hedonischen Qualität und deren Beitrag zur empfundenen Attraktivität eines Produktes mehr und mehr anerkannt wird, stellt sich konsequent die Frage wie Produkte systematisch so gestaltet werden können, dass neben der pragmatischen Qualität auch hedonische Qualität zur Attraktivität des Produktes beiträgt. Prinzipien und Regeln der Gestaltung oder gar Entwurfsmethoden zur Entwicklung attraktiver Produkte liegen zurzeit kaum vor (Burmester et al. 2002). Es gibt jedoch verschiedene Ansätze, die zum Teil einen eher experimentellen Charakter haben. So schlagen Gaver und Martin (2000) Produkte vor, die nicht nützlich im herkömmlichen Sinne einer aufgabenorientierten Nutzung sind, aber auch nicht der reinen Unterhaltung dienen. Gaver und Martin stellen statt Effektivität und Effizienz menschliche Grundbedürfnisse in den Vordergrund ihrer Gestaltungspraxis, wie das Bedürfnis nach Ablenkung vom Alltäglichen, nach Einflussnahme, nach Geheimnissen, nach Erlangung von Einsichten oder nach Intimität. Andere heben die Bedeutung einer bis ins letzte Detail ausgefeilten ästhetischen Gestaltung als wichtige gestalterische Maßnahme zur Erlangung attraktiver Produkte vor (z.B. Burmester, et al. 1999). Bereits 1996 erarbeiteten Hofmeester, Kemp und Blankendaal in einem sehr systematischen und methodisch fundierten benutzerzentrierten Gestaltungsprozess einen Pager (mobiles Kommunikationsgerät, das Kurzmitteilungen empfangen kann) für die Zielgruppe junger Frauen zwischen 20 und 30 Jahren, der das wahrgenommene Qualitätsmerkmal „Sinnlichkeit" aufweisen sollte.

Deutlich wird, dass beim Gestalten hedonischer Qualität Kreativität und Mut zum Experiment gefragt ist. Wenn Gestalter Gestaltungsideen entwickeln, um einen Eindruck hedonischer Qualität beim Nutzer zu erzeugen, so benötigen sie Evaluationsinstrumente zur Überprüfung der Gestaltungsideen, sowie zum Generieren von Optimierungshinweisen. Bisherige Evaluationsinstrumente fokussieren jedoch im Wesentlichen auf pragmatische Qualität (Burmester 2003). Benötigt wird ein Evaluationsinstrument mit dem sowohl die wahrgenommene pragmatische als auch die wahrgenommene hedonische Qualität eines interaktiven Produktes erfasst werden kann.

4.3.3 Arbeitsmodell zur Attraktivität von interaktiven Produkten

Ein wissenschaftliches Arbeitsmodell (vgl. Abbildung 1) soll deutlich machen, wie aus der wahrgenommenen pragmatischen und hedonischen Qualität der subjektive Eindruck der Attraktivität und daraus die resultierenden Konsequenzen in Bezug auf Verhalten und Emotion entstehen (Hassenzahl 2002; Burmester et al. 2002).

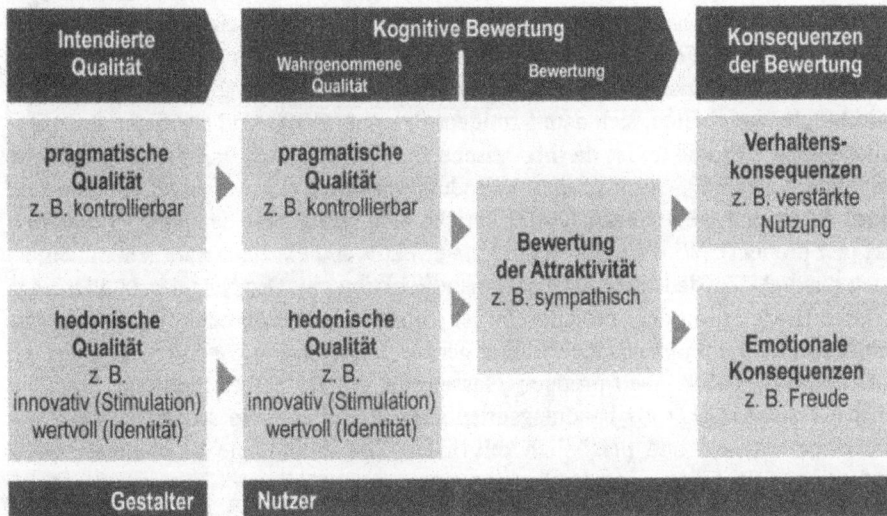

Abb. 1: Arbeitsmodell zur Entstehung des Eindrucks der Attraktivität beim Nutzer und der möglichen Konsequenzen des Attraktivitätseindrucks.

Das Modell trennt vier wesentliche Aspekte:

- Durch den Gestalter intendierte Produktqualität: Der Gestalter beabsichtigt mit seiner Gestaltung eine bestimmte Produktqualität, d.h. bewusst oder unbewusst eine bestimmte Kombination von pragmatischer und hedonischer Qualität. Beispielsweise wird ein bestimmtes Bildschirmlayout gewählt, um das Produkt „übersichtlich" (PQ) zu machen, oder bestimmte Farben oder Features, um das Produkt anregend – z.B. „innovativ" (HQ-S) – zu machen. Die vom Gestalter intendierte Qualität und die vom Nutzer wahrgenommene Qualität kann aber durchaus verschieden sein. Somit ist es wichtig, von den vom Nutzer wahrgenommenen Qualitäten auszugehen.

- Subjektive Qualitätswahrnehmung und –bewertung: Der Nutzer nimmt Qualitäten eines Produktes wahr und bewertet das Produkt aufgrund seiner Wahrnehmungen. Dabei ist es wichtig, Wahrnehmung und Bewertung zu trennen. Beispielsweise kann ein Produktmerkmal als innovativ wahrgenommen werden, ohne dass dies gleichzeitig vom Nutzer geschätzt wird. Das Attraktivitätsurteil („gut", „sympathisch", „motivierend") ist eine globale Bewertung auf der Basis der wahrgenommenen Qualitäten. So wird angenommen, dass das Globalurteil der Attraktivität sich über verschiedene Nutzungserfahrungen hinweg ändern kann, während die Wahrnehmung eines Produktes als pragmatisch oder hedonisch über verschiedene Nutzungserfahrungen hinweg relativ stabil bleibt (Hassenzahl et al. 2002).

- Pragmatische und hedonische Qualität sind unabhängig voneinander: Produkte, die als pragmatisch wahrgenommen werden, werden nicht automatisch auch als hedonisch eingeschätzt. Allerdings sind natürlich Produkte denkbar, die gleichzeitig als pragmatisch und als hedonisch wahrgenommen werden. Aus der Kombination von hedonischen und pragmatischen Qualitäten können sich verschiedene Produktcharaktere ergeben (vgl. Tabelle 2). Um ein „begehrtes" Produkt zu gestalten, sollten beide Qualitäten stark ausgeprägt sein. Die erwarteten Emotions- und Verhaltenskonsequenzen eines solchen Produktes beim Nutzer sind Freude an der Nutzung und häufigerer Einsatz des Produktes. Produkte die nicht pragmatisch sind und weder zur weiteren Nutzung stimulieren (HQ-S) noch die Möglichkeit bieten, sich damit zu identifizieren (HQ-I) sind aus Sicht der Autoren „überflüssige" Produkte. Ist die hedonische Qualität schwach und die pragmatische Qualität stark ausgeprägt, so dient dieses Produkt vor allem der Aufgabenerfüllung und als reines Werkzeug. Hassenzahl (2003) spricht hier von einem handlungsorientierten Produkt (act-product). Wird so ein Produkt als effektiv und effizient wahrgenommen, so stellt sich maximal Zufriedenheit als emotionale Reaktion ein. Der Nutzer geht allerdings keine starke Bindung mit dem Produkt ein. Ist jedoch bei einem Produkt die hedonische Qualität hoch und die pragmatische Qualität gering ausgeprägt so handelt es sich um ein selbstorientiertes Produkt (self-product; Hassenzahl 2003). Selbstorientierte Produkte binden den Nutzer stärker als handlungsorientierte Produkte, denn selbstbezogen Ziele sind meist persistenter und persönlich relevanter. Die emotionale Konsequenz eines selbstorientierten Produkts – Freude – ist stärker.

- Verhaltens- und emotionale Konsequenzen: Der Bewertungsprozess führt schließlich zu zwei möglichen Gruppen von Konsequenzen. Auf der einen Seite kann Verhalten das Ergebnis sein: Je nach Bewertung kann die Software gemieden oder verstärkt genutzt werden, die Qualität der Arbeit kann sinken oder steigen, die Lernzeit kann länger oder kürzer sein. Auf der anderen Seite können emotionale Konsequenzen des kognitiven Bewertungsprozesses auftreten. Dies können Emotionen sein, wie Freude, Zufriedenheit; oder aber Ärger, Frustration, Enttäuschung. Emotionen als Ergebnis eines kognitiven Bewertungsprozesses stehen im Einklang mit einer Reihe von Emotionstheorien (z.B. Ortony et al. 1988). Verhalten und Emotionen können auch verbunden sein. So zeigten Igbaria, Schiffmann und Wieckowski (1994), dass der wahrgenommener Spaß bei der Nutzung und das Ausmaß der Nutzung einer Software korreliert sind.

4.3.4 Untersuchung des Modells wahrgenommener Produktqualitäten mit dem Differenzial AttrakDiff-1

Das oben beschriebene, wissenschaftliche Arbeitsmodell, wurde von Hassenzahl und seinen Kollegen in mehreren Studien untersucht und geprüft (z.B. Hassenzahl et al. 2000; Hassenzahl 2002). Zur Messung wurde AttrakDiff-1 verwendet. Attrakdiff-1 ist ein semantisches Differenzial. Es besteht aus 23 Paaren bipolarer Adjektive (z.B. „verwirrend – übersichtlich", „außergewöhnlich – üblich", „gut – schlecht"), mit deren Hilfe Nutzer ein Produkt einschätzen können. Zwischen den beiden Adjektiven können die Nutzer auf sieben Stufen differenzieren. Jeweils mehrere Adjektivpaare werden zu einer Skala zusammengefasst. Der Mittelwert der Adjektivpaare bildet den Skalenwert für pragmatische Qualität (PQ), hedonische Qualität (HQ) und Attraktivität (ATT). Die Ergebnisse der Studien zeigten, dass die wesentlichen Aspekte des Arbeitsmodells gestützt werden konnten:

- Hedonische und pragmatische Qualität sind konsistente und unabhängig voneinander wahrgenomme Qualitäten.
- Beide Qualitäten trugen etwa gleichstark zum Attraktivitätsurteil bei.
- Pragmatische Qualität korreliert signifikant mit einem Anstrengungsmaß, wobei eine als anstrengend wahrgenommene Aufgabe zu niedrigerer Einschätzung der pragmatischen Qualität führte.
- Hedonische Qualität korreliert nicht mit der Anstrengung, da sie eine nichtaufgabenorientierte Qualität ist, deren Wahrnehmung durch Anstrengung nicht beeinflusst wird.

Nach diesen ermutigenden Ergebnissen wurde der AttrakDiff-1 mehrfach als Evaluationsinstrument im Rahmen benutzerzentrierter Produktentwicklung eingesetzt (z.B. Kunze 2001).

Nachdem hedonische Qualität aus den Aspekten Stimulation und Identität besteht, wurde bald die Forderung laut, dass auch die Trennung dieser Aspekte hedonischer Qualität mit Hilfe des Evaluationsinstrumentes möglich sein sollte, um Produkte besser beurteilen und zielsicherer Gestaltungsoptimierungen vornehmen zu können. Mangelnde Stimulation führt zu gänzlich anderen Gestaltungsentscheidungen als mangelnde Identität. So könnte eine Gestaltungsmaßnahme zur Erhöhung der Stimulation, die Verwendung einer für die fragliche Produktklasse ungewöhnlichen Farb- und Formensprache sein. Fehlende Identität ließe sich eher durch z.B. die Anpassung des Wordings an den „Jargon" einer bestimmten Zielgruppe erreichen.

Konstruktion von AttrakDiff-2
Der AttrakDiff-2 wurde auf der Basis des oben beschriebenen Modells neu entwickelt. Folgende Schritte wurden durchgeführt (detaillierte Darstellung bei Hassenzahl et al. 2003):

- Sammlung der Adjektivpaare in einem Expertenworkshop.
- Bewertung und Auswahl der endgültigen AttrakDiff-2-Adjektivpaare.
- Prüfung der Validität des AttrakDiff-2.
- Prüfung der internen Konsistenz der Skalen.

Tabelle 1 zeigt die ermittelten Adjektivpaare und deren Zuordnung zu den unterschiedlichen Qualitäten.

Qualität	Adjektivpaar	
Pragmatische Qualität (PQ)	menschlich	– technisch
	einfach	– kompliziert
	praktisch	– unpraktisch
	umständlich	– direkt
	voraussagbar	– unberechenbar
	verwirrend	– übersichtlich
	widerspenstig	– handhabbar
Hedonische Qualität – Stimulation (HQ-S)	originell	– konventionell
	phantasielos	– kreativ
	mutig	– vorsichtig
	innovativ	– konservativ
	lahm	– fesselnd
	harmlos	– herausfordernd
	neuartig	– herkömmlich
Hedonische Qualität – Identität (HQ_I)	isolierend	– verbindend
	stilvoll	– stillos
	minderwertig	– wertvoll
	ausgrenzend	– einbeziehend
	bringt mich den Leuten näher	– trennt mich von Leuten
	fachmännisch	– laienhaft
	nicht vorzeigbar	– vorzeigbar
Attraktivität (ATT)	angenehm	– unangenehm
	hässlich	– schön
	sympathisch	– unsympathisch
	zurückweisend	– einladend
	gut	– schlecht
	abstoßend	– anziehend
	motivierend	– entmutigend

Tabelle 1: Ausgewählte und überprüfte Adjektivpaare für den AttraktDiff 2

Ziele und Nutzen von AttrakDiff-2

Der AttrakDiff-2 soll folgenden Zielen dienen:

- Nach der ermutigend ausgefallenen ersten Prüfung der AttrakDiff-2-Struktur (vgl. Hassenzahl et al. 2003) und erfolgreichen Anwendungserfahrungen kann der AtttrakDiff-2 für die summative und formative Evaluation von interaktiven Produkten eingesetzt werden. Trotzdem soll durch die breite Anwendung eine Stabilisierung der Gütekriterien für Evaluationsverfahren und eine Weiterentwicklung des Fragebogens erreicht werden. Ferner gilt es, das zugrunde liegende Modell des Fragebogens zu präzisieren.

- Der Fragebogen kann als Forschungsinstrument eingesetzt werden, beispielsweise um zu ermitteln, welche gestalterischen Maßnahmen zu hedonischer Qualität im Sinne der Stimulation oder der Identität führen.
- Mit dem Fragebogen soll nicht zuletzt eine Diskussion darüber angestoßen werden, ob die Usability-Kriterien Effektivität, Effizienz und Zufriedenstellung wirklich die einzigen Maße der Bewertung von Produkten sein sollen, und ob nicht neben den hier beschriebenen Kriterien noch weitere bei der Nutzung von Produkten ebenso eine wichtige Rolle spielen.

Um die genannten Ziele zu verfolgen, soll der Fragebogen möglichst häufig eingesetzt werden. Zu diesem Zweck wird der Fragebogen Wissenschaftlern und Praktikern zur freien Verfügung gestellt.

Anwendung von AttrakDiff-2

Um Forschungs- und Entwicklungsteams Untersuchungen und Evaluationen zu ermöglichen wurde die Website http://www.attrakdiff.de eingerichtet. Hier gibt es zunächst die Möglichkeit, sich über das Thema Attraktivität bei interaktiven Produkten zu informieren. Zudem kann der AttrakDiff-2 von dieser Site aus individuell konfiguriert und eingesetzt werden.

Leiter von Evaluationsprojekten werden auf der Website durch die einzelnen Schritte der Projektauswahl und -definition geführt. Nach Abschluss der Studie werden die gesammelten AttrakDiff-2-Daten automatisch ausgewertet und mit Erläuterungen und Interpretationshilfen zur Verfügung gestellt.

Die zu befragenden Nutzer füllen den Fragebogen über das Internet aus. Wenn dies nicht möglich ist, kann der Fragebogen ausgedruckt werden. Der Projektleiter muss dann nach Ende der Studie die jeweiligen Daten online eingeben, so dass die Auswertung stattfinden kann.

Aufbau des Fragebogens

Der Fragebogen besteht aus folgenden Teilen:

- Begrüßungsseite mit Einführung und Instruktion für die an der Befragung teilnehmenden Nutzer eines zu untersuchenden Produktes.
- Instruktion zum Ausfüllen des Fragebogens.
- Den oben beschriebenen 28 Adjektivpaaren (vgl. Tabelle 1): Die Nutzer können zwischen den Adjektiven als Extrempunkten einer siebenstufigen Einschätzskala ihr Urteil angeben. Die Adjektivpaare sind unterschiedlich gepolt. Manchmal ist der eher positive Pol links (z.B. menschlich – technisch) und in anderen Fällen rechts (z.B. isolierend – verbindend).
- Abfrage demographischer Daten von den befragten Nutzern.

Vorgehensweise zur Nutzung des AttrakDiff-2

Im Folgenden werden die Arbeitsschritte zum AttrakDiff-2-Einsatz beschrieben.

Auswahl der Projektart

AttrakDiff-2 wird im Zusammenhang mit formativen Evaluationen, beispielsweise im Rahmen von Usability Tests oder summativen Untersuchungen, z.B. zum Produktvergleich, eingesetzt. Aus den bisherigen Anwendungserfahrungen mit den AttrakDiff-Instrumenten haben sich besonders häufig verwendete Projektarten bzw. Untersuchungstypen ergeben, die im Folgenden beschrieben werden.

- Einzelanwendung: Ein Produkt wird einmalig – nach einer bestimmten Nutzungserfahrung – mit dem AttrakDiff-2 von einer Gruppe von Nutzern bewertet. Hier gilt die Faustregel, dass eine Ausprägung von größer 1 (auf einer Skala von –3 bis +3) als ein Indikator dafür gilt, dass das Produkt auf im Hinblick auf die entsprechende Qualität als überdurchschnittlich wahrgenommen wird. Ob dies gewünscht bzw. wichtig ist, hängt von den Prioritäten der Produkthersteller ab. Man kann durchaus der Meinung sein, dass ein Produkt nicht unbedingt als überdurchschnittlich hedonisch oder sogar pragmatisch wahrgenommen werden muss. Allerdings sollte eine nachvollziehbare Begründung für eine solche Entscheidung vorliegen. Auf jeden Fall sollten Änderungen vorgenommen werden, sobald eine Bewertung negativ bzw. unter –1 fällt, denn dann wird das Produkt als unterdurchschnittlich wahrgenommen, und das wird sich kein Produkthersteller ernsthaft wünschen.
- Vergleich, vorher – nachher: Ein Produkt wird zweimal bewertet, z.B. eine Website vor und nach einem Relaunch. Dies kann durch die gleichen Nutzer oder durch unterschiedliche Nutzer vorgenommen werden. Hier kann zu der „absoluten" Güte (siehe Punkt 1) auch noch eine relative Verbesserung oder Verschlechterung registriert werden.
- Vergleich von Produkt A und Produkt B: Ein typischer Anwendungsfall ist, dass ein Produkthersteller sein Produkt und das der Mitbewerber untersuchen lässt. Es soll dabei festgestellt werden, wie das eigene Produkt im Vergleich zu einem Mitbewerberprodukt wahrgenommen wird. Ebenso ist der Vergleich verschiedener Gestaltungsvarianten ein und desselben Produkts möglich. Dieser Vergleich kann sowohl mit den gleichen, als auch mit unterschiedlichen Nutzern durchgeführt werden.
- Branchenbaseline: Eine häufige und brennende Frage ist, wie ein Produkt verglichen mit dem Branchendurchschnitt bewertet wird. Es wird dazu eine Datenbank aufgebaut, in der die Ergebnisse der Untersuchungen anonymisiert gespeichert werden. Das macht es möglich, ein Produkt an der in einer bestimmten Branche üblichen Ausprägungen zu messen.

Projektdefinition

Nachdem die Projektart ausgewählt wurde, wird nun der Projektleiter durch die Definition des Projektes geführt. Hier werden Empfehlungen zur Festlegung einzelner Projektparameter gegeben. Folgende Punkte werden abgefragt:

- Anzahl von Nutzern: Es muss angegeben werden wie viele Nutzer den Fragebogen ausfüllen sollen.
- Laufzeit der Studie: Hier kann angegeben werden, für welchen Zeitraum der Fragebogen für ein bestimmtes Projekt von den Nutzern abgerufen werden kann.
- Anpassung der Begrüßungsseite: Für einen Standardtext kann hier ein Produktname, der Firmenname oder Institutsname der durchführenden Organisation, Titel der Studie sowie Name und Kontaktdaten des Projektleiters eingegeben werden.

- Konfiguration der Abfrage demographischer Daten: In der Grundversion werden die Basisdaten Alter, Geschlecht, Ausbildung, ausgeübter Beruf, Benutzeridentifikation und Erfahrung mit dem zu beurteilenden Produkt abgefragt. Der Projektleiter hat die Möglichkeit, Antwortstufen zu konfigurieren.
- Festlegung zusätzlicher Fragen: Bei der Erhebung der demographischen Daten kann der jeweilige Projektleiter zwei weitere Fragen konfigurieren.
- Corporate Design: Die Fragebögen können an das Corporate Design des durchführenden Unternehmens angepasst werden indem ein Logo in die Untersuchungsseiten eingefügt werden kann.
- Angabe des Produktnamens und der jeweiligen Branche.
- Angaben zum Projektleiter.

Die Projektdefinition kann jederzeit unterbrochen und wieder neu aufgenommen werden. Ferner können Änderungen bereits festgelegter Projektparameter vorgenommen werden.

Freischaltung und Durchführung der Studie

Ist die Studie definiert, so kann die Datenerhebung beginnen. Jeder der ausgewählten Nutzer bekommt einen Link mit einer eindeutigen ID zu seinem Fragebogen per E-Mail zugesandt. Dieser kann dann einmal ausgefüllt werden. So wird verhindert, dass ein und dieselbe Person mehrfach Bögen ausfüllt. Der Projektleiter kann während des Datenerhebungszeitraums die Zwischenergebnisse abrufen und den Fortschritt der Studie verfolgen.

Auswertung und Endergebnis

Die Auswertung der Fragebögen eines Projektes nach Ende der Befragung läuft automatisch ab. Auf der Website erhält der Projektleiter die folgenden Inhalte:

- Projektprofil: Zusammenfassung der Projektparameter (z.B. die Anzahl und demographische Beschreibung der befragten Nutzer).
- Profil der Adjektivpaare: Darstellung der mittleren Ausprägungen aller 28 Adjektivpaare sortiert nach den Komponenten pragmatische Qualität (PQ), hedonische Qualität Stimulation (HQ-S), hedonische Qualität Identität (HQ-I), sowie die Attraktivität (ATT). Zusätzlich wird ein entsprechendes Profil der Standardabweichungen für jedes Adjektivpaar angeboten, so dass deutlich wird bei welchen Adjektivpaaren die Nutzer besonders homogen und bei welchen sie besonders heterogen geantwortet haben.
- Komponentenprofil: Mittlere Ausprägungen der Komponenten pragmatische Qualität (PQ), hedonische Qualität Stimulation (HQ-S), hedonische Qualität Identität (HQ-I), hedonische Qualität gesamt (HQ) sowie die Attraktivität (ATT) in Form eines Diagramms. Wie beim Profil der Adjektivpaare werden die Standardabweichungen für die genannten Komponenten angeboten.
- Vergleiche: Je nach gewähltem Projekttyp werden die Vergleiche vorher mit nachher, Alternative A mit Alternative B oder Produkt mit Branchenbaseline dargestellt.
- Portfolio: Portfolio-Darstellung der PQ- und HQ-Ausprägung des Produktes zur Bestimmung des Produktcharakters hinsichtlich der Komponenten PQ und HQ.
- Interpretationshilfen: Automatisch generierte Interpretationen und Erläuterungen zu den Profilen der Adjektivpaare und Komponentenprofilen sowie zur Portfoliodarstellung sollen zusätzlich Unterstützung bei der Interpretation der Daten bieten.

Die Portfolie-Darstellung erleichtert auf einfache Weise die Zuordnung des untersuchten Produktes bzw. der untersuchten Produkte zu den sich aus der Kombination von PQ und HQ ergebenden Produktcharakteren (vgl. Tabelle 2).

Produktcharakter	Ausprägungen von HQ und PQ	Erläuterung
überflüssig	PQ und HQ niedrig (kleiner -1)	Dieses Produkt muss dringend überarbeitet werden, da es weder pragmatische noch hedonische Qualität aufweist. Empfehlung: handeln
zu handlungs- orientiert	PQ hoch (größer 1), HQ niedrig (kleiner -1)	Das Produkt dient den Ansprüchen der Aufgabenerfüllung, aber wahrscheinlich auf Kosten der hedonischen Qualität. Es hat ein geringes Potential den Nutzer anzuregen und neugierig zu machen und bietet wenig Möglichkeit der Identifikation. Empfehlung: handeln
neutral	PQ und HQ mittel (zwischen -1 und +1)	Produkt ist bei Komponenten durchschnittlich. Empfehlung: Gestaltungsziel strategisch überdenken
handlungsorientiert	PQ hoch (größer 1), HQ mittel (zwischen -1 und +1)	Dieses Produkt ist ein echtes Werkzeug, das die jeweiligen Nutzer bei der Aufgabenerfüllung unterstützt. Empfehlung: Gestaltungsziel überprüfen
zu selbstorientiert	HQ hoch (größer 1), PQ niedrig (kleiner -1)	Der Nutzer wird von diesem Produkt vielleicht fasziniert und stimuliert, und sie oder er wird stolz sein, es zu besitzen. Dies geschieht aber offensichtlich auf Kosten der pragmatischen Qualität. Ziele können nicht oder nur mit hohem Aufwand erreicht werden. Empfehlung: handeln
selbstorientiert	PQ mittel (zwischen -1 und +1), HQ hoch (größer 1)	Dieses Produkt fasziniert, stimuliert, macht neugierig und bietet in durchschnittlichem Maße Unterstützung bei der Zielerreichung. Empfehlung: Gestaltungsziel überprüfen
begehrt	PQ und HQ hoch (größer 1),	Die optimale Lösung. In jeder Hinsicht überdurchschnittlich. Dies kann für viele Produkte sehr interessant sein, da die Nutzer optimal unterstützt und gleichzeitig angeregt werden. Das Produkt bietet ferner die Möglichkeit, sich damit zu identifizieren. Empfehlung: feiern ☺

Tabelle 2: Produktcharaktere, die sich aus der Kombinationen von pragmatischer Qualität (PQ) und hedonischer Qualität (HQ) ergeben.

Abbildung 2 zeigt Beispiele für Portfolio-Darstellungen einer Einzeluntersuchung (a) und einer Vergleichsuntersuchung (b). Für das Portfolio wird die mittlere Ausprägung der Bewertungen für HQ (als Mittelwert aus Stimulation und Identität) und PQ berechnet und als Punkt in das Portfolio eingetragen.

Des Weiteren werden für beide Qualitäten die Konfidenzintervalle berechnet. Diese geben folgendes an: Würde die fragliche Untersuchung noch einmal unter gleichen Voraussetzungen durchgeführt werden, so würde der Mittelwert der jeweiligen Qualität mit 95%-tiger Wahrscheinlichkeit in den Wertebereich des Konfidenzintervalls fallen. Trägt man die Konfidenzintervalle von PQ und HQ ab, so ergibt sich ein „Konfidenzrechteck" in dessen Mitte der Punkt mittlere Ausprägung von HQ und PQ zu finden ist.

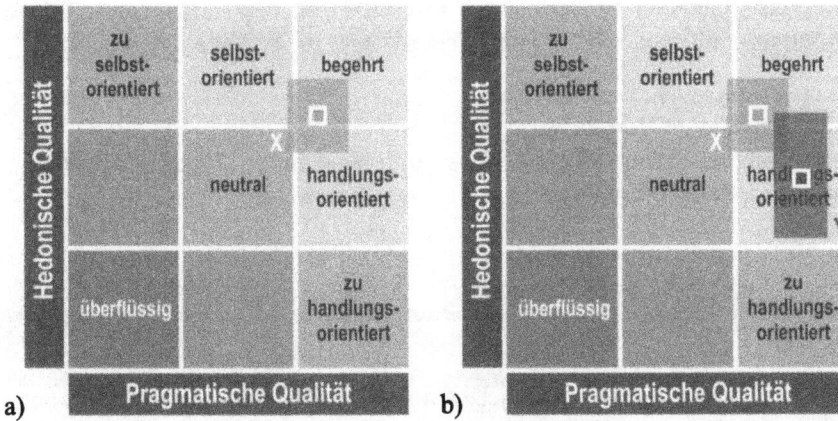

Abb. 2: Portfoliodarstellung für eine Einzeluntersuchung (a) und für den Vergleich zweier Produkte (b).

Die Interpretation ist relativ einfach. Der Punkt mittlerer Ausprägung von HQ und PQ gibt an, welchen Charakter das Produkt aufweist. Produkt x aus Abbildung 2a hat einen „begehrten Charakter". Es ist gleichzeitig überdurchschnittlich hedonisch und pragmatisch. Allerdings ist dies noch nicht statistisch signifikant, da die Grenze 1 noch innerhalb des Konfidenzintervalls liegt. Was bedeutet das? Obwohl die Messwerte wie gewünscht sind kann man nur mit einer Sicherheit von weniger als 95% davon ausgehen, dass das Produkt den gewünschten Charakter hat. Durch das Anpassen des Konfidenzintervalls kann die Sicherheit mit der man ein Urteil fällt angegeben werden. Für einen wissenschaftlichen Kontext ist eine Sicherheit von 95% notwendig, in einem industriellen Kontext sind auch schon Sicherheiten von 80% akzeptabel.

Produkt y in Abbildung 2b dagegen hat einen handlungsorientierten Charakter (vgl. Tabelle 2). Aus der Größe des jeweiligen Konfidenzintervalls kann geschlossen werden, wie „einig" sich die Nutzer bezüglich der jeweiligen Qualität waren. Abbildung 2b zeigt das Konfidenzrechteck des Produktes y. Das Konfidenzintervall von PQ ist relativ klein, d.h. die Nutzer beurteilen die pragmatische Qualität von Produkt y sehr ähnlich. Anders sieht es bei HQ von Produkt y aus (relativ großes Konfidenzintervall) – die hedonische Qualität wurde von den befragten Nutzern unterschiedlich eingeschätzt. Vergleicht man Produkt y mit Produkt x wird deutlich, dass Produkt x etwas weniger pragmatische und mehr hedonische Qualität als Produkt y aufweist. Zudem sind bei Produkt x die Konfidenzintervalle bei beiden Qualitäten ähnlich. In ein Konfidenzintervall fließt die Menge der untersuchten Personen ein.

4.3.5   Ausblick

Seit Herbst 2003 steht der AttrakDiff-2 zur freien Nutzung zur Verfügung auf der Website http://www.attrakdiff.de zur Verfügung. Neben den kostenlosen Basisdiensten werden zukünftig auch weitergehende Premiumservices angeboten. So lässt sich der Fragebogen bzw. die Untersuchungskonfiguration an bestimmte Fragestellungen oder nicht standardisierte Untersuchungsdesigns umfangreicher anpassen. Ferner gehört zu den Premiumservices:

- Spezielle Auswertungen und Detailanalysen;
- Erarbeitung von ReDesign-Vorschlägen;
- Ergebnisworkshops zur Erläuterung und intensiven Diskussion der Ergebnisse sowie zur Erarbeitung von Gestaltungslösungen und Projektvorgehensweisen.

Der AttrakDiff-2-Fragebogen soll mit der Anwendungserfahrung weiter optimiert werden. Zudem wird es weitere Forschungsarbeiten zur Präzisierung und Komplettierung des Arbeitsmodells geben.

Zu den geplanten Weiterentwicklungen des jetzigen AttrakDiff-2-Fragebogens gehört auch die Erstellung einer geprüften englischen Version des Fragebogens. Mit der Zeit wird es auch weitere Projektarten, wie z.B. die kontinuierliche Evaluation einer Website, und weitere automatische Auswertungs- und Interpretationsroutinen geben.

4.3.6   Literatur

Brave, S.; Nass, C.: Emotion in Human-Computer Interaction. In Jacko, J.A.; Sears, A. (Eds.): The Human-Computer Interaction Handbook, Seite 81–96. Mahwah: L.E.A., 2002.

Burmester, M.: Ist das wirklich gut? Bedeutung der Evaluation für die benutzerzentrierten Gestaltung. In Machate, J.; Burmester, M. (Hrsg.), User Interface Tuning – Benutzungsschnittstellen menschlich gestalten, Seite 97–119. Frankfurt: Software und Support, 2003.

Burmester, M.; Hassenzahl, M.; Koller, F.: Usability ist nicht alles – Wege zu attraktiven interaktiven Produkten. I-Com, 1 (1), Seite 32–40, 2003.

Burmester, M.; Platz, A.; Rudolph, U.; Wild, B.: Aesthetic Design – Just an add-on? In: Bullinger, H.-J.; Ziegler, J. (Eds.), Human Computer Interaction, Ergonomics and User Interfaces. Vol. 1, Mahwah, New Jersey: Lawrence Erlbaum, Seite 671–675, 1999.

Carroll, J.M.; Thomas, J.C.: Fun. SIGCHI Bulletin 19(3), Seite 21–24, 1988.

DIN EN ISO 9241-11: Ergonomische Anforderungen für Bürotätigkeiten mit Bildschirmgeräten – Teil 11: Anforderungen an die Gebrauchstauglichkeit; Leitsätze (ISO 9241-11:1998). Berlin: Beuth, 1998.

Gaver, W.W.; Martin, H.: Alternatives. Exploring Information Appliances through Conceptual Design Proposals. Proceedings of the CHI 2000 Conference on Human Factors in Computing, Seite 209–216, 2000.

Hassenzahl, M.: The effect of perceived hedonic quality on product appealingness. International Journal of Human-Computer Interaction, 13, Seite 479–497, 2002.

Hassenzahl, M.: The thing and I: Understanding the relationship between user and product. In: Blythe, M.; Overbeeke, C.; Monk, A.F.; Wright, P.C. (Eds.). Funology: From Usability to Enjoyment. Kluwer Academic Publishers, 2003.

Hassenzahl, M.; Burmester, M.; Koller, F.: AttrakDiff: Ein Fragebogen zur Messung wahrgenommener hedonischer und pragmatischer Qualität. In: Tagungsband der Mensch & Computer, 07.–10.09.2003 in Stuttgart.

Hassenzahl, M.; Kekez, R.; Burmester, M.: The importance of a software's pragmatic quality depends on usage modes. In Luczak, H.; Cakir, A.E.; Cakir, G. (Eds.): Proceedings of the 6th international conference on Work with Display Units, WWDU 2002, Seite 275–276. Berlin: ERGONOMIC Institut für Arbeits- und Sozialforschung, 2002.

Hassenzahl, M.; Platz, A.; Burmester, M.; Lehner, K.: Hedonic and Ergonomic Quality Aspects Determine a Software's Appeal. In: Proceedings of the CHI 2000 Conference on Human Factors in Computing, Seite 201–208. New York: ACM, Addison-Wesley, 2000.

Hofmeester, G.H.; Kemp, J.A.M.; Blankendaal, A.C.M.: Sensuality in product design: a structured system approach, Seite 428–435. Conference on Human Factors and Computing Systems. Conference proceedings on Human factors in computing systems. New York: ACM Press, 1996.

Igbaria, M.; Schiffman, S.J.; Wieckowski, T.J.: The respective roles of perceived usefulness and perceived fun in the acceptance of microcomputer technology. Behaviour & Information Technology, 13(6), 349–361, 1994.

Karat, J.: Beyond task completion: evaluation of affective components of use. In Jacko, J.A.; Sears, A. (Eds.), The Human-Computer Interaction Handbook, Seite 1152–1164, Mahwah: L.E.A, 2002.

Kunze, E.-N.: How to get rid of boredom in waiting-time-gaps of terminal-systems. In Helander, M.G.; Khalid, H.M.; Ming Po, T. (Eds.): Proceedings of the International Conference on Affective Human Factors Design. London: Asian Academic Press, 2001.

Logan, R.J.: Behavioral and emotional usability: Thomson Consumer Electronics. In: Usability in Practice. (Wiklund, M. Ed.) Cambridge, MA: Academic Press, 1994.

Norman; D.A.: Emotion & Design – Attractive Things work better. Interactions, 4, Seite 36–42, 2002.

Ortony, A.; Clore, G.L.; Collins, A.: The cognitive structure of emotions. Cambridge, MA: Cambridge University Press, 1988.

Prentice, D.A.: Psychological correspondence of possessions, attitudes, and values. Journal of Personality and Social Psychology, 53, Seite 993–1003, 1987.

Ramsay, J.: A Factor Analysis of User Cognition and Emotion. In: CHI97 Proceedings, Seite 546–547. 22–27 March, 1997. Atlanta: ACM.

4.4 WebSCORE – Konzeption, Design und Evaluation von Webapplikationen

Frank Heidmann, Matthias Peissner

4.4.1 Ausgangssituation

Weniger als 15 Jahre nach dem Start des ersten Webbrowsers am CERN (1990) ist das World Wide Web für die Mehrzahl der Computernutzer die zentrale Basis ihrer IT-Aktivitäten (vgl. Berners-Lee 2000). Ob Online-Shopping als individuelle Business-to-consumer (B2C) Variante des E-Commerce, E-Government als zukünftige Form der Kommunikation zwischen Bürger und Verwaltung oder Enterprise-Portale als zentrale Einstiegs-seiten zu personalisierten Inhalten und Prozessen für die Mitarbeiter eines Unternehmen – so genannte web-basierte Applikationen stellen einen immer größeren Anteil der im Einsatz befindlichen Software-Anwendungen. Und die Entwicklung geht weiter: Web-basierte Of-fice-Applikationen stehen ebenso zur Nutzung bereit, wie virtuelle Kooperationswerkzeuge via WWW. Webanwendungen werden mehr und mehr im mobilen Kontext genutzt; sie sind auf Langstreckenflügen verfügbar und über WLAN Hotspots zunehmend auch im öffentli-chen Raum. Parallel zur Ausdehnung der Anwendungen steigt die Anzahl der „Onliner". In Abhängigkeit der jeweiligen Studie waren 2005 55 Prozent der Deutschen online (Knippel-meyer 2006), bzw. verfügten 64 Prozent aller deutschen Erwachsenen über einen Zugang zum Internet (Forschungsgruppe Wahlen e.V. 2006). Das World Wide Web kann damit auf eine einzigartige Erfolgsgeschichte zurückblicken, deren Ende nicht absehbar ist. Im Gegen-teil: Unter dem Schlagwort Web 2.0 wird die Weiterentwicklung des WWW thematisiert (vgl. Abbildung 1). Eine stärkere Partizipation der Benutzer, mehr Semantik in der Informa-tionsspeicherung und Informationssuche sowie eine konsequente Adressierung hoher Usabi-lity Standards bilden dabei die Leitlinien dieser Entwicklung (vgl. O'Reilly 2005).

Der folgende Beitrag stellt die Frage nach geeigneten Methoden und Verfahren zur Kon-zeption und Evaluation nutzerfreundlicher Webapplikationen in den Mittelpunkt. Die vielfäl-tigen Möglichkeiten und Anwendungen des WWW bringen permanent neue Herausforde-rungen für die Gestaltung der Mensch-Computer-Interaktion. Web-basierte Applikationen sind dabei durch eine Vielzahl von Charakteristika gekennzeichnet, in deren Folge neue Konzeptions- und Evaluationsansätze erforderlich sind. Besondere Eigenschaften bei Web-applikationen sind unter anderem die Einbeziehung breiter anonymer Nutzergruppen, große, häufig unstrukturierte Inhaltsmengen sowie der Einsatz unterschiedlichster, auch mobiler Endgeräte.

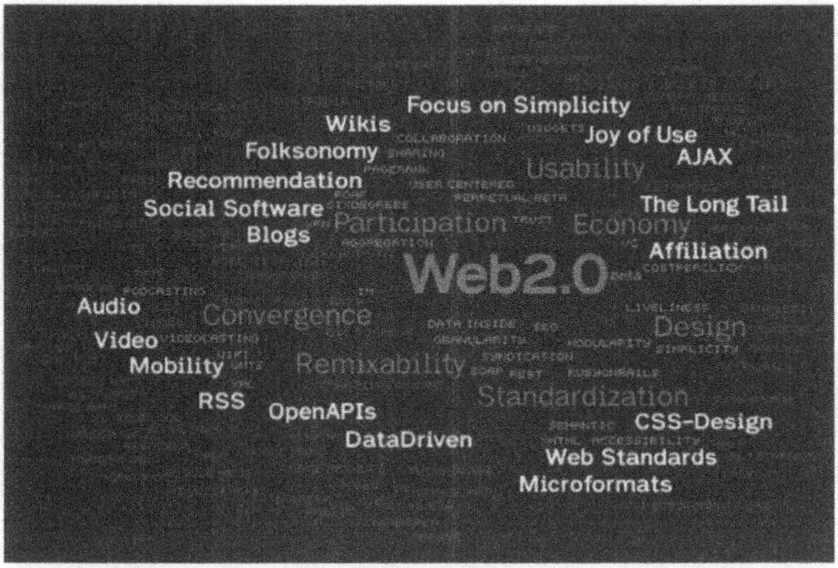

Abb. 1: Web2.0 Mindmap - Netz2.0 Gedankenkarte (Angermeier 2006)

4.4.2 State of the Art

Entsprechend der Bedeutung des WWW existiert eine Vielzahl unterschiedlicher Verfahren zur Konzeption und Bewertung web-basierter Applikationen. Das zum Einsatz kommende Methodenspektrum umfasst die eingeführten Methoden des User-Centred Design, Verfahren aus der Marktforschung zur Erhebung von Massendaten, sowie neue, webspezifische Methoden wie Click-Stream Analysen und Werkzeuge zur automatisierten Online-Befragung (z.B. El Jerroudi et al. 2005). Insgesamt ist in den letzten Jahren eine umfangreiche Wissensbasis rund um das Thema „Web Usability" entstanden. Zahlreiche Monographien beschreiben den Entwicklungszyklus von Webapplikationen aus der Perspektive des User-Centred Design (z.B. Brinck et al. 2002, Donnelly 2000, Garrett 2002, Lazar 2005, Nielsen 1999). Andere Autoren wie Johnson (2002, 2003) dokumentieren in Form von Guidelines sowie Positiv- und Negativbeispielen, wie eine hohe Usability von Webapplikationen erzielt werden kann. Darüber hinaus werden spezielle Anforderungen ausgewählter Nutzergruppen an Webappli- kationen thematisiert. So geht Morrell (2003) auf die besonderen Bedürfnisse älterer Web- nutzer und deren spezifisches Interesse an Gesundheitsinformationen im Web ein. Travis (2003) befasst sich mit der Gestaltung von benutzerfreundlichen E-Commerce-Applika- tionen. Ergänzt werden diese Monographien durch eine Vielzahl von Guideline-Sammlungen im Web. Diese werden entweder von Firmen (z.B. IBM Web Design Guidelines, SAP HTMLB Guidelines; SAP 2003) oder Institutionen (z.B. National Cancer Institute: Koyani et al. 2004) veröffentlicht und thematisieren Webapplikationen im Allgemeinen oder spezifi- sche Web-Genres (z.B. Intranet Design Guidelines). Schließlich werden auf Ebene der inter- nationalen Standardisierung Normen zum Themenkomplex Web Usability erarbeitet (z.B. ISO/CD 9241-151).

Zusammengefasst ist parallel zur technologischen Entwicklung des WWW eine kontinuierliche Verfeinerung und Professionalisierung der nutzerzentrierten Web-Gestaltung und des Web Usability Methodeninventars zu beobachten. Dem gegenüber steht die enorme Anzahl von täglich neu frei geschalteten bzw. überarbeitenden Websites, die einer systematischen Anwendung von State of the Art Web Usability Guidelines entgegenstehen: Unterschiedliche Kenntnisniveaus der Webentwickler und Webdesigner, heterogene Technologieplattformen, finanzielle Limitationen etc. sind die wesentlichen Gründe dafür, dass auch im Jahr 2005 eine Vielzahl von Webapplikationen nur über eine unzureichende Usability verfügen (vgl. Abbildung 2).

Top Ten 1996	Top Ten 2002	Top Ten 2003	Top Ten 2005
Using Frames	No Prices	Unclear Statement of Purpose	Legibility Problems
Gratuitous Use of Bleeding-Edge Technology	Inflexible Search Engines	New URLs for Archived Content	Non-Standard Links
Scrolling Text, Marquees, and Constantly Running Animations	Horizontal Scrolling	Undated Content	Flash
Complex URLs	Fixed Font Size	Small Thumbnail Images of Big, Detailed Photos	Content That's Not Written for the Web
Orphan Pages	Blocks of Text	Overly detailed ALT Text	Bad Search
Long Scrolling Pages	JavaScript in Links	No „What-If" Support	Browser Incompatibility
Lack of Navigation Support	Infrequently Asked Questions in FAQ	Long Lists that Can't Be Winnowed by Attributes	Cumbersome Forms
Non-Standard Link Colors	Collecting Email Addresses Without a Privacy Policy	Products Sorted Only by Brand	No Contact Information or Other Company Info
Outdated Information	URL > 75 Characters	Overly Restrictive Form Entry	Frozen Layouts with Fixed Page Widths
Overly Long Download Times	Mailto Links in Unexpected Locations	Pages That Link to Themselves	Inadequate Photo Enlargement

Abb. 2: Jakob Nielsens „Top Ten Web Design Mistakes" der Jahre 1996, 2002, 2003 und 2005 im Vergleich (Nielson 1996-2006)

4.4.3   WebSCORE – ein umfassendes Modell für Qualität im Web

Mit WebSCORE wurde ein Referenzmodell für die Konzeption, Gestaltung und Evaluation von Webapplikationen geschaffen. Ziel des Modells ist es, die bestehenden Ansätze des klassischen Usability Engineering zu ergänzen und in eine umfassende Betrachtungsweise der Qualität von Webapplikationen zu integrieren. So werden neben den Aspekten, die den Benutzern eine effektive, effiziente und zufrieden stellende Zielerreichung (vgl. ISO 9241-11, 1998) ermöglichen, insbesondere die Faktoren berücksichtigt, die darüber hinaus einen wesentlichen Beitrag zum Gesamterfolg einer Webapplikation leisten. Dazu gehören zum

Beispiel die strategische Ausrichtung und die Vertrauenswürdigkeit des Webangebots, die Passung an kulturelle, sozio-ökonomische und technische Rahmenbedingungen der Nutzung, sowie eine angemessene Unterstützung der Ziele des Betreibers.

4.4.4 Das WebSCORE Referenzmodell

Das WebSCORE Referenzmodell umfasst eine Designdomäne und eine Evaluationsdomäne (vgl. Abbildung 3). In der Designdomäne sind alle Bereiche zusammengefasst, die bei der Konzeption einer Webapplikation bedacht und gestaltet werden müssen: „Strategie", „Content und Funktionalität", „Navigation und Interaktion" und „Mediendesign und Präsentation". Diese Bereiche dienen ebenso zur Grobgliederung einer nach WebSCORE durchgeführten Evaluation. In der Evaluationsdomäne finden sich hingegen die Rahmenbedingungen der zu entwickelnden Webapplikation: Die Aufgaben und Ziele, die die Nutzer und Betreiber mit der Website verbinden, wesentliche Nutzereigenschaften, sozioökonomische Faktoren und technische Rahmenbedingungen. Diese Faktoren können im Entwicklungsprozess einer Webapplikation nicht direkt beeinflusst werden. Eine möglichst genaue Kenntnis ihrer jeweiligen Ausprägungen und eine entsprechende Ausrichtung der Designdomäne ist jedoch Voraussetzung einer erfolgreichen Webentwicklung. Die Bezeichnung „Evaluationsdomäne" kommt von der Annahme, dass eine valide Bewertung der Designdomäne nur vor dem Hintergrund der jeweiligen Ausprägungen in der Evaluationsdomäne möglich ist. WebSCORE bewertet ein konkretes Webdesign stets im Sinne der Angemessenheit für die jeweiligen Ziele, Nutzergruppen und sonstigen Kontextbedingungen. Damit verfolgt WebSCORE einen in hohem Maße kontextspezifischen Ansatz, der es erlaubt, verschiedene Websites auch über Genregrenzen hinweg bezüglich ihrer Angemessenheit für das jeweilige Umfeld zu vergleichen.

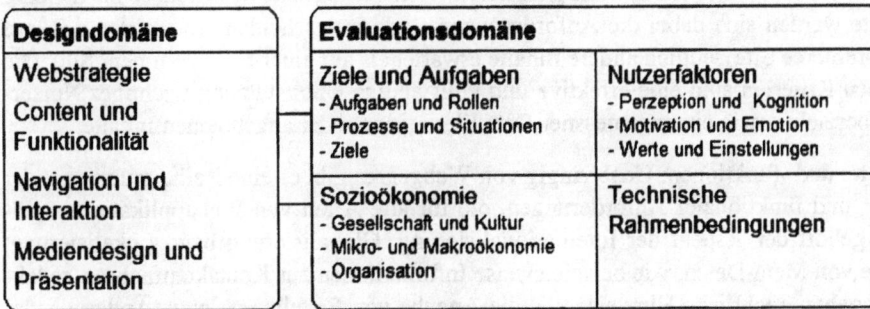

Designdomäne	Evaluationsdomäne	
Webstrategie	**Ziele und Aufgaben** - Aufgaben und Rollen - Prozesse und Situationen - Ziele	**Nutzerfaktoren** - Perzeption und Kognition - Motivation und Emotion - Werte und Einstellungen
Content und Funktionalität		
Navigation und Interaktion	**Sozioökonomie** - Gesellschaft und Kultur - Mikro- und Makroökonomie - Organisation	**Technische Rahmenbedingungen**
Mediendesign und Präsentation		

Abb. 3: Das WebSCORE Referenzmodell

Im Folgenden werden die einzelnen Gestaltungsbereiche der Designdomäne beschrieben.

Webstrategie

Die zentrale Fragestellung bei der Entwicklung einer Webstrategie lautet: „Wie können die übergeordneten Ziele des Betreibers durch die Website am besten unterstützt werden?".

Dazu zählen Überlegungen einer geeigneten Einordnung der Website in ein Gesamtkonzept der Kommunikations- und Transaktionsprozesse zwischen Unternehmen und Kunde bzw. Betreiber und Nutzer. So kann zum Beispiel ein Versicherungsunternehmen mit seiner Website in erster Linie das Ziel der Kundeninformation und der Anbahnung eines persönlichen Beratungsgesprächs zwischen dem potenziellem Kunden und einem lokalen Vertreter verfolgen, während ein anderes Versicherungsunternehmen ganz klar den Online-Verkauf von Policen in den Vordergrund stellt und eine persönliche Beratung möglicherweise nur telefonisch unter einer Hotline-Nummer anbietet. In engem Zusammenhang damit steht eine klare Definition und Priorisierung der wesentlichen Ziele der Website, wie zum Beispiel ökonomische Ziele, PR-Ziele, Ziele der Organisationsentwicklung, etc. Ebenso müssen die Hauptkonkurrenten, die wichtigsten zu unterstützenden Benutzerziele und Zielgruppen identifiziert und bewertet werden. Gemäß ihrer relativen Wichtigkeit wird eine Kommunikationsstrategie erarbeitet, die zum Beispiel Konzepte zur Schaffung von Kundenvertrauen beinhaltet, eine profitable Marktpositionierung gegenüber den Wettbewerbern und grundlegende Überlegungen zu konkreten Formulierungen und zur Entwicklung einer „Bildsprache".

Content und Funktionalität

Auf Grundlage der webstrategischen Überlegungen wird nun das Inhaltsangebot der Website geklärt. In dem Gestaltungsbereich „Content und Funktionalität" geht es lediglich um das bloße Angebot. Die Erreichbarkeit und Strukturierung der Inhalte und Funktionen wird separat in einem der folgenden Gestaltungsbereiche behandelt („Navigation und Interaktion"). Ebenso deren Aufbereitung und Umsetzung („Mediendesign und Präsentation"). Zur besseren Unterstützung eines strukturierten Gestaltungs- und Evaluationsprozesses wird „Content und Funktionalität" in weitere Unterbereiche gegliedert:

Genre-spezifische Inhalte und Funktionen: In dieser Unterkategorie werden Inhalte und Funktionen betrachtet, die sich auf den primären Zweck der Website beziehen. Je nach Genre der Website werden sich dabei die Anforderungen stark unterscheiden. So werden z.B. auf einer E-Commerce Site deutlich andere Inhalte erwartet als auf einer E-Government Site. Die wesentlichen Kriterien sind eine effektive und vollständige Unterstützung wichtiger Nutzer- und Betreiberziele sowie ein angemessner Detaillierungsgrad der angebotenen Inhalte.

Grundinhalte und -funktionen: Unabhängig von Webgenres gibt es eine Reihe grundlegender inhaltlicher und funktionaler Anforderungen, die für alle Arten von Webapplikationen gelten. Dazu gehört der Aspekt der Internationalisierung, Globalisierung bzw. Lokalisierung, die Angabe von Meta-Daten, wie beispielsweise Informationen zur Kontaktaufnahme, redaktionelle Angaben, rechtliche Hinweise und die Angabe von Erstellungs- bzw. Änderungsdaten, und bei Bedarf das Angebot einer Benutzungshilfe, zum Beispiel in Form eines Glossars, einer FAQ-Sektion, eines Einkaufsführers oder eines Support-Bereichs. Darüber hinaus muss insbesondere für inhaltsintensive Seiten ein schnelles und qualitativ hochwertiges Ausdrucken ermöglicht werden. Schließlich zeichnen sich heute erfolgreiche Webangebote durch Merkmale aus, die unter dem Schlagwort „Web 2.0" zusammengefasst werden können (vgl. O'Reilly 2005). Ein wesentliches Prinzip ist dabei eine umfassende Benutzerbeteiligung. Dazu zählen unter anderem das Angebot eines Online-Feedback-Kanals, öffentliche Diskussionsforen, Newsletter und Mailinglisten, etc.

Mehrwert: Unter dieser Subkategorie werden diejenigen Inhalte und Funktionen zusammengefasst, die die oben genannten genrespezifischen und allgemeinen Anforderungen übertreffen und damit die Website eventuell von der Konkurrenz abzuheben vermögen. Mögliche Beispiele sind referenzierte Inhalte von externen Informationsquellen oder entsprechende Links, genre-fremde Inhalte, die einen attraktiven Mehrwert bieten und kostenlose Downloads bzw. Dienstleistungen, wie z.B. der kostenlose Virenscan für die Festplatte des Besuchers der Websites vieler Anti-Virus-Software-Hersteller.

Qualität: Schließlich ist die Qualität der angebotenen Inhalte und Funktionen ein entscheidendes Kriterium. Eine technisch einwandfreie und sichere Funktionsweise sowie der offenkundige bzw. durch vertrauenswürdige Referenzen nachgewiesene Wahrheitsgehalt sind wesentliche Voraussetzungen für die Glaubwürdigkeit einer Website. Darüber hinaus ist in vielen Fällen eine hohe Aktualität der dargestellten Inhalte unabdingbar. Ähnlich wichtig ist ein ausgewogenes Verhältnis unterschiedlicher Inhaltstypen wie z.B. Sachinformationen, Werbung und Marketing, Produktinformationen.

Navigation und Interaktion
Im Gestaltungsbereich „Navigation und Interaktion" geht es darum, das Angebot an Inhalten und Funktionen angemessen zu strukturieren und dem Benutzer über eine effektive Navigation und weitere interaktive Elemente zugänglich zu machen.

Der Begriff „Informationsarchitektur" wird in der Literatur recht uneinheitlich verwendet. Einige Autoren beziehen sich damit auf die „Inhaltsstruktur", die wir im Sinne einer ontologischen Beschreibung eines Informationsbestandes (vgl. Wissen 2006, Kapitel 4.2) verstehen. Andere setzen die „Informationsarchitektur" mit der „Navigationsstruktur" gleich, die in unserem Verständnis die Menge aller navigierbaren Orte einer Website sowie die möglichen Navigationspfade zwischen diesen Orten beschreibt. In der Subkategorie „Informationsarchitektur" des WebSCORE Modells geht es insbesondere um die Beziehung zwischen Inhaltsstruktur und Navigationsstruktur. Die Navigationsstruktur sollte eine geeignete Abbildung der Inhaltsstruktur darstellen, um ein möglichst leichtes Auffinden gesuchter Informationen zu ermöglichen. Das heißt, die Navigationsstruktur sollte nach inhaltlichen Ordnungsprinzipien organisiert sein, die für die Benutzer intuitiv oder zumindest nachvollziehbar sind. Dieser Grundsatz betrifft sowohl die Gestaltung der strukturellen Beziehungen als auch die Benennungen der einzelnen Navigationsorte und deren Oberbegriffe. Dabei ist zu beachten, dass sich die Inhaltsstrukturen unterschiedlicher Benutzer und Benutzergruppen aufgrund unterschiedlicher Erwartungen, Anforderungen und Zielstellungen oft gravierend unterscheiden können.

Content Structure   mapping   Navigation Structure

A   B   C   1   2   3

A1   A2   C1   1x   1y   3x   3y

B1   B2   B3

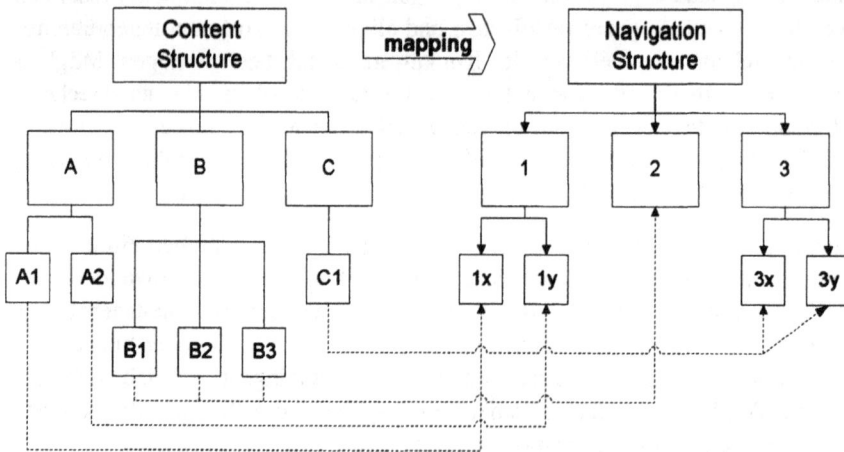

Abb. 4: Die Navigationsstruktur als Abbildung der Inhaltsstruktur (ISO 14915-2 2003)

Eine weitere Anforderung an die Gestaltung der Navigationsstruktur ist, dass typische Bedienabläufe und Nutzungsszenarien effizient durchlaufen werden können. So sollte zum Beispiel auf einer E-Commerce Site die Verlinkung zwischen Produktübersicht, konkreten Produktbeschreibungen, dazugehörigen Downloads, Preisinformationen sowie Einkauf- und Warenkorb-Funktionalität so gestaltet werden, dass der Benutzer zum jeweils nächsten „logischen" Schritt geführt wird und dennoch auch andere abweichende Bedürfnisse und Gewohnheiten komfortabel und ohne Umwege unterstützt werden.

Ein gutes „Navigationskonzept" macht dem Benutzer die Navigationsstruktur zugänglich und ermöglicht eine intuitive Orientierung und eine effektive Navigation. Dies betrifft sowohl die grafische Repräsentation der Navigation als auch das Angebot von grundlegenden Navigationsfunktionen.

Auf Seiten der grafischen Navigationsgestaltung ist es wichtig, dass ein einheitliches und übersichtliches Navigationslayout verwendet wird, bei dem eine konsistente inhaltliche und funktionale Organisation der Navigationsbereiche eingehalten wird. So kann zum Beispiel die erste Hierarchie der Navigationsstruktur in einer permanent verfügbaren horizontalen Navigationsleiste dargestellt werden, während sich die untergeordneten zweiten und dritten Hierarchieebenen in einem vertikal angeordneten Navigationsbereich am linken Bildschirmrand wieder finden und weiterführende Links der vierten Ebene bzw. Querverlinkungen in einer weiteren vertikalen Spalte im Inhaltsbereich präsentiert werden.

Besonderes Augenmerk sollte auf die Unterstützung der Orientierung gelegt werden. Durch entsprechende grafische Hervorhebungen in den Navigationsbereichen sollte der Benutzer stets auf einen Blick erkennen, wo er sich gerade befindet. Die Anzeige des vom Benutzer genommen Pfades in Form vom Breadcrumbs kann eine weitere Unterstützung bieten. Darüber hinaus sollten vor allem navigationsbezogene inhaltliche und strukturelle Beziehungen durch grafische Mittel wie Einrückung, Gruppierung und Absetzung transparent gemacht werden.

Schließlich ist das Angebot grundlegender Navigationsfunktionen ein wichtiges Kriterium. „Zurück", eine Verlinkung zur Startseite und eine effiziente Suche sollten permanent verfügbar sein und entsprechend den Benutzererwartungen und Konventionen positioniert werden. Bei umfangreicheren Websites bietet sich zudem das Angebot einer Sitemap an.

Neben Hyperlinks beinhalten sehr viele Websites weitere Bedienelemente wie Eingabefelder, Aktionsbuttons und Auswahlelemente. Um eine sichere Bedienung dieser Elemente zu gewährleisten, ist es wichtig, sie situationsgemäß einzusetzen und ihr Erscheinungsbild und Interaktionsverhalten an den Erwartungen der Benutzer auszurichten. In den meisten Fällen bedeutet dies eine strikte Orientierung an den gängigen Standards und Guidelines der Gestaltung klassischer GUIs (Graphical User Interfaces) wie sie vor allem von Microsoft (Microsoft 1999), Apple (Apple Computer Inc. 2005) und Sun (Sun Microsoft Inc. 2001) beschrieben werden. Webspezifische Fragestellungen, wie insbesondere das Design von Hyperlinks und das Management von Browserfenstern, sollten gemäß etablierter Konventionen adressiert werden (vgl. z.B. Koyani et al. 2004, Brinck et al. 2002).

Mediendesign und Präsentation
Der Gestaltungsbereich „Mediendesign und Präsentation" deckt die grafische Gestaltung und Präsentation der angebotenen Inhalte ab. Dies umfasst die sprachliche und grafische Gestaltung der textuellen Ausgaben, ein intuitives Grafikdesign samt Layoutgestaltung und den angemessenen Einsatz von verschiedenen Medien. Darüber hinaus finden auch ästhetische und emotionale Aspekte Berücksichtigung.

Texte auf Websites müssen leicht erfassbar sein und einen schnellen Überblick über die Inhalte des aktuellen Bildschirms unterstützen. Daraus ergeben sich vielfältige Anforderungen an die Textgestaltung. Eine den intendierten Benutzergruppen angemessene sprachliche Gestaltung sorgt für Verständlichkeit und Attraktivität der Texte. Außerdem ist die grafische Aufbereitung und Strukturierung der Texte ein wichtiger Aspekt für die Lesbarkeit und Übersichtlichkeit. Kurze und grafisch voneinander abgesetzte Textpassagen mit einer knappen, hervorgehobenen Überschrift ermöglichen ein schnelles Überfliegen der Inhalte (vgl. Kilian 1999). Schließlich werden grundlegende ergonomische Regeln bezüglich farblicher Text-Hintergrund-Kontraste, Schriftarten, Schriftgrößen und deren Skalierbarkeit berücksichtigt.

Eine wesentliche Anforderung der grafischen Informationsgestaltung ist die Berücksichtigung allgemeiner Prinzipien der menschlichen Wahrnehmung und Informationsverarbeitung. So bieten zum Beispiel die Gestaltgesetze (vgl. Katz 1969) wertvolle Anhaltspunkte für eine entsprechende Visualisierung inhaltlicher und struktureller Gegebenheiten. Insbesondere die Gesetze der Nähe, der Ähnlichkeit und der Geschlossenheit können herangezogen werden, um konkrete Handlungsanweisungen für die Gestaltung von grafischen Benutzungsoberflächen abzuleiten. Ein weiterer Aspekt der Intuitivität betrifft die Erwartungskonformität der grafischen Gestaltung, die in erster Linie auf den Erfahrungen basieren, die die Benutzer bei der Interaktion mit anderen Websites gesammelt haben. Schließlich ist eine einheitliche

Layoutgestaltung über die gesamte Website hinweg ein wichtiges Merkmal, um die Orientierung zu erleichtern und die Lernförderlichkeit der Website zu steigern.

Eine effektive Kommunikation der angebotenen Inhalte erfordert in vielen Fällen den Einsatz von Medien wie Fotos, Video, Audio und Animationen. Die Entscheidung für ein bestimmtes Medium sowie die konkrete Mediengestaltung muss dabei stets die zu kommunizierenden Inhalte und Botschaften, sowie die anvisierten Benutzergruppen und deren Ziele und Bedürfnisse berücksichtigen (vgl. ISO 14915-3 2002). Außerdem ist eine nahtlose Integration der verwendeten Medien in das Gesamtkonzept der Website sowie in typische Bedienabläufe und Nutzungsszenarien anzustreben.

Ästhetische und emotionale Aspekte – dieser zuletzt beschriebene Gestaltungsbereich bezieht sich auf die Gesamtwirkung der Website mit einer starken Betonung von emotionalen und anderen subjektiven Faktoren. Dabei werden unter anderem Fragestellungen der Farbgestaltung und des Kommunikationsstils adressiert. Außerdem geht es um Gestaltungsmerkmale, die für die Schaffung von Glaubwürdigkeit und Nutzervertrauen verantwortlich sind.

4.4.5   WebSCORE in der Anwendung

WebSCORE kann während des gesamten Lebenszyklus einer Webapplikation genutzt werden, um deren Qualität sicherzustellen und zu bewerten. In der Analysephase werden die Bereiche der Evaluationsdomäne herangezogen, um die Erfassung der wesentlichen Nutzungs- und Kontextfaktoren systematisch zu unterstützen und damit das Umfeld der zu entwickelnden Webapplikation umfassend abzustecken. Forschungsergebnisse und einschlägige Standards und Normen werden in der WebSCORE Designdomäne übersichtlich strukturiert und zusammengefasst. In Form von Checklisten, Guidelines und Design Patterns werden sie dem Gestaltungsprozess zugänglich gemacht und als Grundlage verschiedener Evaluationsmethoden in unterschiedlichen Entwicklungsstadien der Applikation verwendet. In allen Phasen bietet WebSCORE spezifische Verfahren und Methoden, um die auftretenden Fragen und Probleme angemessen zu adressieren. Die in der Literatur beschriebenen Methoden des Usability Engineering werden dafür entsprechend modifiziert und erweitert, um den besonderen Anforderungen webbasierter Applikationen Rechnung zu tragen. Darüber hinaus können vom WebSCORE Referenzmodell auch Anhaltspunkte für die Prozessgestaltung eines Webentwicklungsprojekts abgeleitet werden.

Phasenmodell
Nach wie vor gilt ISO 13407 (1999) als die wichtigste Referenz zur „Benutzerorientierten Gestaltung interaktiver Systeme". Die Norm behandelt grundlegende Prinzipien der benutzerzentrierten Gestaltung wie beispielsweise die Arbeit in einem multidisziplinären Projektteam und die iterative Optimierung auf der Grundlage benutzergestützter Evaluationen. Die Beschreibung des Entwicklungsprozesses bewegt sich dabei auf einer abstrakten Ebene und adressiert in erster Linie das Projekt- und Prozessmanagement. Damit ist sie allgemein anwendbar auf die Entwicklung verschiedenster „rechnergestützter interaktiver Systeme". Jedoch können auf diesem allgemeinen Niveau keine konkreten Hinweise für die inhaltliche

Ausgestaltung der einzelnen Prozessschritte gegeben werden. Hier kann WebSCORE eine sinnvolle inhaltliche Ergänzung für benutzerzentrierte Entwicklungsprozesse von Webapplikationen leisten. Durch eine konsequente Ausrichtung auf die spezifischen Anforderungen werden generelle Konzepte entsprechend ergänzt und konkretisiert. So findet sich im Web-SCORE Referenzmodell auch eine sequenzielle Ordnung der Evaluationsdomäne sowie der Gestaltungsbereiche der Designdomäne wieder (siehe Abbildung 5). Auf der Grundlage der Erfassung wesentlicher Aspekte der Evaluationsdomäne sieht WebSCORE eine sequenzielle Ausgestaltung der in der Designdomäne genannten Bereiche vor (unter „Gestaltung" in diesem Abschnitt findet sich eine nähere Beschreibung). Dabei ist diese Entwicklungssequenz nicht als starre Abfolge im Sinne eines Wasserfallmodells zu verstehen, sondern eher als grobes Ordnungsprinzip der Gestaltungsaktivitäten innerhalb einer Iteration einer benutzerzentrierten Entwicklung.

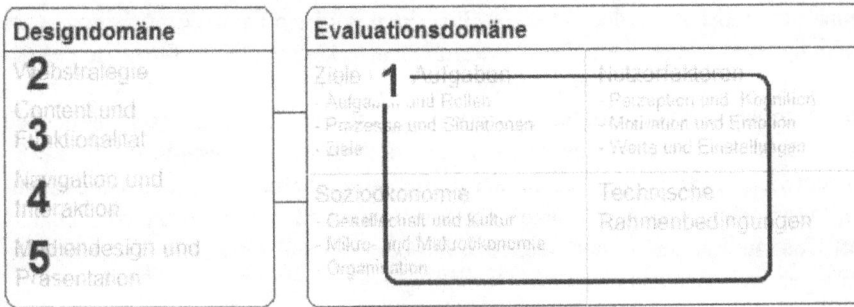

Abb. 5: WebSCORE als Phasenmodell

Analyse

Die WebSCORE Evaluationsdomäne (Punkt 1 in Abbildung 5) erweitert die in ISO 13407 vorgesehene Analyse und Spezifikation des Nutzungskontexts und der Nutzeranforderungen durch wesentliche Aspekte der Webnutzung. So finden beispielsweise zusätzlich auch kulturelle, ökonomische und soziale sowie emotionale Kontextfaktoren Berücksichtigung. Zur Unterstützung der praktischen Anwendung von WebSCORE in der Analysephase sind spezielle Instrumente entwickelt worden, die eine weit reichende Einbeziehung der wichtigsten Anspruchsgruppen wie Betreiber und Benutzer fördern. Dazu zählen Fragebögen und Leitfäden für Interviews und Beobachtungen zur systematischen Erhebung der mit der WebSCORE Evaluationsdomäne verbundenen Anforderungen.

Gestaltung

Das Entwerfen und Verfeinern von „Gestaltungslösungen" (vgl. ISO 13407 1999) wird durch die Designdomäne näher beschrieben und strukturiert. WebSCORE schlägt einen groben Ablauf für Gestaltungssequenzen vor (die Punkte 2 bis 5 in Abbildung 5). Nach der Klärung und Gewichtung der grundlegenden Ziele der Website und der Definition einer geeigneten Webstrategie (2), wird das Angebot an Inhalten und Funktionalitäten spezifiziert

(3). Um das Webangebot effizient und intuitiv zugänglich zu machen, bedarf es einer angemessenen Strukturierung und entsprechenden Interaktionsmechanismen, die sowohl den Erwartungen und Vorstellungen der verschiedenen Nutzergruppen entsprechen, als auch die wichtigsten Ziele und Aufgaben der Website angemessen unterstützen (4). Erst im letzten Schritt wird schließlich eine Darstellungsform für die Inhalte, die Interaktion und Navigation erarbeitet (5).

Im aktuell laufenden Forschungsprojekt WISE („Web Information and Software Engineering") werden Konzepte des WebSCORE Modells aufgegriffen und im Sinne einer ganzheitlichen Prozessunterstützung für den systematischen Aufbau webbasierter Anwendungen weiterentwickelt. Ziel ist es, Methoden und Technologien für die hocheffiziente Entwicklung komplexer, dynamischer Webapplikationen bereitzustellen.

Selbstverständlich können die hier sequenziell dargestellten Gestaltungsaktivitäten in gewissen Teilen auch parallelisiert werden. In vielen Projekten wird ein paralleles Arbeiten sogar notwendig sein, um knapp kalkulierte Zeitpläne einhalten zu können. Die aufgezeigte Gestaltungssequenz spiegelt jedoch inhaltliche Abhängigkeiten wieder. Eine systematische Vorgehensweise, die sachliche Abhängigkeiten berücksichtigt und das Projektmanagement danach ausrichtet, unterstützt eine erfolgreiche und ressourceneffiziente Webgestaltung. Zu häufig beginnen Webentwicklungen heute noch bei der grafischen Gestaltung einzelner Bildschirmansichten und allgemeiner Layout-Vorlagen für das Content Management System. Daraus resultieren oft Unstimmigkeiten in der Bedienbarkeit oder erhöhte Aufwände für nachträgliche Abstimmungen zwischen den einzelnen Gestaltungsbereichen.

Neben den prozessbezogenen Hinweisen bietet WebSCORE konkrete Anhaltspunkte und empirisch fundierte Richtlinien für die Webgestaltung. Auf der Grundlage umfassender Literatur- und Webrecherchen und einer Restrukturierung und Konsolidierung der gesichteten Materialien und eigener Forschungsergebnisse wurden Design Guidelines und Design Patterns für die einzelnen Gestaltungsbereiche des WebSCORE Modells zusammengeführt und in einer direkt im Entwicklungsprozess einsetzbaren Form aufbereitet.

Evaluation

Auch im Bereich der Evaluation wurde besonderer Wert darauf gelegt, mit WebSCORE den spezifischen Anforderungen von Webentwicklungen Rechnung zu tragen. Dies bedeutet einerseits die Erweiterung herkömmlicher Evaluationsmethoden, um neben den klassischen Ergonomieanforderungen wie Effektivität, Effizienz und Nutzerzufriedenheit bei der Aufgabenerledigung (vgl. ISO 9241-11 1998) weitere wesentliche Aspekte der Webnutzung wie beispielsweise Einstellungen und Emotionen erfassen zu können. So beinhaltet die WebSCORE Evaluationsmethodologie ein Semantisches Differenzial, das eigens entwickelt wurde, um die wesentlichen Erlebnisdimensionen bei der Wahrnehmung und Beurteilung einer Webapplikation durch den Benutzer zu messen. Das Differential besteht aus einer Anzahl siebenstufiger Schätzskalen mit gegensätzlichen Adjektivpaaren. Durch eine Faktorenanalyse konnten die ursprünglichen Eigenschaftspaare auf drei Grunddimensionen zurückgeführt werden, die mit den Begriffen „Attraktivität", „Ergonomie" und „Vertrauenswürdigkeit" charakterisiert werden können. Diese Faktoren konstituieren die vom Benutzer wahrgenommene Qualität einer Webapplikation. In Kombination mit den anderen Web-

SCORE-Methoden erlaubt das Differenzial unter Einbezug des subjektiven Erlebens eine umfassende Beurteilung der wesentlichen Qualitätskriterien einer Webapplikation.

Außerdem sind Webprojekte in vielen Fällen durch enormen Zeitdruck und ein geringes Budget gekennzeichnet. Dies führt oft dazu, dass auf einen systematischen Einsatz von Usability Engineering Methoden verzichtet wird (vgl. Peissner et al. 2002). Mit dem „WebSCORE Expert Screening" wurde ein Expertenverfahren entwickelt, das eine standardisierte und sehr ressourceneffiziente Begutachtung von Webapplikationen in allen Phasen des Lebenszyklus ermöglicht. Das WebSCORE Expert Screening ist nach der Designdomäne des WebSCORE Referenzmodells gegliedert. Der Bereich „Webstrategie" wird durch einen Fragebogen abgedeckt, der die spezifischen Ziele und strategischen Überlegungen der Betreiber bzw. Entwickler der Webapplikation abfragt. Die anderen Gestaltungsbereiche werden weiterhin in feiner auflösende Qualitätsattribute untergliedert. Diese Struktur bietet ein klares Organisationsprinzip, ermöglicht einen standardisierten Evaluationsprozess und führt zu einer recht detaillierten Übersicht über die Stärken und Optimierungspotenziale der Webapplikation. Speziell entwickelte Checklisten unterstützen den Begutachtungsprozess. In einigen Fällen sind unterschiedliche Evaluationskriterien für verschiedene Webgenres wie z.B. E-Commerrce, E-Government und Corporate Portals entwickelt worden. Eine genauere Beschreibung des WebSCORE Expert Screenings findet sich in Peissner et al. (2003).

4.4.6 Bewertung und Ausblick

Der vorgestellte Ansatz zur Konzeption und Evaluation von Webapplikationen ermöglicht einen effektiven und effizienten Einsatz in allen Phasen des User-Centred Designprozesses. Aufgrund seiner modularen Anlage kann er sowohl für eine Bewertung einzelner Designdomänen herangezogen werden, als auch in Form unterschiedlich aufwendiger Evaluationsmethoden (z.B. Expert Screening vs. Usability Test) passgenau auf die jeweiligen Anforderungen im Entwicklungsprozess ausgerichtet werden. Er eignet sich damit sowohl für eine schnelle, iterative Evaluation im Prototypingprozess, als auch als Methode der Wahl zur summativen Evaluation am Ende eines Entwicklungsprozesses. Der modulare Aufbau ist darüber hinaus Grundlage für eine einfache Erweiterbarkeit der Designdomänen. Das WebSCORE-Modell wächst mit aktuellen Entwicklungen im Bereich der Webtechnologien und des Webdesigns. So werden zurzeit die Anforderungen der Web-Accessibility (Barrierefreiheit) in das WebSCORE-Referenzmodell integriert und Qualitätskriterien für Selfpublishingtools wie Weblogs, Wikis und andere Formen der Nutzerpartizipation erarbeitet.

4.4.7 Literatur

Angermeier, M.: Web2.0 Mindmap - Netz2.0 Gedankenkarte. Unter http://www.flickr.com/photos/kosmar/66576881 Besucht: 06.09.2006.

Apple Computer Inc.: Apple Human Interface Guidelines, 2005. http://developer.apple.com/documentation/UserExperience/Conceptual/OSXHIGuidelines/OSXHIGuidelines.pdf Besucht: 29.03.2006.

Berners-Lee, T.: Weaving the Web: The Original Design and Ultimate Destiny of the World Wide Web. HarperCollins: New York, NY, 2000.

Brinck, T.; Gergle, D.; & Wood, S.: Usability for the Web: Designing Web Sites that Work. Morgan Kaufmann: San Francisco, CA, 2002.

Donnelly, V.: Designing Easy-to-use Web Sites: A Hands-on Approach to Structuring Successful Websites. Addison-Wesley: Boston, MA., 2000.

El Jerroudi, Z.; Ziegler, J.; Meissner, S.; Philipsenburg, A.: E-Quest: Ein Online-Befragungswerkzeug für Web Usability. In: Stary, C. (Hrsg.): Mensch & Computer 2005: Kunst und Wissenschaft – Grenzüberschreitungen der interaktiven ART. Oldenbourg Verlag: München, Seite 269–273, 2005.

Forschungsgruppe Wahlen e.V.: Internet-Strukturdaten. http://www.forschungsgruppe.de/ Besucht: 07.09.2006

Garrett, J.J.: The Elements of User Experience: User-Centered Design for the Web. New Riders Press: Indianapolis, IN, 2002.

IBM Ease of Use Web Design Guidelines: http://www-3.ibm.com/ibm/easy/eou_ext.nsf/ publish/572. Besucht: 29.03.2006.

ISO 9241-11: Ergonomische Anforderungen für Bürotätigkeiten mit Bildschirmgeräten – Teil 11: Anforderungen an die Gebrauchstauglichkeit – Leitsätze. Beuth Verlag: Berlin, 1998.

ISO 13407: Benutzerorientierte Gestaltung interaktiver Systeme. Beuth Verlag: Berlin, 1999.

ISO 14915-2: Software-Ergonomie für Multimedia Benutzungsschnittstellen – Teil 2: Multimedia-Navigation und Steuerung. Beuth Verlag: Berlin, 2003.

ISO 14915-3: Software-Ergonomie für Multimedia Benutzungsschnittstellen – Teil 3: Auswahl und Kombination von Medien. Beuth Verlag: Berlin, 2002.

ISO/CD 9241-151: Ergonomics of human-system interaction – Software ergonomics for World Wide Web user interfaces. In Vorbereitung, Informationen dazu unter: http://www.iso.org/iso/en/CatalogueDetailPage.CatalogueDetail?CSNUMBER= 37031&scopelist=PROGRAMME, Besucht: 31.03.2006.

Johnson, J.: GUI Bloopers. Don'ts and Do's for Software Developers and Web Designers. Morgan Kaufmann: San Francisco, CA, 2002.

Johnson, J.: Web Bloopers: 60 Common Web Design Mistakes, and How to Avoid Them. Morgan Kaufmann: San Francisco, CA, 2003.

Katz, D.: Gestaltpsychologie. Schwabe: Basel & Stuttgart, 1969.

Kilian, C.: Writing for the Web. Roundhouse Publishing: Northam, North Devon, 1999.

Knippelmeyer, M.: (N)ONLINER Atlas, Deutschlands größte Studie zur Nutzung und Nicht-Nutzung des Internets, 2006: http://www.nonliner-atlas.de/ Besucht: 07.09.2006.

Koyani, S.; Bailey, R.W.; Nall, J.: Research-Based Web Design and Usability Guidelines, 2004, http://usability.gov/pdfs/guidelines.html. Besucht: 29.03.2006.

Lazar, J.: Web Usability – A User-Centered Design Approach. Addison-Wesley: Boston, MA, 2005.

Microsoft Corporation: Microsoft Windows User Experience: Official Guidelines for User Interface Developers and Designers. Microsoft Press: Redmond, MA, 1999.

Morrell, R.W. (Ed.): Older Adults, Health Information, and the World Wide Web. Lawrence Erlbaum: Mahwah, NJ, 2003.

Nielsen, J.: Designing Web Usability: The Practice of Simplicity. New Riders Press: Indianapolis, IN, 1999.

Nielson, J.: Jakob Nielsen's Alertbox: Top Ten Mistakes in Web Design, 1996-2006. http://www.useit.com/alertbox/9605.html Besucht: 07.09.2006.

O'Reilly, T.: What is Web 2.0: Design Patterns and Business Models for the Next Generation Software, 2005. http://www.oreillynet.com/pub/a/oreilly/tim/news/2005/09/30/what-is-web-20.html Besucht: 29.03.2006.

Peissner, M.; Heidmann, F.; Wagner, I.: WebSCORE Expert Screening – a low-budget method for optimizing web applications. In: Jacko, J.; Stephanidis, C. (Eds.): Human Computer Interaction – Theory and Practice (Part I). Mahwah, New Jersey: Lawrence Erlbaum Associates, Publishers, Seite 838–842, 2003.

Peissner, M.; Röse, K.: Usability Engineering in Germany: Situation, Current Practice and Networking Strategies. In: Proceedings of the 1st European Usability Professionals Association Conference, London, 2002.

SAP: SAP iView Guidelines, 2002. http://www.sapdesignguild.org/resources/ma_guidelines_3/index.html. Besucht: 29.03.2006.

Sun Microsystems Inc.: Java(TM) Look and Feel Design Guidelines (2nd Edition). Addison-Wesley: Boston, MA, 2001.

Travis, D.: E-Commerce Usability. Taylor & Francis: London, UK, 2003.

Wissen, M.: Ontologiebasierter Entwurf von Web-Anwendungen. In: Ziegler, J.; Beinhauer, W. (Hrsg.): Interaktion mit komplexen Informationsräumen. Visualisierung, Multimodalität, Kooperation. Oldenbourg Verlag: München, 2005.

Wissen, M.: WISE - Web Information and Service Engineering, Neue Methodik für die Entwicklung webbasierter Anwendungen, 2006. http://www.wise-projekt.de Besucht: 07.09.2006

5 Methoden und Werkzeuge für die Entwicklung interaktiver Systeme

5.1 Nutzermodelle und adaptive Navigation

Wolfgang Beinhauer, Franz Koller

5.1.1 Einführung

Ein detailliertes Nutzermodell, das Wissensstand, Ziele, Interessen, und andere Eigenschaften des Anwenders repräsentiert, ist ein wichtiges Merkmal von anpassbaren Softwaresystemen. Diese Systeme sammeln Daten für das Nutzermodell: indem sie einerseits durch direktes Befragen Daten erheben und andererseits Anwenderinteraktionen protokollieren, festhalten und bewerten. Mit Hilfe dieser Daten wird eine an den jeweiligen Benutzer angepasste Interaktion ermöglicht.

In großen Informationssystemen, die irgendeine Art von Personalisierung oder Funktionalität zur Berücksichtigung von Präferenzen beinhalten ist eine umfangreiche Kontextmodellierung ein Schlüsselthema. Im Bereich von Wissensmanagementsystemen oder produktiven Umgebungen, hängt die Wirksamkeit von adaptiven Techniken stark von der Angemessenheit eines Nutzermodells ab. In einer offenen Kommunikationsplattform, wie einer Business Community oder im so genannten Web 2.0, auf die von vielen Benutzern zugegriffen wird und die Beiträge von einer Vielzahl von Informationsquellen beinhaltet, ist das Nutzermodell der grundlegende Mechanismus sowohl für die Auswahl des passenden Inhalts für den einzelnen Benutzer als auch für dessen angemessene Darstellung. Folglich bezieht eine effektive Nutzer-Modellierung im Wesentlichen das Wissen sowohl über die Präferenzen eines Nutzerkreises sowie über die Struktur des Inhalts, der für sie bereitgestellt wird, mit ein. Über die reinen Interessensgebiete hinaus bilden der unmittelbare Kontext, der Ort, die Zeit und andere externe Daten den vollen Benutzerkontext. In diesem Kapitel liegt der Schwerpunkt auf den personenbezogenen Aspekte der Nutzer-Modellierung, wie sie in den in hohem Grade anpassungsfähigen produktiven Umgebungen und in Informationssystemen, wie beispielsweise virtuellen Business Communities, benötigt werden.

Nutzermodelle beinhalten im Wesentlichen die formale Beschreibung des persönlichen und organisatorischen Kontextes eines Nutzers. Dies umfasst persönliche Präferenzen, wie Lieblingsthemen, subjektive Verbindungen zwischen ihnen und den Prozessen, die vom Nutzer bearbeitet werden. Diese Einflussfaktoren sind nicht statisch, sondern verändern sich mit der Zeit. Beispielsweise kann sich der Interessensschwerpunkt eines Finanzberaters mit verbessertem Wissen von Aktien zu Derivaten verschieben. Der Finanzberater wird mit der Zeit vertrauter mit Derivaten, so dass sich sein Horizont erweitert für die verschiedenen Arten von Derivaten wie Optionen, Swaps oder Futures. Die Struktur des Wissens wird feiner, da sich auch das Wissen des Nutzers weiter verfeinert und er sich weiter entwickelt. Zusätzlich kann der Nutzer Best Practice Richtlinien übernehmen und die Art ändern, wie er seine Aufgaben erfüllt. Folglich ist ein anpassungsfähiges Nutzermodell, das die Grundlage für die

Anpassung von Inhalten und der Navigation bildet, Änderungen in Granularität, Struktur und Aufgabenbeschreibung unterworfen. Weiterhin sollte das Nutzermodell mit einer Workflow-Engine verbunden sein, die abgeschlossene Aufgaben aufgrund der durchgeführten Schritte erkennt und die Benutzungsschnittstelle entsprechend der sinnvollen weiteren Schritte anpasst. Im Folgenden wird ein integriertes dynamisches Nutzermodell präsentiert, das kontinuierlich über die Präferenzen des Nutzers dazulernt.

5.1.2 Business Communities und das Web 2.0

Business Communities sind ein Medium für den Wissensaustausch und die Identifikation und das Auffinden von Experten innerhalb eines Unternehmens, das immer populärer wird. Verschiedenste Nutzer an verschiedenen Orten können synchron oder asynchron miteinander kommunizieren, haben Zugang zu großen Mengen an neuesten Informationen und werden bei ihrem Tagesgeschäft unterstützt. Business Communities im Unternehmen oder das so genannte öffentliche Web 2.0 zeichnen sich durch einen gesteigerten Grad an Interaktivität und Dynamik aus. An die Stelle persönlicher Web Sites und statische Inhalte treten kontinuierlich aktualisierte Blogs. Anstatt Publikation herrscht Partizipation vor. Das Wissen der Gesamtheit der Nutzer – im Falle des Web 2.0 also prinzipiell aller Internet-Nutzer – stellt gegenüber der Summe der Einzelbeiträge einen Mehrwert dar, der sich etwa in dynamisch sich fortentwickelnden Kategoriensystemen niederschlägt, d.h. an Stelle im Vorhinein erstellter Taxonomien treten durch die Nutzergemeinschaft stetig fortentwickelte Schlagwortlisten, so genannte „Folksonomies". Diese bilden die Grundlage für den Ansatz der gewichteten Themenstrukturen für die Nutzermodellierung, aber auch für die Erzeugung thematisch geordneter, dynamischer Navigationsstrukturen.

Sowohl Wissensmanagement-Plattformen in Form von Business Communities als auch Blogs des Web 2.0 halten große Mengen an Daten für viele Benutzer bereit. Das Grundproblem besteht darin, den richtigen Nutzern zur richtigen Zeit die richtigen Inhalte zur Verfügung zu stellen. Deshalb sind hoch entwickelte Nutzermodelle für die Individualisierung von Inhalten und deren Darstellung erforderlich. Neben den individuellen Nutzerprofilen müssen jedoch auch Rollen- und Gruppen-Konzepte unterstützt werden, um den Effekt des kooperativen Lernens und den Fortschritt von Teilen der Community angemessen unterstützen und reflektieren zu können. Weiterhin können dadurch nicht nur die Aktivitäten eines einzelnen Nutzers erfasst werden, sondern es wird möglich, das Verhalten vieler Nutzer zu erfassen. Vorausgesetzt, dass das Nutzer-Tracking auf einer abstrakten Themenebene erfolgt, können dynamisch Untergruppen von Nutzern mit ähnlichem Interesse oder Verhalten identifiziert werden. Ein einfaches kollaboratives Filtern und Content Retrieval ist für Nutzer-Modellierung in Business Communities nicht ausreichend.

Anwendungshintergrund der INVITE Business Community ist die Unterstützung von Bankberatern bei der Endkundenbetreuung. Im dezentralisierten Umfeld vieler Banken ist eine Kommunikations- und Kooperationsplattform von entscheidender Bedeutung für den Erfolg von Anlageberatung und persönlicher Weiterbildung der Mitarbeiter.

Im Falle einer Kundenberatung orientiert sich das System nicht nur am Profil des Bankberaters, sondern auch an dem Profil des Endkunden. Aufgrund seiner Vorgeschichte und seiner

Stammdaten werden speziell für ihn sinnvolle Angebote aus dem gesamten Produktportfolio der jeweiligen Bank vorgeschlagen. Dazu werden neben rein sachlogisch begründeten Produktempfehlungen auch solche abgegeben, die sich durch den Vergleich mit ähnlichen Kunden ergeben. Produktvorschläge können vom Bankberater unmittelbar beim Verkaufsprozess hinsichtlich ihrer Vermittelbarkeit, Rendite und nachhaltiger Akzeptanz bewertet werden. Es besteht die Möglichkeit, Produktbeschreibungen zu ergänzen, etwa durch Artikel aus der Lokalpresse, und diese Annotationen auch anderen Beratern zugänglich zu machen.

Im Falle eines speziellen Kundenwunschs steht auch eine semantische Suchfunktion auf dem gesamten Datenbestand zur Verfügung, der ebenfalls eine vollständige Themenstruktur der Finanzwelt zugrunde liegt.

5.1.3   Der Ansatz gewichteter Themenstrukturen

Das angewendete Nutzermodell dient verschiedenen Zwecken in einer Business Community: zunächst soll die Benutzungsschnittstelle entsprechend den Bedürfnissen und Interessen eines Nutzers individualisiert werden. Zweitens soll auch die Auswahl des Inhalts personalisiert werden, und schließlich ist die Nutzermodellierung für die dynamische Identifikation von Untergruppen erforderlich. Um diesen Anforderungen zu entsprechen, ist das Nutzermodell mit einer semantischen Inhaltssuche-Komponente, einem Nutzer-Tracking und einer anpassbaren Benutzungsschnittstelle gekoppelt. Diese Bestandteile sind um eine Domänenspezifische Ontologie gruppiert, die ein semantisches Verstehen der gelieferten Dokumente und der Nutzerbedürfnisse ermöglicht.

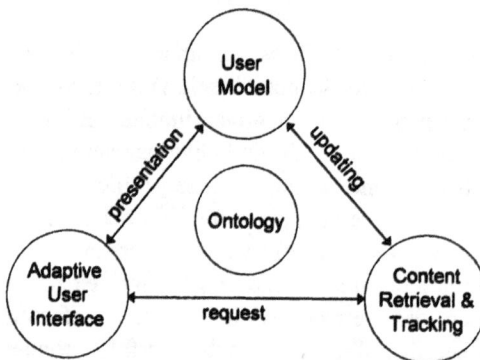

Abb. 1: Nutzer-Modell, Nutzerschnittstelle und Inhaltssuche

Das Invite-Nutzermodell basiert auf einer Domänen-spezifischen Ontologie, die durch eine Topic Map dargestellt wird. Topic Maps sind für das Beschreiben von Wissensstrukturen und deren Verbindung mit Informationensressourcen eingeführt worden. 1999 wurden sie international als ISO/IEC Standard 13250 angenommen. Gerichtete Graphen als Grundlage für das Nutzermodellieren sind bereits durch einige Autoren, wie z.B. Baldwin et al. im Jahre 2000 eingesetzt worden.

Topic Maps stellen einen Standard dar, mit dessen Hilfe man Wissensstrukturen beschreiben und diese mit Informationsressourcen verbinden kann. Sie werden auch als Lösung für die Organisation der immer größer werdenden Informationsmengen vor allem im Internet betrachtet. Ebenso soll die Navigation in diesen Datenmengen mit Hilfe der Topic Maps beschleunigt und erleichtert werden. Topic Map kann man auch mit „thematischer Landkarte" übersetzen. Topic Maps stellen eine Methode zur Verfügung um Inhalte zu erschließen, auf die nicht mit Hilfe von Dateinamen oder Volltextsuche zugegriffen wird. Die Suche findet stattdessen anhand von Indizes statt. In dieser thematischen Karte werden miteinander in Beziehung stehende Schlüsselbegriffe (Topics) dargestellt. Anhand der Schlüsselbegriffe wird die Navigation durch die Inhalte ermöglicht.

Im Nutzermodell werden die Topic Maps verwaltet, und in einer Datenbank abgelegt. Das Nutzermodell umfasst zusätzlich noch die Profildaten der registrierten Anwender, die ebenfalls in der Datenbank abgelegt sind und in Beziehung zu den personalisierten Topic Maps der User stehen. Die Personalisierung der Topic Maps geschieht durch Gewichtung der Topics und den Assoziationen zwischen den Topics. Mit Hilfe des Inferenz-Engines werden aus diesen gespeicherten Daten Schlüsse gezogen, die dann wieder direkte Auswirkungen auf den Inhalt der bereitgestellten Informationen haben, sowie auf die Navigationsmuster und Gestaltung der graphischen Benutzeroberfläche. Derartige Topic Maps können dediziert angelegte Themenstrukturen einer Business Community sein, oder auch als so genannte „Folksonomies" in interaktiven Beitragsformen im Sinne des Web 2.0 entstehen.

Die Domänen Ontologie wird im Verlauf eines dynamischen Gruppenprozesses erstellt, in dem die Themen, die zum Anwendungsbereich relevant sind, zueinander gruppiert und verbunden werden, indem sie einen gerichteten Graphen bilden. Das gewählte Vorgehen baut auf den am Fraunhofer IAO entwickelten MetaCharts auf (siehe Kapitel 5.3). Unter Beteiligung von Endanwendern werden mit den MetaCharts Themennetze spezifiziert, die in Gruppensitzungen verfeinert und in denen Topics gewichtet werden. Positiv wirken sich dabei die Möglichkeiten der MetaCharts aus, die ein verteiltes Arbeiten unterstützen. Die erarbeiten Themennetze werden als Topic Map dem User Model als Initialwert bereitgestellt. Jeder Knoten des Graphen stellt ein Item des Anwendungsgebietes dar, während ihre Beziehungen zueinander durch die Kanten ausgedrückt werden Die Kanten können Namensattribute besitzen, um den Verbindungen eine semantische Bedeutung zu geben. Dieser Graph, der alle Topics beinhaltet, wird als Grundlage für die Modellierung der Bedürfnisse und der Interessen aller einzelnen Benutzer, Gruppen, Rollen oder Aufgaben benutzt: jeder Topic wird hinsichtlich seiner Relevanz für den jeweiligen Anwendungsbereich gewichtet, unabhängig ob es nun eine Rolle, eine Person oder eine Aufgabe ist. Tatsächliche Personen und abstrakte Rollen oder Gruppen werden gleich behandelt. Analog dazu werden alle Kanten gewichtet und stellen so die subjektive Verbindungsstärke zwischen den Topics dar, d.h. die gesamte Domänen Ontologie ist ein Superset aller spezifischen Topic Maps. Die persönlichen Bedürfnisse und Interessen eines einzelnen Nutzers können auf einen Satz Gewichtungsfaktoren für die Items der Domänen Ontologie reduziert werden. Topics oder Beziehungen, die für eine Person oder Aufgabe nicht relevant sind, können ignoriert werden indem ihre Gewichtung auf Null gesetzt wird.

Beginnend mit der Topicgewichtung entsprechend der persönlichen Präferenzen, den Bedürfnissen von Gruppen, denen der Nutzer angehört und der Rolle, die der Nutzer im Anwendungskontext spielt, wird eine endgültige Topic Map mit Hilfe eines Merger Algorithmus berechnet. Der Algorithmus baut auf einen Satz Regeln auf, die auf die individuellen
Gewichtungen angewendet werden. Die mit Gewichtungen versehene Topic Map, die am
Ende erreicht wird, bildet direkt die Basis für die Generierung der angepassten Navigationsstruktur des Wissensmanagement-Systems für die Business Community. Da das Modell auf
einer wohl definierten Ontologie basiert, können auch strukturelle Anordnungen der vorge-
schlagenen Topics in Betracht gezogen werden, während die Navigations Struktur erstellt
wird.

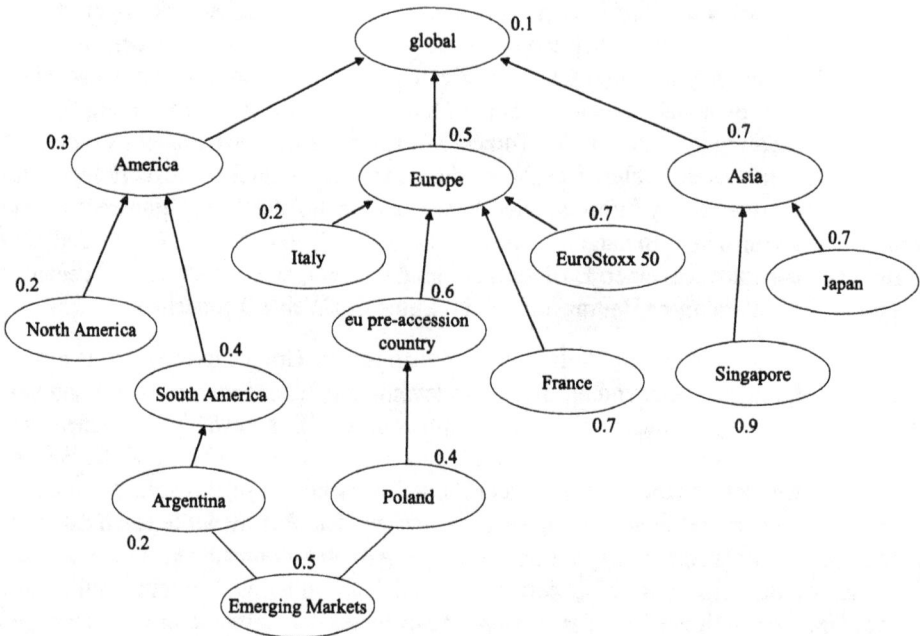

Abb. 2: Auszug aus dem gewichteten Themendiagramm (Regionen für Investitionen)

Die Gewichtungs-Faktoren sowohl der Topics als auch der Kanten sind kontinuierlichen
Veränderungen unterworfen. Das Benutzermodell ist mit einem Tracking gekoppelt, das die
Aktionen des Nutzers verfolgt. Immer, wenn ein Nutzer Interesse an einem Thema zeigt,
indem er auf einen verweisenden Link klickt, wird sein Satz an Gewichtungen aktualisiert.
Während persönliche Interessen an spezifischen Themen schnell aufgebaut und auch wieder
abgebaut werden können, sollte sich die Wissensstruktur in größeren Zeiträumen ändern.
Deshalb werden lediglich die Gewichtungen der Topic Knoten geändert und nicht die Gewichtungen der Kanten.

Für die Anpassung der Gewichtungen sind die vom Benutzer tatsächlich gelesenen Dokumente weniger interessant. Viel wichtiger sind die einem Dokument zugeordneten Topics.
Deshalb wirkt das eingesetzte Tracking nicht auf der Dokumenten Ebene, sondern auf Topic

Ebene und sogar auf der Prozess Ebene. Zu diesen Zwecken ist das Tracking-System in der Lage, den Inhalt eines Dokumentes auf die Topics abzubilden, die in der Ontologie enthalten sind. Auf der Prozessebene müssen Einzelschritte erkannt werden, um die Aufgabe, die der Benutzer durchführt, ableiten zu können. Entsprechend der Tracking-Daten werden die Gewichtungen der Knoten in den Topic Maps angehoben oder gesenkt.

Aus der Sicht der Algebra besteht die Darstellung der Nutzerpräferenzen aus einer Topic Map *TM*, welche einen Satz von *N* Topics enthält, jede davon gewichtet mit dem Faktor w_T^N, und einem Satz von *M* Assoziationen A^M:

$$TM : \{T^N \times w_T^N \times A^M\}$$

Die Assoziationen A sind gerichtete Beziehungen zwischen zwei Topics, vom Assoziationstyp Y^A und einer Gewichtung der Assoziation w_A

$$A : \{T \times T \times Y_A \times w_A\}$$

Der Wertebereich der Gewichtungen wird normalisiert:

$$w_j \in \{0..1\}$$

Schließlich wird ein nützlicher Satz von Verbindungstypen für Y_A definiert:

$$Y_A \in \{is\_a, is\_related\_to, is\_part\_of, ...\}$$

Allerdings ist zu beachten, dass scheinbar symmetrische Verbindungen, wie „ist verbunden mit" nicht automatisch umkehrbar sind. Normalerweise sind nicht mehr als 10 unterschiedliche Arten Verbindungen innerhalb einer Domänen-spezifischen Ontologie erforderlich.

Die Update Funktion für die Gewichtung der Topics ist dann wie folgt:

$$update : TM \times T^K \times n^K \to TM$$

dabei ist T^K ein Set von *K* Topics wobei Topic T^j in den gelesenen Dokumenten n^j mal angeklickt oder angezeigt wurde seit dem letzten Aufruf der *update* Funktion. Die Funktion von *update* wird durch das folgende Set von Regeln definiert: Sättigungs-Regel, Normalisierung von Topic-Gewichtungen, Anziehungskraft wichtiger Themen, Mechanismus zur Erhaltung des Interesses und einige nicht lineare Funktionen.

- Sättigungsregel: Je häufiger ein Topic besucht wird, desto höher ist seine Gewichtung. Die Anpassungskurve beginnt mit einer flachen Steigung. Je häufiger ein Topic angewählt wird, desto näher liegt sein Gewicht bei eins. Die Relation Besuche/Gewicht ist dabei nicht linear, sondern das Gewicht nähert sich asymptotisch dem Grenzwert eins.

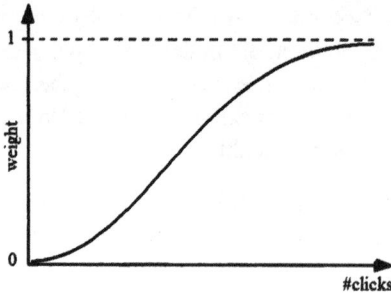

Abb. 3: Sättigungskurve

- Normalisierung von Topic-Gewichtungen: Um ein inflationäres Interesse des Benutzers zu vermeiden unterzieht man alle Themengewichtungen einer stetigen Normalisierung. In unserem mathematischen Modell lautet diese Regel

$$\sum_{i=1}^{N} w_T^i = const.$$

Diese Regel ist eine Analogie zur Energieerhaltung in der Physik.

- Entropiewachstum: Um eine Konzentration des Interesses aller Nutzer auf eine Handvoll Themen zu verhindern, wurde eine Entropiewachstumsregel eingeführt. Sie wird durch externe Quellen ausgelöst und bietet ein „Thema des Tages" als Vorschlag und wird mit mittlerer Gewichtung bewertet.
- Gravitationspotenzial: Hoch gewichtete Topics ziehen, analog zur Gravitation in der Physik, ihre Nachbartopics an und erhöhen so deren Gewichtung. Als Metrik für den Abstand wird die Verbindungsstärke w_A verwendet .

Die Regeln, die die Funktion *update* realisieren, erzeugen einen neuen Satz von Gewichtungen für die Topic Map, die Nutzerpräferenzen und -interessen repräsentieren, die als Grundlage für angepasste Inhaltssuche und Anpassungen der Benutzungsschnittstellen genutzt werden. Zusätzlich ermöglicht das Nutzermodell auf dieser Basis auch ein einfaches Auffinden von Experten zu bestimmten Themen unter den Nutzern.

5.1.4   Bewertung und Ausblick

Durch die Zuordnung einer Rolle (Anwendung einer Default-Topic Map bzw. Default-Topicgewichten) werden für jeden Anwender vorgegebene Standardannahmen getroffen. Dieses Vorgehen ist vergleichbar mit dem Stereotypen-Ansatz anderer User-Modeling-Systeme. Durch Änderungen der Topicgewichte und durch die Datenerfassung der Tracking-Komponente wird das Nutzermodell jedoch mit einer individuellen, dynamischen Komponente angereichert.

Die Erstellung des Nutzermodells in einem gruppendynamischen Prozess stellt dagegen eine grundlegend neue Vorgehensweise dar. Mit Hilfe der MetaCharts (siehe Kapitel 5.3) wird die Wissensbasis der jeweiligen Arbeitsumgebung entworfen und als Topic Map für das User Model verfügbar gemacht.

Das entwickelte Nutzermodell ist mit einer zukünftigen Wissensmanagement-Plattform für eine Genossenschaftsbank integriert und evaluiert worden. Die ersten Tests des Nutzermodells zeigten, dass die Anwendung eines Nutzermodells, das nicht nur Interessens-Koeffizienten sondern auch eine Wissensstruktur beinhaltet, eine wertvolle Unterstützung für eine geeignete Inhaltssuche und das Auffinden von Experten ist. Insbesondere bei großen Mengen von Informationen zeigte sich, dass das Nutzermodell sehr hilfreich ist, um den erwarteten Inhalt auszuwählen. Dazu ist jedoch erforderlich, dass das Nutzermodell mit einem Tracking-System auf Topic-Ebene verbunden ist, das auch eine automatische Klassifikation von Dokumente durchführt, sollten keine Metadaten vorhanden sein.

Im Gegensatz dazu stellte sich die anpassbare Navigationsstruktur, die auf der gewichteten Topic Map basiert, als wenig hilfreiches Werkzeug heraus. Die Umwandlung der Netzwerktopologie einer Topic Map in einen Navigationsbaum war für die Nutzer eher irritierend und führte zu keiner Produktivitätszunahme.

Die Regeln für die Anpassung der Gewichtung sollen weiter ausgewertet und verfeinert werden. Zusätzlich soll der gegenwärtige Selbstklassifikations-Mechanismus, der auf eine Topic bezogene Kategorisierung begrenzt ist, durch allgemeinere Methoden ersetzt werden, die auch die Erkennung von Dokumentarten unterstützen.

5.1.5   Literatur

Pepper, S.: The TAO of topic maps. Finding the way in the age of info glut. In: Proceedings of XML Europe 2000 Conference.

Belkin, N. J.; Marchetti, P.G.: Determining the functionality features of an intelligent interface to an information retrieval system. In Proceedings of the 13th Annual international ACM SIGIR Conference on Research and Development in information Retrieval (Brussels, Belgium, September 05-07, 1990). J. Vidick, Ed. SIGIR '90. ACM Press, New York, NY, Seite 151-177, 1990.

Feng, L.; Jeusfeld, M.A.; Hoppenbrouwers, J.: Beyond information searching and browsing: acquiring knowledge from digital libraries. Inf. Process. Manage. 41, 1 (Jan. 2005), Seite 97-120.

Kaplan, C.; Fenwick, J.; Chen, J.: Adaptive Hypertext Navigation Based On User Goals and Context, User Modeling and User-Adapted Interaction 3, Seite 193-220, 1993.

5.2 TopicMiner – Extraktion und Visualisierung von Themenstrukturen aus gesprochener Konversation

Jürgen Ziegler, Zoulfa El Jerroudi, Karsten Böhm, Wolfgang Beinhauer, Reinhard Busch, Christian Raether

5.2.1 Einleitung

In kreativen, wissens- und innovationsorientierten Prozessen spielen Gruppensitzungen und Besprechungen trotz wachsender Vernetzung nach wie vor eine wesentliche Rolle. Gruppensitzungen werden zu unterschiedlichen Zwecken durchgeführt und können eine Vielzahl unterschiedlicher Formen annehmen, so z. B. als Planungsmeetings, Projektstandssitzungen, Entscheidungskonferenzen, Brainstorming Sessions etc. In Gruppensitzungen können unterschiedliche Phasen bzw. Aufgabentypen identifiziert werden. Typische Aufgaben in Sitzungen sind etwa die kollaborative Ideenfindung, die Sammlung und Bewertung relevanter Information, das Strukturieren erarbeiteter Ideen und Materialien oder der Entwurf gemeinsamer Arbeitsobjekte wie z.B. Dokumente, Projektpläne oder Modellstrukturen. Diese Aktivitäten unterscheiden sich hinsichtlich ihres Strukturiertheitsgrades, der einsetzbaren Moderationsformen, der Einbeziehung vorhandener Materialien und einer Vielzahl weiterer Faktoren.

Entsprechend dieser unterschiedlichen kollaborativen Aufgabenaspekte sind unterschiedliche Funktionalitäten erforderlich, um Sitzungen effektiv zu unterstützen. Unterstützungen können von einfachen Whiteboard-Anwendungen über Moderations- und Protokollierungssysteme bis hin zu Argumentationssystemen reichen, die die Diskussionspunkte und die verschiedenen Aussagen dazu transparent und nachvollziehbar machen. Die meisten existierenden Systeme erfordern allerdings explizite Eingaben und Manipulationen durch die Sitzungsteilnehmer und werden aufgrund des damit verbundenen Aufwands oft nicht im erhofften Ausmaß akzeptiert.

Kollaborative Sitzungen sind in einen Beziehungs-, Kommunikations- und Inhaltskontext eingebettet (Borghoff et al. 1998), der wesentlich die Handlungsoptionen und die Handlungsrestriktionen der Gruppe beeinflusst. In diesem Beitrag beschreiben wir einen Ansatz, wie ein inhaltlicher, semantischer Kontext für Gruppensitzungen erzeugt und auf unterschiedliche Weise genutzt werden kann, um insbesondere die kreativen, schwach strukturierten Phasen einer Gruppenaktivität zu unterstützen. Hierzu wird das Konzept der konversationalen Awareness aufgegriffen (Dey et al. 1999), das davon ausgeht, dass durch eine Rückkopplung von Merkmalen des Diskurskontextes in die Gruppe das Kommunikationsverhalten beeinflusst werden kann. In diesem Beitrag wird das System TopicMiner vorgestellt, das einen semantischen Kontext automatisch aus der gesprochenen Konversation generiert und durch geeignete Darstellung in die Gruppenaktivität zurückkoppeln kann. Neben einer Förderung der Gruppenwahrnehmung des konversationalen Geschehens auf unterschiedlichen Stufen wird hierdurch auch eine Basis für weiterführende Assistenzfunktionen wie Recherche-, Recommender- oder Strukturierungsfunktionen gelegt.

Topic Miner wurde im Rahmen des Projekts INVITE entwickelt und integriert Methoden der Spracherkennung mit Informationsextraktion und Informationsvisualisierung, um neue Formen der Unterstützung von Gruppenaktivitäten zu explorieren. Die Erstellung dynamischer semantischer Kontexte hat darüber hinaus auch Potentiale in Bereichen wie Information Retrieval, adaptive Benutzungsschnittstellen oder ubiquitäre Systeme.

5.2.2   Szenario

Zur Veranschaulichung der Funktionsweise von Topic Miner ist es hilfreich, sich diese zunächst in einem Szenario zu veranschaulichen:

Anlageberater einer Bank unterhalten sich über zukünftige Entwicklungen im Finanzdienstleistungsbereich und versuchen, Ideen für ein neues Finanzprodukt zu entwickeln. Die Teilnehmer der Sitzung sind mit einem kleinen Headset-Mikrophon ausgestattet, über das ihre Äußerungen aufgenommen werden. Diese werden durch eine kontinuierliche Spracherkennung erfasst und in einen Textstrom umgewandelt. Aus diesem Textstrom werden relevante Begriffe extrahiert, Beziehungen zwischen den Begriffen ermittelt und das Resultat als Konzeptnetz in einer projizierten Darstellung für die Gruppe sichtbar gemacht. Zusätzlich zu den in der Sprache erkannten Begriffen werden außerdem semantisch assoziierte Begriffe aktiviert und in das Konzeptnetz eingebaut. Die Projektion kann innerhalb oder außerhalb des normalen Blickfeldes der Teilnehmer laufen und ggf. nur durch explizite Hinwendung von der Gruppe eingesehen werden, um eine zu starke Fokussierung auf das Konzeptnetz zu vermeiden.

Das Gespräch beginnt mit der Beschreibung der derzeitigen Lage des Aktienmarktes in Deutschland und den potentiellen Auswirkungen der Osterweiterung der EU. Zu den in der Spracheingabe erkannten Begriffen ,Deutschland' und ,Osteuropa' werden stark assoziierte Begriffe wie ,Polen' oder ,Slowenien' angezeigt (siehe Abbildung 1). Diese Konzepte werden in der Folge von der Gruppe aufgegriffen, um detailliert die unterschiedlichen Wirtschaftsaussichten in diesen Ländern zu besprechen. Ebenso haben sich ausgehend von weiteren gesprochenen Begriffen wie ,Dollar' oder ,Chemieunternehmen' mehr Strukturen aufgebaut, die den Kontext verdeutlichen und Anstoß für weiterführende Diskussionen sein können.

Abbildung 1 zeigt einen Ausschnitt aus einem semantischen Netz, das aus einem gestellten Gespräch zwischen zwei Anlageberatern automatisch generiert wurde.

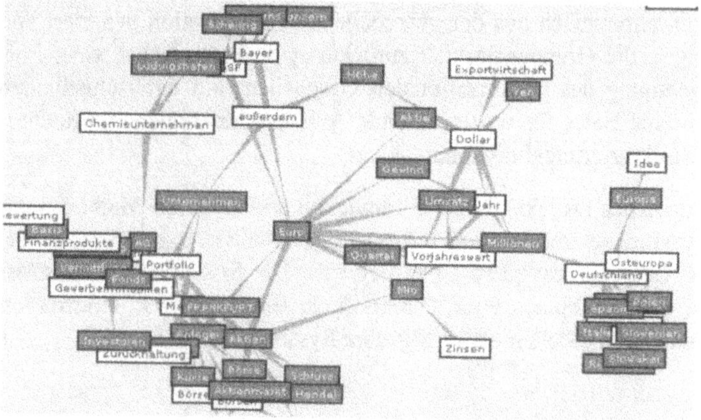

Abb. 1: Automatisch generiertes semantisches Begriffsnetz

Die Begriffe mit weißem Hintergrund, wie „Finanzprodukte", „Portfolio", „Vorjahreswert" und „Dollar" wurden aus dem Gespräch erkannt. Wörter, die das System als zum semantischen Kontext gehörend erkannt hat, wie „Euro", „Aktie", „Gewinn" und „Umsatz" werden mit grauem Hintergrund dargestellt. Dieses Netz wächst dynamisch während des Gesprächs, wobei isolierte Begriffe, die keine oder nur schwache Assoziationen zu anderen Konzepten haben, nach einer bestimmten Zeit wieder verschwinden. Weiterhin können durch Analyse des zeitlichen Ablaufs der Diskussion Thementrajektorien auf semantischer Ebene erstellt werden.

Selbstverständlich kann aufgrund des Verwendens und Hintereinanderschaltens mehrerer durch probabilistisches Erkennungsverhalten gekennzeichneter Techniken (kontinuierliche Spracherkennung und auf statistischer Basis gewonnene Themenbeziehungen) kein perfektes Ergebnis erwartet werden. Dennoch liefert der Prototyp bereits ausreichend plausible Ergebnisse, um einen für die Gruppe nutzbaren semantischen Kontext der Diskussion zu erzeugen. Interessanterweise können aber gerade durch den Ansatz, Gesprächsinhalte auf der Ebene semantischer Themenstrukturen zu erkennen, auftretende Fehler in der Spracherkennung kompensiert werden, da Fehlerkennungen aufgrund mangelnder Assoziationen zum bereits aufgebauten Kontext meist nicht zum Tragen kommen. Auf Weiterentwicklungen zur Verbesserung der Extraktionsgüte wird in der Folge noch eingegangen.

5.2.3   Verwandte Arbeiten

Die Extraktion und Nutzung von aus Sprachströmen gewonnenen Themenstrukturen berührt unterschiedliche Forschungsgebiete wie Spracherkennung, Informationsvisualisierung und CSCW. Zentrale Fragestellungen sind dem Gebiet der Informationsextraktion zuzuordnen. Ziel der Informationsextraktion ist es, domänenspezifische Informationen aus freien Texten aufzuspüren und strukturieren zu können. Überblicke über das Feld der Informationsextraktion geben Cowie et al. (1996) und Grishman (1997). Mit dem Thema der Informationsextraktion aus sprachlichen Eingaben wie Nachrichtensendungen beschäftigen sich Palmer et al. (1999) und Rigoll (2001). Diese Arbeiten konzentrieren sich darauf, sehr spezifische

Informationen wie die Namen von Personen, Organisationen und Orten unter Vorgabe eines Templates zu identifizieren.

Das Gebiet der Themenextraktion aus Texten betrachten Bun et al. (2002). Zur Ermittlung von relevanten Themen werden hier häufigkeitsbasierende Berechnungen für potentiell wichtige Begriffe durchgeführt. Dieser Ansatz lässt sich nur eine nachträgliche Verarbeitung von Texten einsetzen und ist deshalb nicht realzeitfähig.

Speziell mit der Themenextraktion aus gesprochener Sprache in Echtzeit beschäftigen sich Jebara et al. (2000), sie verfolgen jedoch einen anderen Ansatz. Während der Topic Miner beliebige Themen frei aus dem Gespräch erkennen kann, gibt es in Jebara et al. (2000) eine fest definierte Themenklassifikation von 12 Themen, zu der die erkannten Wörter zugeordnet werden. Die Zuordnung der erkannten Wörter funktioniert aufgrund von Lernverfahren. Das System bekommt zu einem bestimmten Thema eine ganze Anzahl von Dokumenten, die sich mit diesem Thema befassen und „lernt" so die Wörter, die zu diesem Thema gehören. Fallen zu einem bestimmten Thema eine feste Anzahl an Wörter (z.B. 100) so gilt dieses Thema als erkannt. In ihrem Ansatz berücksichtigen Jebara et al. (2000) keine semantischen Kontexte.

Zur Frage der Unterstützung von Gruppensitzungen durch die Entwicklung gemeinsamer Themenstrukturen existieren bereits seit längerem Ansätze, bei denen das Wissen der Gruppe explizit formuliert und manuell durch visuelle Sprachen modelliert werden muss. Entsprechende Systeme sind u.a. giBIS (Conklin et al. 1987), Dolphin (Streitz et al. 1998) und DISCBOARD (Gaßner 2003). Diese Systeme erfordern allerdings zusätzlichen Bearbeitungsaufwand und haben noch keine breite praktische Anwendung gefunden (Ausnahmen sind einfache kommerzielle Brainstorming-Systeme, z. B. MindManager). Sie sind eher auf eine strukturierte, zielgerichtete Erstellung von Diskurs- oder Domänenmodellen ausgerichtet und für eine Awareness-orientierte, leichtgewichtige Unterstützung des Gruppendiskurses weniger geeignet.

5.2.4 Architektur und Informationsextraktion

Das in diesem Beitrag vorgestellte System verknüpft bestehende Technologien zur Spracherkennung und zur Analyse unstrukturierter großer Textkorpora (Text Mining) in neuartiger Weise und erzeugt so eine innovative Anwendung zur Unterstützung der Gesprächsanalyse in gruppenorientierten Sitzungen. Die Architektur des prototypischen Systems gliedert sich dabei in die in Abbildung 2 dargestellten Einheiten.

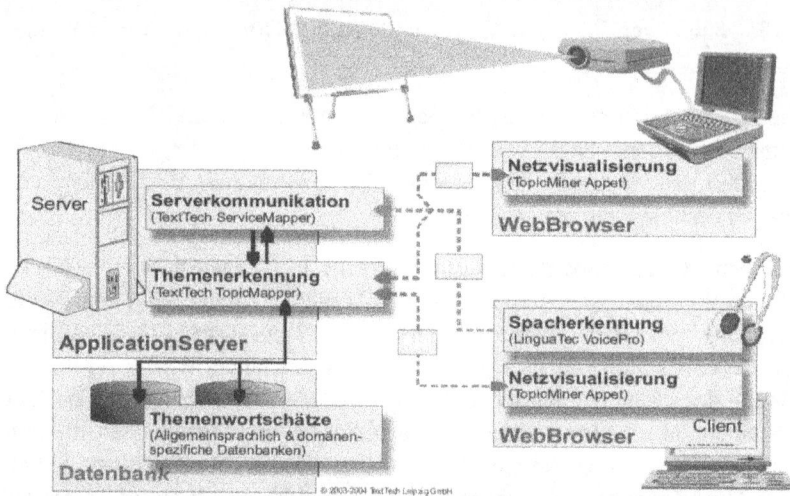

Abb. 2: Systemarchitektur des TopicMappers

Die Erkennungsmechanismen in Topic Miner sind mehrbenutzerfähig und ermöglichen die simultane Darstellung mehrerer Sprechereingaben in einem kollaborativ entstehenden Begriffsnetzwerk.

Für die Erzeugung der Begriffsnetzwerke werden die Spracheingaben der einzelnen Sprecher zunächst durch die Spracherkennungssoftware VoicePro (Produkt der Linguatec Sprachtechnologien GmbH, München) erfasst und in einen Textstrom umgewandelt. Diese Daten gelangen über eine HTTP-Anbindung zu der Serverkomponente des TopicMappers (Realisation der Serverkomponenten und clientseitige Darstellungen des Begriffsnetzwerkes mit Software der Firma TextTech Leipzig GmbH). Dort werden sie zeitlich serialisiert der Themenerkennung zugeleitet. Diese bearbeitet die einzelnen im Sprachstrom enthaltenen Wortformen und filtert diejenigen Begriffe und Themen heraus, die eine hinreichende Relevanz für die ausgewählte Domäne besitzen. Die im Gespräch erwähnten Begriffe stellen das Gerüst für das zu erzeugende semantische Netzwerk dar. Wird zu einem erkannten Begriff innerhalb eines bestimmten Zeitfensters kein weiterer assoziierter Begriff erkannt, wird der Begriff wieder verworfen. Weiterhin werden die erkannten Begriffe durch zusätzliche assoziierte Begriffe erweitert, die in die resultierende Begriffsstruktur eingebaut werden. Hierzu werden umfangreiche Netzwerke aus miteinander semantisch assoziierten Begriffen verwendet, die statisch in einer Datenbank abgelegt sind.

Zum Aufbau dieser semantischen Bezüge werden Wortkollokationen gebildet, die folgendermaßen abgeleitet werden: Auf der Basis eines Korpus von etwa 10 Millionen Sätzen unterschiedlichster Quellen (z.B. Zeitungsartikel) wird das signifikant gemeinsame Auftreten zweier Wörter in einem Satz berechnet. Unter Kollokationen verstehen wir Paare von Wörtern, die in einem Bereich (z.B. dem Satz oder direkt benachbart) hinreichend häufig zusammen auftreten. Mit Satzkollokationen werden semantische Bezüge ausgedrückt. Kollokationen können selbst auf großen Korpora automatisch ausgezählt werden. Ihre Bewertung erfolgt aufgrund des Signifikanzwerts, der aus der Anzahl der beteiligten Wörter, der Anzahl des Auftretens der Kollokation und der Korpusgröße berechnet wird. Die daraus resultierenden Graphen spiegeln dann den Kontext wieder, in denen das jeweilige Wort auftritt.

Für den Filterprozess wird dabei auf eine umfangreiche sprachliche Datenbasis zurückgegriffen, die allgemeinsprachliche Daten beinhaltet (vergleichbar mit der allgemeinen Sprachkompetenz von Muttersprachlern), sowie domänenspezifische Datenbanken die aus vorhandenen domänenspezifischen Repositories automatisch extrahiert werden können. Sinnvolle Kandidaten für solche fachspezifischen Dokumentenkollektionen sind diejenigen Unterlagen, die für die unterstützte Gruppensitzung relevant sind, möglicherweise ergänzt durch Hintergrundinformationen aus dem firmeninternen Intranet. Obwohl diese Dokumente den Teilnehmern in aller Regel bekannt sein werden, unterstützt die simultane Gesprächsvisualisierung die Gruppenarbeit durch Bezugnahme zu konkreten Konzepten und Zusammenhängen aus den hinterlegten Daten.

Das erzeugte semantische Netz entsteht dabei nahezu in Echtzeit, geringe Verzögerungen ergeben sich durch die kumulierten Laufzeiten bei der Spracherkennung, der Kommunikation der einzelnen Komponenten untereinander und der Filterung der Gesprächsthemen mit den assoziierten Begriffen in dem Netzwerk. Die serverseitigen Komponenten sind dabei für die Filterung der Sprachströme zuständig, die clientseitigen Komponenten sorgen für die dynamische Darstellung der Graphen (anhand Software TouchGraph LLC, Shapiro 2002), insbesondere im Hinblick auf die Anordnung auf dem Bildschirm. Die bidirektionale Kommunikation zwischen Server und Client erfolgt dabei durch Einsatz der Remote-Method-Invocation (RMI). Technisch realisiert ist die Serverkomponente als Web-Applikation, die in einem Servletcontainer ablauffähig ist (Prototypische Umsetzung, The Apache Software Foundation 1999-2006), die clientseitige Darstellung ist als Java-Applet realisiert.

## 5.2.5	Unterstützung bei der kollaborativen Erstellung von Ontologien

Ein relevantes Einsatzgebiet für den Topic Miner ist die Unterstützung der kollaborativen Erstellung von Themenstrukturen und Ontologien, z.B. für den Aufbau von Metadatenstrukturen für Websites oder Domänenmodellen für bestimmte Wissensbereiche. Die Entwicklung von Ontologien ist eine komplexe Aufgabe, wobei es erste Bestrebungen gibt, diesen Prozess zu strukturieren. Beispielsweise verfolgen Sure et al. (2002) und Holsapple et al. (2002), einen kollaborativen Ansatz zur Ontologieentwicklung mit dem Ziel, die Beteiligten möglichst früh in den Entwicklungsprozess zu integrieren, um so die Akzeptanz der Ontologie zu fördern und das Risiko einer lückenhaften Ontologiespezifikation zu verringern. Wesentliche Aufgabe in der ersten Phase der Ontologieentwicklung ist nach Sure et al. (2002) die Erstellung einer ersten informalen Taxonomie, die alle relevanten Begriffe aus der Anwendungsdomäne enthält und die durch die Akquisition von Wissen von Domänen-Experten ergänzt wird. Hieraus wird eine erste Basis-Ontologie erstellt, die alle relevanten Konzepte und Relationen beinhaltet. Problematisch ist jedoch in praktischen Anwendungen, dass Anwender typischerweise den für den Prozess der Wissensakquisition erforderlichen Aufwand nicht erbringen wollen.

Hier kann der Einsatz von sprachbasierten Erstellungshilfen den Aufwand für die Wissensakquisition verringern und gleichzeitig ein intuitiveres Mittel für die Erfassung darstellen. TopicMiner bietet insbesondere in der frühen Phase der Ontologieerstellung die Möglichkeit, eine erste Materialsammlung und einen Grobentwurf ohne zusätzlichen Aufwand zu erstellen. So kann z.B. vermieden werden, dass das Gespräch zwischen Entwicklern und Anwendern durch die explizite Nutzung eines Werkzeugs behindert wird.

Die mit TopicMiner automatisch generierten Begriffsnetze müssen im weiteren Verlauf des Ontologieentwicklungsprozesses überarbeitet, ergänzt und restrukturiert werden, da die automatische Erkennung realistischerweise keine direkt verwendbaren Strukturen erzeugt. Dazu können sie mit anderen Werkzeugen, insbesondere dem System MatrixBrowser (siehe Kapitel 3.1) visualisiert und weiterbearbeitet werden. Im System MatrixBrowser werden komplexe Netzstrukturen in Form einer interaktiven Matrix dargestellt und editiert.

Der vorgestellte Ansatz der automatischen Generierung von semantischen Kontexten kann als erster Schritt der kollaborativen Erstellung von ontologischen Strukturen aufgefasst werden. Der semantische Kontext kann dabei prinzipiell aus einer Vielzahl unterschiedlicher Quellen gespeist werden. Hierzu zählen die in der Sitzung selbst erzeugten Materialien, bislang erarbeitete oder verwendete Dokumente, Ergebnisse von Recherchen sowie insbesondere auch die gesprochene Konversation. Die hierfür erforderlichen Mechanismen zur Integration unterschiedlicher, sowohl statischer als auch dynamischer Themenstrukturen sind Gegenstand für zukünftige Forschungsarbeiten.

5.2.6   Einsatz- und Anwendungspotentiale

Durch den Topic Miner kann die Kooperation und Koordination von Gruppenarbeit in verschiedenen Situationen unterstützt und beschleunigt werden. Im Folgenden werden verschiedene Fallbeispiele skizziert, in denen der Topic Miner Anwendung finden könnte:

- In der Redaktion einer Zeitschrift findet eine Konferenz zu einem aktuellen Thema statt. Da der Gegenstandsbereich neu ist, unterhalten sich die Teilnehmer zunächst über durchzuführende Recherchen. TopicMiner läuft im Hintergrund und extrahiert relevante Begriffe. Mit diesen wird bereits während des Gesprächs eine Online-Suche in Agenturarchiven und weiteren Quellen angestoßen, die Hintergrundinformationen, Archivbilder oder weitere Begriffe zu dieser Thematik liefert. Die an der Redaktionskonferenz beteiligten Personen können diese Ergebnisse mitverfolgen und hieraus neue Fragen oder Recherchebedürfnisse formulieren, die wiederum vom System ausgewertet werden. Hierdurch kann eine Art von unterstütztem Ideenfindungs-/Recherchezyklus erzeugt werden, der eine raschere und zielgerichtetere Formulierung eines Beitragskonzepts ermöglicht.
- Ein zweites Beispielszenario sind Brainstorming-Sitzungen zur Entwicklung neuer Produkte oder Dienstleistungen. Ein Unternehmen sucht nach innovativen Ideen, um neue Produkte erfolgreich zu entwickeln und zu vermarkten. Dafür muss zunächst ermittelt werden, wo Bedarf bestehen könnte. Die beteiligten Personen erörtern in einer Runde unterschiedliche Ideen. Der Topic Miner nimmt diese auf, ordnet sie und sucht im Hinter-

grund nach passenden Informationen. Die Beteiligten sehen diese dann bereits während ihres Gesprächs und können Informationen direkt in den Ideenfindungsprozess einbinden.

* Auch im medizinischen Kontext ist der Einsatz des Topic Miners denkbar. Der Arzt spricht nach der Untersuchung eines Patienten eine Falldokumentation und eine entsprechende Behandlungsmethode, die er gewählt hat, in das System. Für den Arzt ist dies keine große Umstellung, da er schon häufig die Dokumentation und Behandlungsmethode diktiert hat. Mit Hilfe des TopicMiner wäre es möglich, parallel zur Falldokumentation verwandte Fälle oder relevante Fachliteratur zu suchen und bereitzustellen.

5.2.7 Bewertung und Ausblick

Bei dem hier vorgestellten System handelt es sich um einen explorativen Prototypen, der noch keinen Anspruch auf unmittelbare Einsetzbarkeit erhebt. Dennoch zeigt das System TopicMiner erfolgreich einen neuen Ansatz auf: Durch eine Kombination perzeptiver, auf impliziten Nutzereingaben beruhender Interaktionsformen mit linguistischen und semantischen Methoden sowie Techniken der Informationsvisualisierung werden neue Unterstützungsszenarien für die Gruppenkooperation ermöglicht. Das Konzept der automatisierten Erkennung von semantischen Kontexten hat allerdings auch für weitere Anwendungsfelder ein erhebliches Potential, wie z.B. für adaptive Interaktionstechniken, sich selbst konfigurierende Navigationsstrukturen oder intelligente Assistenten.

In ersten Demonstrationen und Vorstudien konnte die Realisierbarkeit des Ansatzes gezeigt werden. Hierzu wurden sowohl vordefinierte Gesprächsszenarien wie auch freie Diskussionssituationen untersucht. Das Ziel einer Rückkopplung der erkannten Themen mit ausreichendem Echtzeitverhalten wurde erreicht. Die abgeleiteten Begriffsstrukturen wurden sowohl von den Gesprächsteilnehmern als auch von Beobachtern als größtenteils relevant für den tatsächlichen Gesprächsinhalt eingestuft. Die abgeleiteten Begriffe konnten aufgegriffen und in die Diskussion eingebunden werden. Systematischere Evaluationen der Effektivität der Gruppenunterstützung müssen allerdings weiterentwickelten Systemversionen vorbehalten bleiben.

Die Spracherkennung ist bislang sprecherabhängig, so dass das System zunächst von den Teilnehmern trainiert werden muss. Gegenwärtig ist nur dadurch eine ausreichende Erkennungsqualität zu erreichen. Allerdings kann dieses Problem für den praktischen Einsatz gemildert werden, z.B. durch serverbasierte Sprachprofile. Die Erkennung erwies sich auch bei schnell und beiläufig gesprochenen Texten als überraschend gut. Erkennungsfehler fielen aufgrund des nachfolgenden Matching gegen die terminologische Datenbasis weitaus weniger ins Gewicht, als dies bei einer reinen Diktieranwedung der Fall gewesen wäre. Die Disambiguierung erkennungsbasierter Eingaben anhand des semantischen Kontextes ist deshalb ein viel versprechender Ansatz, der in weiterführenden Arbeiten vertieft wird.

Auf Basis der bisherigen Ergebnisse sollen die Arbeiten in die folgenden Richtungen weitergetrieben werden: Zum einen wird in der Kernkomponente daran gearbeitet, auch typisierte Beziehungen zwischen erkannten Begriffen erstellen zu können. Hierzu werden als Basis typisierte Relationen in der zugrunde liegenden Wortschatzdatenbank erzeugt.

Weiterhin soll untersucht werden, wie die dynamische Entwicklung des Gesprächsfokus besser zu erfassen und darzustellen ist. Hierdurch soll es möglich sein, einen ‚roten Faden' der Gesprächsführung zu erkennen und zu dokumentieren. Für die Entwicklung des semantischen Kontextes ist außerdem die Integration zusätzlicher Ontologien oder Themenstrukturen von Bedeutung. Schließlich sollen neue Formen der Visualisierung und Gruppenunterstützung entwickelt werden. Diese sollen auch Möglichkeiten einschließen, die entstehenden Strukturen in der Gruppe interaktiv weiterzuentwickeln und z.B. durch Drag- & Drop-Techniken zu bearbeiten oder miteinander zu verknüpfen.

5.2.8 Literatur

Borghoff U.; Schlichter J.: Rechnergestützte Gruppenarbeit – Eine Einführung in verteilte Anwendungen. Heidelberg: Springer-Verlag, 1998.

Bun, M.; Ishizuka M.: Topic Extraction from News Archive Using TF*PDF Algorithm. In: Ling, T. W.; Dayal, U.; Bertino, E.; Ng, W. K.; Goh A. (Hrsg.): The Third International Conference on Web Information Systems Engineering (WISE'02). Singapore: IEEE CS Press, 2002.

Cowie, J.; Lehnert, W.: Information Extraction. In: Communications of the ACM. Vol. 39, Nr. 1, Seite 80–90, 1996.

Conklin, J.; Bergman, M L.: gIBIS: A hypertext tool for team design deliberation. In: Procceedings of Hypertext '87 Chapel Hill: ACM Press. Seite 247–251, 1987.

Dey, A.K.; Salber, D.; Abowd, G.D.; Futakawa M.: The Conference Assistant: Combining context-awareness with wearable computing. In: Proceedings of the 3rd International Symposium on Wearable Computers ISWC '99. San Francisco: IEEE Computer Society Press. Seite 21–28, 1999.

Gaßner, K.S.: Diskussionen als Szenario zur Ko-Konstruktion von Wissen mit visuellen Sprachen. Dissertation: Universität Duisburg, 2003.

Grishman, R.: Information Extraction: Techniques and Challenges. In: Pazienza, M.T. (Hrsg.): Information Extraction, Lecture Notes in Artificial Intelligence. Rom: Springer-Verlag, 1997.

Holsapple, C.W.; Johsi, K.D: A Collaborative Approch to Ontologie Design. In: Communications of the ACM, 45(2002) 2, Seite 42–47.

Jebara, T.; Ivanov, Y; Rahimi, A.; Pentland, A.: Tracking conversational context for machine mediation of human discourse. In: Dautenhahn, K. (Hrsg.): AAAI Fall 2000 Symposium – Socially Intelligent Agents – The Human in the Loop. Massachusetts: AAAI Press, 2000.

Palmer, D.D.; Burger, J.D.; Ostendorf, M.: Information Extraction from Broadcast News Speech Data. In: Procceedings of DARPA Broadcast News Workshop. Seite 41–46, 1999.

Shapiro, Alexander: Software TouchGraph LLC, 2002. http://www.touchgraph.com/ Besucht: 07.09.2006.

Streitz, N.; Geißler, J.; Haake, J.; Hoi, J.: Dolphin: Integrated meeting support across Liveboards, local and remote desktop enviroments. In: Frankhauser, P.; Ockenfeld, M. (Hrsg.): Integrated publication and information systems. Darmstadt: GMD IPSI, 1994.

Sure, Y.; Erdmann, M.; Angele, J.; Staab, S.; Studer, R.; Wenke, D.: OntoEdit: Collaborative Ontology Development for the Semantic Web. In: Horrocks, I; Hendler, J. A. (Hrsg.): The Semantic Web – ISWC 2002. First International Semantic Web Conference. Sardinia, Italy: Springer Verlag, 2002.

The Apache Software Foundation: Apache Tomcat, 1999-2006. http://tomcat.apache.org Besucht: 07.09.2006.

Rigoll, G.: The ALERT System: Advanced Broadcast Speech Recognition Technology for Selective Dissemination of Multimedia Information. In: Workshop on Automatic Speech Recognition and Understanding – ASRU 2001. Madonna di Campiglio, Italy, 2001.

5.3 Kooperatives Engineering content-intensiver Anwendungen

Michael Wissen, Jürgen Ziegler

Im Zuge des Erfolgs webbasierter Informationsplattformen, die neben content-orientierten Inhalten zunehmend Applikationen und Dienste bereitstellen, ist auch die Bedeutung des gesamten Entwicklungsprozesses content-intensiver Anwendungen gestiegen. Von hohem Interesse ist in diesem Zusammenhang die Fragestellung, wie die am Entwicklungsprozess beteiligten Personen kooperieren und welche systemtechnischen Unterstützungsmöglichkeiten die Zusammenarbeit verbessern können. Neben kooperationsunterstützenden Informationstechnologien wie E-Mail und anderen Groupware-Funktionen, die in der betrieblichen Praxis bereits sehr starke Verbreitung finden, sind vor allem Techniken zur direkten Unterstützung der Kooperation von Bedeutung. Existierende Werkzeuge wie etwa Videokonferenzen oder elektronische Teamräume, konnten sich bislang nicht auf breiter Basis durchsetzen, obwohl ein hoher Bedarf – insbesondere für räumlich verteilte Teams – besteht. Dieser Beitrag analysiert die Hintergründe für die bislang geringe Akzeptanz und zeigt Lösungsansätze für die auftretenden Probleme, die im Forschungsvorhaben INVITE entwickelt wurden. Dabei werden neben der technischen Betrachtung auch Fragen der organisatorischen Verankerung von Kooperationssystemen sowie soziale Aspekte berücksichtigt.

5.3.1 Einleitung

Die zunehmende Bedeutung netzbasierter Informationsplattformen mit Bereitstellungsmöglichkeiten für webbasierte Applikationen und Dienste hat zu der Notwendigkeit einer systematischen Unterstützung des Entwicklungsprozesses für content-intensive Anwendungen geführt. Mit dem Ziel, den Erstellungsprozess sowie die Speicherung und Handhabung von Inhalten und dessen Publikation zu unterstützen, hat sich eine Vielzahl neuer Systeme im Bereich des Content Managament (Bullinger et al., 2000) etabliert. Nicht nur ein, auch infolge dessen, stark anwachsendes Volumen an online verfügbarem Content, sondern auch die Tatsache, dass dieser inzwischen als wirtschaftlicher Faktor gesehen wird, hat zur Folge, dass die Erstellung von Content in zunehmenden Maße nicht mehr als Aufgabe einzelner zu sehen ist, sondern vielmehr als ein kooperativer Prozess, der innerhalb größerer und zum Teil auch verteilter Teams stattfindet.

In der betrieblichen Praxis stellt sich zunehmend die Anforderung, Projektgruppen informationstechnisch zu unterstützen, die gemeinsam mit der Bearbeitung einer bestimmten Aufgabenstellung befasst sind, und die dazu in unterschiedlichen Formen flexibel miteinander kooperieren. Diesen Anforderungen werden aktuelle Systeme für das Content Engineering nur insofern gerecht, als dass sie sich auf asynchrone Formen der Kooperationsunterstützung im Zusammenhang mit dem Management und der Publikation von Inhalten konzentrieren. Der Aspekt des kooperativen Content Engineering, der sich mit der systematischen Unterstützung kooperativer Prozesse bei der Erstellung und Strukturierung von Content sowie der gemeinsamen Modellierung aufbauender Prozesse befasst, bleibt dabei weitestgehend außen vor.

Die informationstechnische Unterstützung projektbezogener und verteilter Arbeitsformen lässt sich nicht auf die Ebene operativer Daten oder Arbeitsdokumente beschränken. Sie muss insbesondere auch kreative Tätigkeiten und den Wissensaustausch umfassen, da diese eine Schlüsselrolle für den Erfolg von Kooperationsprozessen einnehmen. Ein typisches Beispiel ist die Realisierung von IT-Produkten und Dienstleistungen, wie etwa die Entwicklung eines Intranet. Hierbei handelt es sich oft um schwach strukturierte Inhalte, die mit konventionellen Applikationen nur eingeschränkt kommunizierbar sind. Die zunehmende Wissensorientierung vieler Arbeitsprozesse erfordert deshalb neue Paradigmen der Systemunterstützung, die sowohl Kooperation wie auch Kreativität und Lernen in der Organisation fördern.

5.3.2   Entwicklung der Kooperationsunterstützung

Bereits Mitte der 80er Jahre wurden erste elektronische Gruppenarbeitsräume entwickelt, die besonders auf die Unterstützung kooperierender Teams in gemeinsamen Sitzungen ausgerichtet waren. Infolge der zunehmenden Ausstattung von Arbeitsplätzen mit Computern und deren Vernetzung, wurden in den letzten Jahren die Voraussetzungen für eine breite Anwendung von CSCW-Systemen (Greif, 1988) geschaffen. Hieraus ergab sich die Möglichkeit, auch räumlich verteilte Teams oder mobile Teilnehmer zu unterstützen.

Das Konzept der elektronischen Gruppenräume wurde in den letzten Jahren modernisiert: frühe Desktop-Systeme wurden durch Notebooks ersetzt, die jedoch nur eine Zwischenlösung darstellen. Mit dem Ziel, eine möglichst intuitiv bedienbare Arbeitsumgebung zu schaffen, werden in der aktuellen Entwicklung stiftbasierte Geräte wie z.B. Pen Tablets (mit Stift bedienbare Displays) oder „elektronisches Papier" als Alternativen untersucht. Außerdem wird versucht, die bislang immer noch recht kleinen Projektionsflächen hinsichtlich Größe und Auflösung zu verbessern, um den Sitzungsteilnehmern eine reichhaltigere Informationsumgebung anbieten zu können, in der möglichst alle relevanten Ideen und Inhalte gleichzeitig betrachtet werden können. Um eine effektive Gruppenunterstützung zu erzielen, müssen die Darstellungsflächen gleichzeitig interaktiv sein, d.h. mit Hilfe geeigneter Eingabegeräte müssen diese zum Zeichnen bzw. zur Manipulation der dargestellten Informationen genutzt werden können.

Während sich frühe Kooperationssysteme noch hauptsächlich darauf konzentrierten, den Anwendern eine gemeinsame Arbeitsoberfläche (Shared Whiteboard) mit verteilt nutzbaren Kommunikationswerkzeugen, wie beispielsweise E-Mail oder Chat, zur Verfügung zu stellen, existieren inzwischen Kooperationsplattformen, die eine Vielzahl von Funktionalitäten besitzen. Hierzu zählen verbesserte Kommunikationsmöglichkeiten durch Audio-/Videoconferencing Tools, eine erweiterte Kooperationsunterstützung durch die Einbindung einfacher Kreativitätstechniken (z.B. Brainstorming Tool), vor allem aber die Integration von

Werkzeugen, die die Koordination der Teamarbeit vereinfachen. Zu nennen sind in diesem Zusammenhang gemeinsame Gruppenkalender, ToDo-Listen sowie die Möglichkeit, Workflows zur Aufgabenbearbeitung zu generieren. Weitere Entwicklungen zielen auf die dreidimensionale Darstellung von Gruppenarbeitsräumen in einer virtuellen Welt. Mit Hilfe von Avataren, die jeweils ein Teammitglied repräsentieren, lassen sich beispielsweise Handlungen durch vom Avatar ausgeführte Gesten visualisieren.

Inzwischen ist die Zahl der am Markt erhältlichen Systeme kaum mehr überschaubar. Dies zeigt, dass der Bedarf nach derartigen Tools durchaus vorhanden ist. Vorteile von Kooperationstechnologien sind in mehreren Bereichen zu beobachten. Beispielsweise wird die aktive Mitarbeit externer Teilnehmer durch die Nutzung einer gemeinsamen Arbeitsoberfläche sowie Videoconferencing vereinfacht. Auch lässt sich feststellen, dass die Teammitglieder tendenziell offener sind, wenn sie ihre Ideen anonym in einer Brainstorming-Sitzung einbringen können. Ein weiterer Vorteil besteht darin, dass Medienbrüche verhindert werden, da die Ergebnisse digital vorliegen und am Computer weiterverarbeitet werden können.

5.3.3   Formen kooperationsunterstützender Systeme

Kooperationsunterstützende Systeme bilden keine einheitliche Kategorie von Systemen, sondern müssen als Spektrum unterschiedlicher Technologien aufgefasst werden. Dabei lassen sich meist drei hauptsächliche Funktionsbereiche unterscheiden, durch die kooperative Arbeitsformen unterstützt werden können:

- Kommunikationsunterstützung ermöglicht den Nachrichtenaustausch zwischen den Kooperationspartnern bzw. das unmittelbare Kommunizieren über Kommunikationskanäle wie z.B. Telefon, Videokonferenz.
- Kollaborationsunterstützung bezieht sich auf die Bereitstellung von Werkzeugen und Informationsstrukturen für das gemeinsame Bearbeiten von Arbeitsobjekten.
- Koordinationsunterstützung bezeichnet eine Menge von Werkzeugen für die verteilte Planung, Steuerung, Synchronisierung und Überwachung kooperativer Arbeitsprozesse. Beispiele für solche Werkzeuge sind Projektplanungssysteme, Gruppenkalender oder Workflow-Management-Systeme.

Die verschiedenen Arbeitsformen, die durch kooperationsunterstützende Systeme abgedeckt werden, lassen sich darüber hinaus nach räumlichen und zeitlichen Kriterien unterscheiden. Abbildung 1 gibt verschiedene Klassen von Unterstützungssystemen abhängig davon an, ob die Kooperation räumlich oder zeitlich zusammen bzw. getrennt erfolgt.

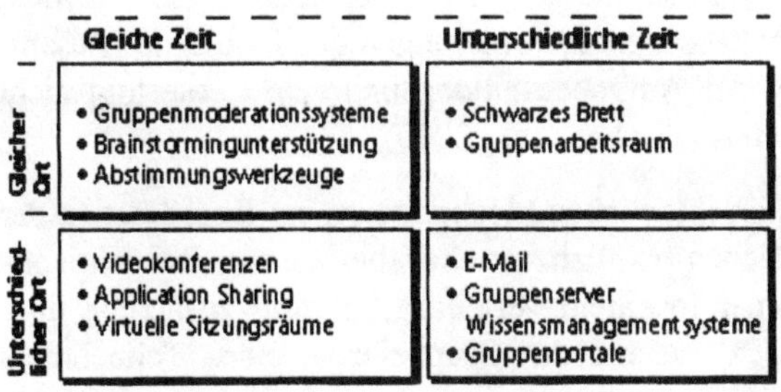

	Gleiche Zeit	Unterschiedliche Zeit
Gleicher Ort	• Gruppenmoderationssysteme • Brainstormingunterstützung • Abstimmungswerkzeuge	• Schwarzes Brett • Gruppenarbeitsraum
Unterschied-licher Ort	• Videokonferenzen • Application Sharing • Virtuelle Sitzungsräume	• E-Mail • Gruppenserver Wissensmanagementsysteme • Gruppenportale

Abb. 1: Klassifikation von Groupware nach räumlichem und örtlichem Zusammenhang

Um ein breites Spektrum an Einsatzmöglichkeiten zu bieten, decken die meisten Kooperationssysteme bestimmte Grundfunktionalitäten ab, z.B. Videoconferencing, Chat, MessageBoard, Shared Whiteboard, Shared Web Browsing, ToDo-Listen, Workflows. Einige wenige bieten darüber hinaus spezielle weitergehende Funktionalitäten an, z.B. interaktives kooperatives Explorieren und Analysieren von (Prozess-)Daten oder Applet Sharing. Mit diesen Funktionen sollen vielfältige Einsatzmöglichkeiten berücksichtigt und den Mitarbeitern zur Verfügung gestellt werden.

Während sich verschiedene Formen asynchroner Kooperationsunterstützung wie E-Mail oder gemeinsame Dokumentenablagen weitgehend durchgesetzt haben, blieb den synchronen Formen von CSCW und der Unterstützung von Meetings der große Erfolg bislang versagt. Nur in vereinzelten Fällen ist die Nutzung synchroner CSCW-Systeme in den Arbeitsabläufen eines Unternehmens verankert oder es werden nur einige wenige Funktionen tatsächlich genutzt. Insbesondere bei kreativen Aktivitäten, wie sie z.B. für die frühen Phasen einer Produktentwicklung typisch sind, sind konventionelle Mittel wie Flipchart oder Metaplan-Techniken am weitesten verbreitet.

Im Folgenden wird diskutiert, wo die Gründe für die mangelnde Nutzung synchroner Kooperationswerkzeuge und insbesondere von elektronischen Gruppenräumen liegen und wie sie überwunden werden können.

5.3.4 Defizite heutiger Systeme

Eine wesentliche und nicht unbegründete Ursache liegt in der allgemeinen Skepsis gegenüber Änderungen des Kommunikationsverhaltens während einer Teamsitzung. Durch den Einsatz softwarebasierter Systeme zur Unterstützung neuer Formen verteilter, synchroner Kommunikation wird von den Mitarbeitern ein stärkeres koordinatives Engagement gefordert, um die Schwierigkeiten, die sich aus der räumlichen Distanz ergeben, zu überwinden. Unterscheidet man in einer Gruppensitzung hinsichtlich der Kommunikation zwischen inhaltsbezogenen Merkmalen (d.h. Themen und Ideen, über die gesprochen wird bzw. Informationen, die ausgetauscht werden) und koordinativen Merkmalen (z.B. die Abstimmung über die Vorgehensweise oder die Frage, wer was macht), so führt der Einsatz von kooperationsunterstützenden Systemen zu einem größeren Abstimmungsbedürfnis und somit zu einem höheren Anteil koordinationsbezogener Äußerungen. Untersuchungen ergaben jedoch, dass der damit verbundene Rückgang inhaltsbezogener Äußerungen den Erfolg der Zusammenarbeit in Bezug auf die Bewältigung der Aufgabenstellung und dem Lernerfolg nicht mindert und somit die Skepsis unbegründet ist (Fischer et al., 2000).

Zu berücksichtigen sind zusätzlich die unterschiedlichen Mechanismen zur Koordination der Aktivitäten in einer Gruppensitzung. Neben expliziten inhaltsbezogenen Benachrichtigungsmöglichkeiten müssen die Teilnehmer in einem verteilten Szenario zusätzlich über Veränderungen informiert werden, die den Zustand der Gruppe bzw. eines Teilnehmers beschreiben. Der Grad der Informiertheit über Aktivitäten anderer Teilnehmer wird als Gruppenwahrnehmung bzw. Awareness bezeichnet. Was in Bezug auf Anwesenheit und Aktivität noch relativ einfach systemtechnisch realisierbar ist, gestaltet sich für Informationen über die Aufmerksamkeit bzw. Interessenlage eines Teilnehmers äußerst schwierig. Auch wenn ein hohes Maß an Awareness zu einer guten Einbindung der Kooperationsteilnehmer in die Gruppe führt, kann ein zu hoher Awareness-Grad eine Informationsüberflutung und somit eine starke Ablenkung der Teilnehmer zur Folge haben.

In technischer Hinsicht ergeben sich Schwierigkeiten vor allem aus der Interaktion mit dem eingesetzten System. Statt mehrere Ideen beispielsweise einfach auf Papier zu schreiben und gruppiert an eine Tafel zu heften, müssen in der Regel verschiedene Menüfunktionen aufgerufen werden, bis der Beitrag in gewünschter Weise für alle Teilnehmer einsehbar ist. Dieser zusätzliche Aufwand wirkt dem Wunsch entgegen, kreative Phasen effektiv zu nutzen.

Darüber hinaus existieren technische Probleme vor allem in der Echtzeitkommunikation über Audio-/Video-Kanäle. Beispielsweise führen zeitliche Verzögerungen zwischen dem Sprechen und dem Erreichen des Gesprächpartners und Asynchronität zu einer verstärkten Überlappung der einzelnen Sprechbeiträge. Meist wird versucht, diesen Effekt durch längere Einzelbeiträge auszugleichen. Schwierigkeiten in der Kommunikation stellen auch mangelnde nonverbale Austauschmöglichkeiten sowie das Fehlen von Zeigegesten dar, auch wenn versucht wird, das Problem durch Zusatzfunktionen in der Kooperationssoftware zu lösen. Dennoch lässt sich feststellen, dass der höhere Aufwand für die technikbezogene Koordination keine negativen Auswirkungen auf das erreichte Ergebnis hat.

Bei den meisten zurzeit verfügbaren Systemen handelt es sich um Anwendungen, die neben der Serverapplikation eine spezielle Client-Software beinhalten, die zunächst auf den einzelnen Arbeitsplatzrechnern installiert werden muss. Neben den hohen Investitionskosten und den anfallenden Pflege- und Wartungskosten ist für den Betrieb eines solchen Groupware-Systems umfangreiches Know-How notwendig. Die spezielle Client-Software stellt insofern ein Problem dar, als dass bei Sitzungen, bei denen die einzelnen Teilnehmer aus verschiedenen Abteilungen oder gar Unternehmensbereichen kommen, keine homogene Systemlandschaft erwartet werden kann. Zudem müssen sich die Beteiligten zuvor auf ein gemeinsames System einigen und sich mit diesem vorher vertraut machen. Aus diesen Gründen wächst die Zahl so genannter virtueller Teamräume, die in der Regel eine webbasierte Kommunikation erlauben. Server-Installationen sind hier nicht mehr unbedingt notwendig, der Installationsaufwand ist daher insgesamt als gering zu betrachten. Gleichzeitig sind sie bei erhöhter Auslastung durch Anfragen über das Web aber auch weniger performant.

Die Praxis zeigt, dass so genannte Shared Workspace Systeme auf Web-Basis auf die größte Akzeptanz stoßen. Der Grund hierfür ist darin zu sehen, dass sie eine sehr gute Möglichkeit zum Austausch beliebiger Dokumente bieten, und darüber hinaus mit nützlichen Funktionen wie einem Benachrichtigungsmechanismus über neu eingegangene oder veränderte Dokumente, Annotationen etc. ausgestattet sind. Sie eignen sich daher insbesondere für die gemeinsame Dateiablage, falls abteilungs- oder gar unternehmensweit auf die gemeinsamen Inhalte zugegriffen werden muss. Virtuelle Teamräume lassen sich mittlerweile auch mieten, so dass in der Systemlandschaft eines Unternehmens kein Server eingerichtet werden muss, auf den sowohl innerhalb des Unternehmens als auch von außerhalb zugegriffen werden kann. Dennoch erfüllen solche Systeme keineswegs die aufgezeigten Anforderungen, da sie sich ausschließlich auf asynchrone Kommunikationsmechanismen konzentrieren.

Wesentliches Merkmal von Kooperationsplattformen muss also die Integration sowohl synchroner als auch asynchroner Handlungen sein, um einerseits die frühen Phasen der Ideenentwicklung und des Informationsaufbaus zu unterstützen und andererseits den Anforderungen nachgelagerter Bearbeitungsprozesse gerecht zu werden. Erst dann lassen sich systemunterstützt gemeinsame Aufgabenstellungen durchgängig bearbeiten.

5.3.5 Neue Formen synchroner Teamarbeit

Bei einer zeitlich synchron stattfindenden Gruppensitzung wird zunächst unterschieden, ob es sich um eine räumlich verteilte Teamsitzung handelt oder ob zumindest ein Teil der Gruppenmitglieder in einem Raum zusammensitzt. Im letzteren Fall müssen neben geeigneten gruppenunterstützenden Softwarewerkzeugen zusätzlich Hardwarekomponenten zur Verfügung stehen, die allen Teilnehmern eine einheitliche und intuitiv bedienbare Arbeitsumgebung bieten. Anhand der Kooperationsplattform MetaCharts, die im Rahmen des BMBF-geförderten Forschungsprojektes zur Mensch-Technik-Interaktion INVITE (www.invite.de) entwickelt wurde, sollen neue Formen und technische Möglichkeiten der Kooperationsunterstützung für verteilte Teams vorgestellt werden. Hierzu sollen genannte Schwächen aktueller Systeme aufgegriffen und Lösungen für die durchgängige Unterstützung von Kooperationsprozessen erarbeitet werden.

Entwicklungs- und Testumgebung der konzipierten Methoden und Werkzeuge ist ein speziell eingerichteter Konferenzraum, der den Gruppenteilnehmern eine flexibel nutzbare Arbeitsumgebung zur Verfügung stellt. Er beinhaltet eine interaktive Projektionsfläche von ca. 6,5 x 1,8 Metern, die von mehreren Teilnehmern gleichzeitig genutzt werden kann (vgl. Abbildung 2). Die Interaktion mit der Projektionswand erfolgt wahlweise über herkömmliche Geräte wie Tastatur, Maus bzw. Trackball, über Sprache, oder mit Hilfe eines Laser-Stiftes. Mit diesem ist es möglich, sowohl aus der Ferne zu interagieren als auch unmittelbar auf der Wand zu schreiben (Wissen et al., 2001). Die lokalen Arbeitsstationen hingegen bestehen aus Pen Tablets, die über Wireless LAN miteinander verbunden sind. Für die Gruppenmitglieder ist es somit möglich, an beliebigen Positionen im Raum zu arbeiten, so dass im Rahmen einer Sitzung Teilgruppen flexibel organisiert werden können.

Abb. 2: Die Interaktive Wand des Fraunhofer IAO

Die Kooperationsplattform selbst lässt sich als eigenständige Applikation nutzen oder kann ohne vorherige Installation als Komponente in einem Webbrowser gestartet werden. Gleichzeitig ist es möglich, auf die erarbeiteten Inhalte mit Hilfe einer integrierten Projektplattform webbasiert zuzugreifen. Dies garantiert die Unabhängigkeit von vorhandenen Betriebsystemen bzw. Installationen der Software und somit die Möglichkeit der aktiven Teilnahme von beliebigen Orten aus.

Bereitstellung einer angemessenen Arbeitsumgebung
Die Grundidee der Forschungsaktivitäten besteht darin, bewährte traditionelle Formen der Zusammenarbeit in ihrer Funktionalität und Bedienbarkeit in eine IT-unterstützte Umgebung zu überführen. Beispielsweise werden Präsentationsflächen nicht nur zur Darstellung von Inhalten genutzt, sondern dienen gleichzeitig als Interaktionsmedium, das eine gemeinsame Arbeitsoberfläche für die Teammitglieder zur Verfügung stellt. Vor allem in der frühen Phase der Ideenfindung ist es wichtig, Ideen und Gedanken möglichst ohne technische Hindernisse unter Nutzung einfachster Hilfsmittel austauschen zu können: die Präsentationsfläche dient daher als beschreibbare „elektronische Tafel".

Diese Idee wird auch bei den einzelnen Arbeitsstationen der Teammitglieder fortgeführt. Pen Tablets bzw. Tablet PCs dienen als eine Art „elektronisches Papier" und werden vorwiegend ebenfalls mit einem Stift bedient. Ein integriertes Verfahren zur automatischen Erkennung der vom Benutzer ausgeführten Stifteingaben erspart den umständlichen Aufruf von Menüfunktionen. So können beispielsweise durch eine einfache Stiftgeste neue Karten zur Texteingabe erstellt werden oder gruppiert werden (siehe Abbildung 3). Die Gesten, die das Ausführen unterschiedlicher Funktionalitäten initiieren, können verschiedenen Funktionen des Systems zugeordnet werden und sind vom Benutzer sowohl modifizierbar als auch trainierbar. Die Integration der Stiftgestenerkennung basiert auf der an der Universität Berkeley entwickelten Bibliothek SATIN (Hong & Landay, 2000).

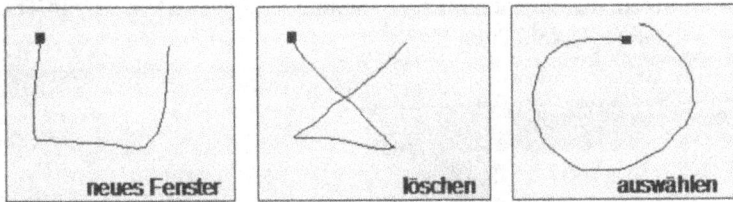

Abb. 3: Beispiele von Stiftgesten und zugeordneter Funktionalität

Analog zur Präsentationsfläche wird dem Benutzer auch auf den einzelnen Arbeitsrechnern der gemeinsame Arbeitsbereich angezeigt, auf dem er ohne Einschränkung arbeiten kann. Somit ist es möglich, dass räumlich verteilt arbeitende Teilnehmer an den gemeinsam erstellten Inhalten mitarbeiten können. Gleichzeitig wird jedem Teilnehmer ein privater Arbeitsbereich zur Verfügung gestellt, dessen Inhalte er zu einem beliebigen Zeitpunkt auf der gemeinsamen Arbeitsoberfläche publizieren kann. Texte und Skizzen, die von den Teilnehmern erstellt werden, können entweder als reines Bild beibehalten, oder in konkrete Objekte bzw. erkannte Texte überführt werden. So lassen sich einfache Diagramme erstellen und gemeinsam weiterbearbeiten (siehe Abbildung 4).

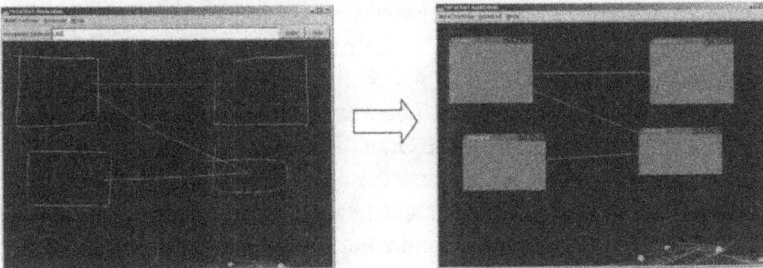

Abb. 4: Erkennung einfacher Handzeichnungen

Die systemtechnische Unterstützung bei der Eingabe handschriftlicher Skizzen ermöglicht dem Benutzer die Nutzung kreativer Phasen, da er sich bei der Eingabe der Ideen zunächst nicht mit der Art der Eingabe und zugehörigen Systemfunktionen auseinander setzen muss. Die von ihm gezeichneten Elemente können je nach Wunsch erst zu einem späteren Zeitpunkt in Objekte überführt werden. Der Fokus der Unterstützungsmethodik liegt auf der Erkennung von Beschriftungen und kurzen Textabschnitten, die handschriftlich vorliegen, und in Form von einfachen Objekten strukturiert sind.

Neben der handschriftlichen Eingabemöglichkeit erfordert die Bearbeitung von Aufgaben an großflächigen Projektionsflächen eine adäquate Unterstützung weiterer Interaktionsformen. In dieser Hinsicht ist neben der stiftbasierten Interaktion auch die Integration von Techniken zur Spracherkennung bzw. Sprachsteuerung von Bedeutung. Im Rahmen des Kooperationssystems MetaCharts wurden hierzu zwei Funktionalitäten umgesetzt. Zum einen lassen sich

Ideen in eine Textkarte diktieren, die dann unmittelbar anhand der Spracherkennung in Textbausteine umgewandelt werden (vgl. Abbildung 5).

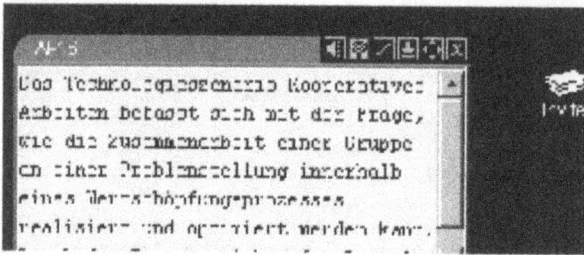

Abb. 5: Freie Texteingabe durch Aktivierung des Lautsprechersymbols einer Textkarte

Die zugrunde liegende Grammatik, die für die Erkennung der Sprache und die Umwandlung in Textbausteine herangezogen wird, ist bei der freien Texteingabe nicht eingeschränkt. Dies bedeutet, dass aufgrund des größeren Vokabulars die Komplexität des Erkennungsproblems hoch ist. Aus diesem Grund ist es in der Regel notwendig, die Spracherkennung auf die Sprache des Benutzers einzustimmen, d.h. das System zu trainieren.

Zum anderen können Menüfunktionen per Sprachsteuerung ausgeführt werden (siehe Abbildung 6). Mittels Sprache können hierdurch beispielsweise neue Ideenkarten generiert, vorhandene Karten neu strukturiert und Assoziationen zwischen einzelnen Karten erstellt werden. Die Menge der Sprachkommandos ist prinzipiell beliebig erweiterbar und lässt sich dadurch auch auf weitere Funktionen des Systems übertragen. Im Kern basiert die Erkennung der Sprachkommandos auf eine eingeschränkte Grammatik, die im Wesentlichen neben den festgelegten Funktionsaufrufen, die Titel der erstellten Karten enthält. Wird eine neue Karte erstellt, wird dessen Titel in den Wortschatz der Grammatik aufgenommen, so dass sich diese Karte durch ein entsprechendes Sprachkommando selektieren lässt und nicht per Maus oder anderem Gerät aufgerufen werden muss. Da der Wortschatz dieser dynamischen Grammatik gegenüber der Grammatik zur freien Spracheingabe wesentlich geringer ist, eignet sich der Einsatz auch ohne vorheriges Training.

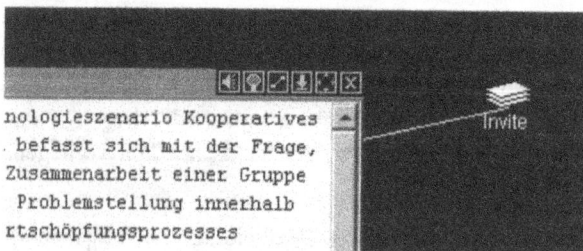

Abb. 6: Eingabe von Befehlen zum Erzeugen, Selektieren, Strukturieren, Suchen etc. auf Basis dynamischer Grammatiken (Bsp. „Verbinde AP16 mit Invite")

Unterstützung der Ideenfindung

In der frühen Phase der Ideenentwicklung zu einem bestimmten Thema eignen sich vor allem in der Gruppe einfache Kreativitätstechniken, die sich entweder moderiert oder unmoderiert einsetzen lassen. Die Zahl solcher Techniken ist mittlerweile sehr hoch, alleine im deutschen Sprachraum existieren mehr als hundert, von denen sich jedoch nur etwas mehr als zwanzig grundlegend unterscheiden. Der Einsatz solcher Kreativitätstechniken ist durchaus mit Skepsis zu betrachten: vor der Anwendung müssen die Techniken den Benutzern bekannt sein, was in der Regel nur selten der Fall ist. Von daher ist es hilfreich, sich bei der Integration solcher Techniken auf einige wenige zu beschränken, die in nicht-IT-unterstützten Sitzungen ebenfalls anzutreffen sind. Hierzu zählen vorwiegend Kartenabfrage, Brainstorming und Mind-Mapping, für die im Rahmen der Forschungsarbeiten eine kooperativ nutzbare Umsetzung entwickelt und die in das MetaChart-System integriert wurde. Zudem ist zu beachten, dass die Anwendung von Kreativitätstechniken die Freiheitsgrade der Mitarbeiter zu einem nicht unwesentlichen Teil einschränkt. Die Auswahl der Technik sollte daher vor Beginn einer Sitzung sorgfältig erfolgen. In IT-unterstützten Umgebungen bietet die Umsetzung von Moderations- und Kreativitätstechniken aber auch Vorteile. So können beispielsweise durch die Möglichkeit, in einer Brainstorming-Runde Ideen anonym einzubringen, eigene Barrieren überwunden oder auftretende Dominanzen einzelner Teilnehmer verhindert werden.

Die Kooperationsplattform MetaCharts bietet den Benutzern die Möglichkeit, Inhalte in Karten aufzunehmen und diese zu strukturieren. Die Benutzung und Handhabung der Karten basiert auf der Methodik zur Kartenabfrage. Einzelne Karten lassen sich in so genannten Containern verwalten, die beliebig strukturiert und somit auch ineinander verschachtelt werden können. Durch die Möglichkeit, Assoziationen zwischen den Karten und Containern herzustellen, lassen sich sowohl hierarchische als auch netzartige Strukturen aufbauen.

Um den Ideenfindungsprozess zu unterstützen, werden vom System verschiedene Kreativitätstechniken bereitgestellt. Darüber hinaus können die Inhalte einzelner Textfelder zur automatischen Vorschlagesgenerierung genutzt werden. Der Benutzer erhält dadurch zusätzliche Informationen, die mit den Inhalten der Textkarte in Verbindung stehen.

Grundlage der Vorschlagsgenerierung ist die Erfassung und Kategorisierung einerseits von Eingaben, die während einer Teamsitzung seitens der Gruppenteilnehmer erfolgen und andererseits die Klassifizierung vorhandenen Dokumentenbeständen. Die Inhalte eines Textfeldes werden vom System auf ihre Semantik hin analysiert, so dass mit Hilfe eines Ähnlichkeitsmaßes relevante Dokumente ermittelt werden können. Der Benutzer erhält schließlich in einem separaten Fenster eine Übersicht navigierbarer Suchergebnisse.

Strukturierung von Inhalten

Ein wesentliches Merkmal des Content-Engineering-Prozesses ist, neben der Informationsgewinnung, die Strukturierung und Verknüpfung von Inhalten. Für die weitere Nutzung und Verarbeitung der Inhalte ist eine Zuordnung von Metadaten von hoher Bedeutung. Aus diesem Grund werden beispielsweise für die Gestaltung von Internet- bzw. Intranetlösungen oder im Zusammenhang mit der Einführung von Techniken des Wissensmanagements oftmals Begriffssysteme aufgebaut, anhand derer der vorhandene Content kategorisiert wird. Der Aufbau solcher Begriffssysteme ist in erster Linie als ein kooperativer Vorgang zu betrachten, da über die zugrunde liegende Themenstruktur ein breiter Konsens hinsichtlich der Nutzergruppe erreicht werden muss. Die kooperationsunterstützenden Methoden im Zusammenhang mit der Ideenfindung wurden innerhalb des Kooperationssystems um Methoden zum Erstellen, Modifizieren und Austausch von Themenstrukturen bzw. Ontologien (Lenat & Guha, 1990) erweitert (siehe Abbildung 7).

Abb. 7: Bearbeitung von Themenstrukturen an der Interaktiven Wand

Mobiles Arbeiten

Eine Ergänzung zu den genannten Arbeitssituationen stellt die Einbindung mobiler Geräte dar. Die Nutzung von PDAs (Portable Digital Assistents) und Mobiltelefonen wird vom MetaCharts-System unterstützt, da derartige Geräte aufgrund ihrer Verbreitung und Akzeptanz dem Benutzer nahezu jederzeit zur Verfügung stehen. Sie stellen ein geeignetes Hilfsmittel dar, um kurze Notizen (auch in Sprache) aufzunehmen und zu einem späteren Zeitpunkt in den entsprechenden Kontext einzubringen. Zudem kann innerhalb einer aktuell stattfindenden Sitzung am Geschehen auch mit solchen Geräten teilgenommen werden.

Mit Hilfe eines PDAs ist es Benutzern möglich eine Übersicht über den gemeinsamen Arbeitsbereich zu erhalten und in Echtzeit neue Inhalte auf der verteilten Arbeitsfläche zu erstellen bzw. existierende Inhalte zu modifizieren. Weiterhin können Informationen aus bereits abgeschlossenen Gruppensitzungen exploriert werden.

Szenario

Unter Berücksichtigung der angesprochenen Problemfelder sieht die Durchführung einer verteilten Sitzung mit IT-Unterstützung in der Praxis beispielsweise wie folgt aus: Eine Gruppe von Mitarbeitern ist für die Neukonzeption des Internetauftrittes eines anderen Unternehmens verantwortlich. Nachdem in einem ersten Projektmeeting zusammen mit dem Auftraggeber die wesentlichen Anforderungen hinsichtlich der Zielsetzung, Strategie, Zielgruppe etc. erfasst wurden, soll nun ein Konzept für den Web-Auftritt erstellt werden. Die Gruppe trifft sich zu einem Workshop, bei dem anhand der erfassten Rahmenbedingungen

Inhalte und Funktionalitäten der neuen Website spezifiziert werden sollen. In diesem Workshop werden mittels verschiedener Kreativitätstechniken Ideen der Mitarbeiter in elektronische Karten aufgenommen, die für jeden Mitarbeiter sichtbar sind. Hierzu arbeitet die Gruppe zunächst an den Pen Tablets bzw. Tablet PCs des Konferenztisches. Dabei werden Texte, Zeichnungen und Diagramme erstellt und auf die gemeinsame Arbeitsoberfläche publiziert, deren Inhalte für alle Teilnehmer einsehbar und editierbar sind. Die Inhalte, die von den Teilnehmern der Gruppensitzung erzeugt werden, können vom System auf ähnliche Vorkommen im Datenbestand hin untersucht werden. Liegen verwandte Inhalte vor, werden diese in einem neuen Textfenster aufgeführt und können als Grundlage für weitere Informationen bzw. neue Ideen dienen. Der nachfolgende Arbeitsschritt, der die Strukturierung, Kategorisierung und Verknüpfung der Inhalte sowie die Planung etwaiger Abläufe vorsieht, stellt einen Prozess dar, der einen hohen Abstimmungsbedarf aufweist. Aus diesem Grund erfolgt die Durchführung dieser Tätigkeit durch einen Moderator in Abstimmung mit den beteiligten Teilnehmern an der gemeinsamen Arbeitsoberfläche. Nach der Kreativitätsphase werden die Ergebnisse unter den Mitarbeitern abgestimmt und nachdem Zuständigkeiten benannt wurden, in Einzelarbeit weiter ausgearbeitet.

Im nächsten gemeinsamen Meeting sollen die ausgearbeiteten Ideen und Lösungsmöglichkeiten mit dem Auftraggeber diskutiert werden. Die Gruppe trifft sich im Besprechungsraum. Auf der Präsentationsfläche, die gleichzeitig als Arbeitsoberfläche dient und für alle einsehbar ist, sind die ausgearbeiteten Ideen der Gruppe strukturiert aufgeführt. Der Auftraggeber, der über einen Webbrowser von seinem Büro aus auf diese Inhalte zugreifen kann, ist gleichzeitig über einen Video-/Audiokanal präsent. Die Gruppe stellt ihm die ersten Ideen vor und es erfolgt eine gemeinsame Diskussion bei der einzelne Inhalte modifiziert und überarbeitet werden. Am Ende des Meetings haben sich die Projektgruppe und der Auftraggeber auf eine Spezifikation der Website geeinigt.

Nutzung der erarbeiteten Inhalte

Doch was geschieht mit den erstellten Informationen und Inhalten? Aktuelle Systeme zur Kooperationsunterstützung sehen über die Projektbearbeitung hinaus keine weitergehende Nutzung der erstellten Inhalte vor. Dies ist ein großer Nachteil, zeigt sich doch, dass der weitaus größere Teil der Innovationen auf der weiteren Bearbeitung und Entwicklung bereits vorhandener Ideen beruht. Ziel muss es also sein, die gewonnenen Ideen in einer Art unternehmenszentralem Wissenspool zu sammeln, der durch weitere Gruppensitzungen, auch zu anderen Themen, inkrementell aufgebaut wird. Während einer Gruppensitzung lassen sich auf diese Art und Weise automatisch Parallelen zu bereits bestehendem Content ziehen, so dass die Teilnehmer der Sitzung mit zusätzlichen Anregungen unterstützt werden können.

Grundlage dazu ist die Anreicherung von Inhalten mit zusätzlichen Informationen. Diese Metainformationen können inzwischen durch Analyse der Inhalte automatisch erzeugt und zugeordnet werden. So ist es möglich, unternehmensspezifische Themenstrukturen zu erstellen und gleichzeitig zu nutzen. Weiterhin lassen sich auf solch einem Wissenspool gezielte Suchanfragen durchführen, die anhand der Metainformationen neben den eigentlichen Informationen beispielsweise auch Kompetenzen im Unternehmen zu einem Themengebiet ausfindig machen.

Um diese Möglichkeiten nutzen zu können ist es notwendig, Informationen zu klassifizieren und zu strukturieren. In der Regel ist dies ein Prozess, der die Mitarbeit mehrerer Personen erfordert, da verschiedene Personen bei der Klassifizierung von Informationen anhand unterschiedlicher Kriterien vorgehen.

Eine in kooperationsunterstützende Systeme integrierte weitergehende Nutzung der erarbeiteten Informationen und Informationsstrukturen gestaltet sich schwierig, da der Sinn und Zweck der Gruppensitzung und somit auch der erarbeiteten Inhalte der Kooperationsumgebung nicht bekannt sein kann. Daher muss ein System die Erstellung der Inhalte auf einer abstrakten Ebene ermöglichen, um die Nutzungsmöglichkeiten für unterschiedliche Arten von Gruppensitzungen nicht einzuschränken. In diesem Fall lassen sich die Inhalte auch mit anderen Anwendungen leichter verwenden.

Soziale Aspekte

In manchen Fällen ist es durchaus sinnvoll, eine Gruppensitzung zu moderieren. Bei elektronisch unterstützten Sitzungen fällt dem Moderator in der Regel auch die Aufgabe zu, die Sitzung vorzubereiten. Der Einsatz gut ausgebildeter Moderatoren ist in der Regel allerdings eine Kostenfrage. Die Folge ist, dass nur wichtige Gruppensitzungen von einem Moderator begleitet werden. Bei Gruppensitzungen, in denen kein Moderator zur Verfügung steht, muss entweder ganz auf eine Moderation verzichtet, oder es müssen elektronische Moderationswerkzeuge zur Hilfe genommen werden. Obwohl in diesem Bereich schon seit vielen Jahren geforscht wird, existieren hierzu bisher keine praktikablen Lösungsansätze. Aus diesem Grund wird bei den laufenden Forschungsarbeiten des Projektes INVITE versucht, vor allem bei kleineren Gruppen durch neue computergestützte Techniken bei der gemeinsamen Ideenfindung und durch Aufsplittung der verschiedenen Phasen der Zusammenarbeit (Sammlung, Strukturierung, etc.) die Schwierigkeit der Moderation zu umgehen.

Wesentliches Merkmal kooperationsunterstützender Systeme sollte zudem die Bereitstellung unterschiedlicher Sichten auf die einzelnen Inhalte sein. Gerade wenn es darum geht, Lerneffekte in der Zusammenarbeit zu fördern, ist es notwendig, unterschiedliche Sichten auf dieselben Inhalte miteinander zu vergleichen, zu verknüpfen und im Rahmen eines Lernprozesses einander anzunähern. Dies soll den Mitarbeitern helfen, ein gemeinsames Verständnis von ihrer Aufgabenstellung und Aufgabenbearbeitung zu entwickeln und somit ihr eigenes Wissen gezielter in den Bearbeitungsprozess einzubringen.

Darüber hinaus besitzt auch die Frage nach der organisatorischen Verankerung kooperationsunterstützender Werkzeuge und der sozialen Kompetenz in Bezug auf die Durchführung größerer Teamsitzungen hohe Bedeutung. Die Grundsteine dazu müssen bereits in der Ausbildung gelegt werden. Vor diesem Hintergrund wurde im Rahmen eines universitätsübergreifenden Pilotprojektes (www.moderation-vr.de) ein netzbasiertes Lehrangebot zum Thema Moderations- und Kreativitätstechniken entwickelt. Ziel war, durch Vorlesungen und Übungen, unter Verwendung der in diesem Beitrag skizzierten Kooperationsplattform Meta-Charts, den Studierenden die Möglichkeit zu geben, kooperatives Arbeiten und Lernen mit Unterstützung neuer Methoden und Werkzeuge zu erlernen und zu praktizieren.

5.3.6 Zusammenfassung und Ausblick

Der Versuch, eine IT-unterstützte Arbeitsumgebung für Gruppen zu schaffen, die weitestgehend den gewohnten Arbeitsabläufen klassischer Gruppenarbeit entspricht und in die unternehmensinternen Bearbeitungsprozesse integriert werden kann, stellt nach wie vor eine Herausforderung dar. Obwohl inzwischen durch aktuelle Forschungsprojekte grundsätzliche Verbesserungen und Erweiterungen hinsichtlich der Unterstützungsmöglichkeiten von Gruppen erreicht wurden, zeigt sich insgesamt, dass in diesem Bereich weiterhin Forschungsbedarf besteht, auch was die Akzeptanz kooperations- und kommunikationsunterstützender Systeme in verteilten Umgebungen und deren Integration in die unternehmensinternen Arbeitsabläufe betrifft. Zumindest auf Forschungsseite existieren Ansätze, die eine in Produktentwicklungsprozesse integrierte Lösung kommunikations- und kooperationsunterstützender Systeme verfolgen. Im Vordergrund stehen vor allem virtuelle Teamräume, in denen Lösungskonzepte für die oben genannten Problemfelder umgesetzt werden.

Doch bevor elektronische Gruppenräume in selbstverständlicher Art und Weise genutzt werden können, gilt es noch wesentliche Hemmnisse zu überwinden. Die Schwierigkeiten beginnen schon bei der technischen Ausstattung der Gruppenräume. Die eingesetzten elektronischen Geräte entsprechen in ihrer Bedienung und in ihren Leistungsmerkmalen bisher nicht dem Bedienkomfort und den Einsatzmöglichkeiten klassischer Werkzeuge zur Gruppenarbeit (Papier, Stift, Wandtafel etc.). Dies schließt vor allem die Interaktion mit Projektionsflächen mittels stiftähnlicher Zeige- und Schreibgeräte bzw. über Sprache sowie die Erkennung von handschriftlichen Skizzen ein. Zudem ist es wünschenswert, dass interaktive Gruppenräume dem Benutzer gegenüber eine gewisse „Intelligenz" erkennen lassen, beispielsweise dadurch, dass sie Körpergesten des Benutzers erkennen und entsprechende Aktionen ausführen, ohne dass dieser spezielle Geräte bedienen muss.

Verbesserungspotential existiert zudem bei den derzeit verfügbaren softwarebasierten Unterstützungswerkzeugen. Auch wenn die Vielzahl unterschiedlicher Sitzungsarten nicht einfach in eine elektronische Umgebung portierbar sind, müssen geeignete Hard- und Softwarewerkzeuge entwickelt werden, die den Benutzer bei der Eingabe von Ideen und Inhalten in unterschiedlichen Arbeitssituationen unterstützen. Zudem müssen Mechanismen entworfen werden, die den Austausch, die Strukturierung und die Verknüpfung der gesammelten Informationen zu einem gemeinsamen „Wissenspool" ermöglichen. Dies erlaubt die implizite Nutzung der gesammelten Inhalte – beispielsweise für Suchanfragen nachfolgender Gruppensitzungen und die Bereitstellung der erarbeiteten Ergebnisse im Sinne eines unternehmensweiten Wissensmanagement.

5.3.7 Literatur

Bullinger, H. J.; Schuster, E.; Wilhelm, S. (Hrsg.): Content Management Systeme: Auswahlstrategien, Architekturen und Produkte. Düsseldorf: Verlag Handelsblatt GmbH, 2000.

Fischer, F.; Bruhn, J.; Gräsel, C.; Mandl, H.: Kooperatives Lernen mit Videokonferenzen: Gemeinsame Wissenskonstruktion und individueller Lernerfolg. Kognitionswissenschaft, 9 (1), Seite 5–16, 2000.

Greif, I.: Computer-Supported Cooperative Work: A Book of Readings. San Marco (CA): Morgan Kaufmann, 1988.

Hong, J. I.; Landay, J. A.: SATIN: A Toolkit for Informal Ink-based Applications. In UIST 2000, ACM Symposium on User Interface Software and Technology, CHI Letters, 2(2), Seite 63–72, 2000.

Wissen, M.; Wischy, M. A.; Ziegler, J.: Realisierung einer laserbasierten Interaktionstechnik für Projektionswände. Mensch & Computer 2001, Eds.: Oberquelle, H.; Oppermann, R.; Krause, J.: B.G. Teubner Verlag, 2001.

Lenat, D. B.; Guha, R. V.: Building large knowledge-based systems. Addison-Wesley, 1990.

5.4 Content Management und Visualisierung

Josef Schneeberger, Christoph Kunz

5.4.1 Visualisierung vernetzter Informationsobjekte

Große, vernetzte Informationsstrukturen sind die Realität bei vielen Anwendungsbereichen, in denen komplexe Sachverhalte modelliert und beschrieben werden. Als Hauptanwendungsfall wird hier die technische Dokumentation betrachtet. Die Europäische Gemeinschaft hat in den vergangenen zehn Jahren eine Reihe von Vorschriften erlassen, die Hersteller von technischen Produkten zur Erstellung von Dokumentationen verpflichtet (z.B. Richtlinie 92/59/EWG). Mit diesen Vorschriften wird nicht nur geregelt, welche Haftungsansprüche sich aus fehlender Dokumentation ableiten lassen, sondern es gibt auch Vorschriften über Umfang, Aufbau und Inhalt der Dokumentation.

Eine technische Dokumentation stellt aus der Sicht der Ersteller – u.a. Autoren, Redakteure und Übersetzer – ein stark vernetztes Geflecht aus Textbausteinen dar. Das wichtigste Strukturierungsmittel zur Organisation dieser Textbausteine sind Hierarchien für verschiedene Klassifikationen. Typische Klassifikationen sind die Standardhierarchie anhand der Komponenten und Subkomponenten. Eine andere Strukturierung ist der Aufbau des Handbuchs in seine Kapitel- und Abschnittsstruktur. Dazu kommen Querverweise wie „siehe auch", Literaturverzeichnis oder Glossarverweise. Dadurch ergibt sich eine Netzwerkstruktur, die auch Zyklen enthalten kann (siehe Abbildung 1).

Komplexe Netzwerke über Informationseinheiten gibt es nicht nur in der Dokumentation, sondern auch beim Web Site Management, Wissensrepräsentationen wie Topic Maps, Ontologien oder Konfigurationen von Software Produkten.

Die Visualisierung von Netzwerkstrukturen ist aus unterschiedlichen Gründen problematisch. Die bekannten Verfahren zur automatischen Generierung von Netzwerk Layouts (Rendering) sind nur für bestimmte spezialisierte Informationsbedürfnisse geeignet. Wird das Netzwerk sehr groß, spielt auch das Laufzeitverhalten der Rendering Verfahren eine wichtige Rolle. Für unerfahrene und gelegentliche Benutzer sind Visualisierungen als Netzwerk oft nicht leicht durchschaubar. Andererseits ist es für erfahrene und häufige Benutzer des oben skizzierten Anwendungsbereichs wichtig, Teilnetze mit bestimmten Informationsinhalten schnell wieder zu erkennen und zu finden.

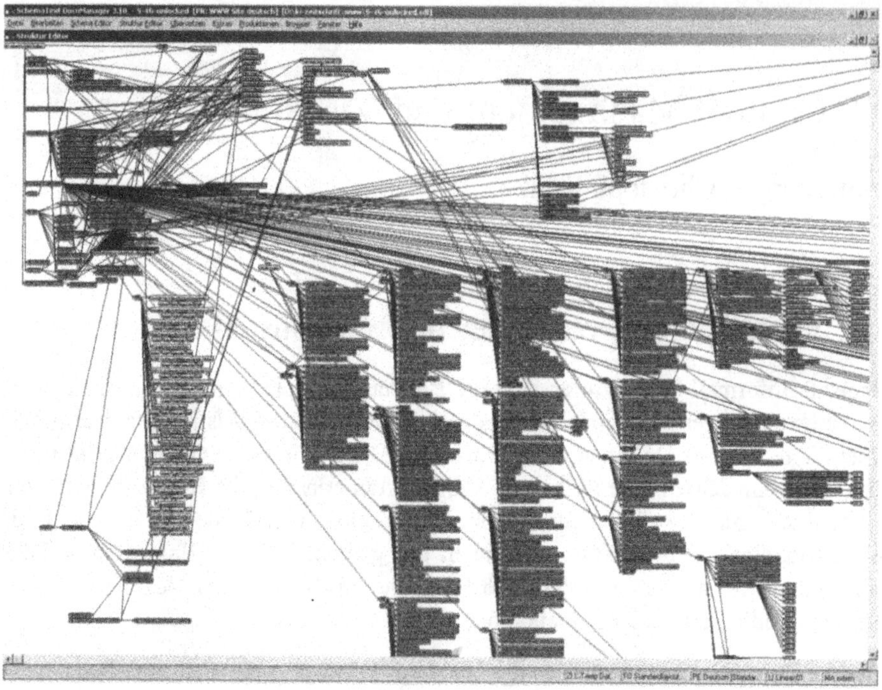

Abb. 1: Visualisierung eines Ausschnitts einer Dokumentstruktur mit SchemaText

5.4.2   State of the Art

Bei der Darstellung großer Netze geht es um Informationsvisualisierung (siehe Munzner 2000). Das heißt, es wird eine räumliche Darstellung aus rein virtuellen Daten erzeugt. Die räumliche Darstellung soll dann zum schnelleren und besseren Verständnis der Daten beitragen. Wichtige Einflussfaktoren auf die Visualisierung sind Nachbarschaft und Größe sowie zusätzliche Eigenschaften wie Farbe oder Form der dargestellten Objekte. Dabei weisen sowohl Gruppierungen von Objekten als auch hervorgehobene Darstellungen (groß, farblich betont) auf wichtige Aspekte hin.

In der Literatur erschien in den vergangenen Jahrzehnten eine Reihe von bewährten Visualisierungen für Netzwerkstrukturen. Allerdings hat man den Eindruck, dass sich die meisten dieser Verfahren an unerfahrene Benutzer richten, die damit unbekannte Datenräume explorieren können. Der normale Anwendungsfall einer Visualisierung komplexer Datenstrukturen ist das „Browsen" bzw. „sich einen Überblick verschaffen", um eine ganz bestimmte Informationseinheit zu finden.

Bei der redaktionellen Arbeit an Informationsbeständen stehen andere Aktivitäten im Vordergrund, die eine Änderung und Erweiterung des Informationspools bewirken:

- Erweiterung einer Informationsstruktur um Teilstrukturen.
- Veränderung der Verbindungsstruktur: Löschen, verändern und einfügen von Verbindungen. Bei diesen Operationen ist wichtig, dass sowohl auf die Verbindung als auch auf die bestehenden und neu zu erstellenden Endpunkte durch direkte Manipulation zugegriffen werden kann.
- Verschieben von Teilstrukturen in einen anderen Kontext des Netzwerks.

Die geeignete Unterstützung solcher Aktivitäten führt zu einer anderen Bewertung von Visualisierungskonzepten, im Gegensatz zu rein explorativen Aufgabenstellungen.

Vergleichende Untersuchung von Visualisierungskonzepten

Um einen Überblick über die bekannten und verwendeten Visualisierungsverfahren zur Darstellung umfangreicher Hypermedia-Netze zu erhalten, wurden verschiedene Forschungsprojekte sowie Produkte untersucht. Bei der Auswahl der untersuchten Konzepte wurde besonderer Wert auf eine klare Unterscheidung der Modelle in Bezug auf die verwendete Visualisierungstechnik gelegt, um einen breiten Anwendungsbereich abzudecken und durch die Evaluierung von Kombinationsmöglichkeiten dieser Konzepte eine möglichst umfangreiche und effiziente Modellsynthese generieren zu können. Für den Vergleich der Visualisierungstechniken wurde ein Klassifizierungsschema entwickelt, das eine Bewertung der Eignung für die vorliegende Anwendungsproblematik der Darstellung umfangreicher Hypermedia-Netze erlaubt. Dabei wurden die folgenden Systeme/Methoden untersucht und bewertet: MAPA Site Maps (Durand und Kahn 1998), Hyperbolic Trees (Lamping und Rao 1996), Cone Trees (Furnas 1986), Perspective Walls (Mackinlay, e.a. 1991), Time Tubes (Chi, e.a. 1998).

Die folgende Tabelle fasst die Eigenschaften der untersuchten Visualisierungsverfahren zusammen. Dabei ist zu beachten, dass die ausgewählten Techniken nur exemplarisch für eine Vielzahl unterschiedlicher Visualisierungsverfahren stehen.

	MAPA	Hyperbolic Trees	Cone Trees	Perspective Walls	Time Tubes
Strukturierungs- möglichkeiten	--	+	+	o	--
Darstellbare Informationsvielfalt	+	-	+	o	--
Klarheit der Darstellung	++	o	+	-	o
Navigations- möglichkeiten	+	o	--	o	--
Visualisierung von Netzstrukturen	+	+	+	-	o

Tabelle 1: Zusammenfassung der Eigenschaften der untersuchten Visualisierungsverfahren

Die vergleichende Untersuchung wurde als Ausgangsbasis für die Kombination unterschiedlicher Visualisierungsverfahren und Bildschirmmetaphern verwendet.

SchemaText 3D Client

Neben zweidimensionalen Systemen wurde auch eine echte 3D-Darstellung in einer prototypischen Implementierung untersucht. Ausgehend von der Studie auf der Basis von VRML wurde ein Prototypsystem in Java implementiert. Die Funktionalität umfasste:

- 3D-Darstellung von Knotennetzen.
- Verschiedene Möglichkeiten bei der Umsetzung der Tiefeninformation: z.B. Verlinkungsgrad, Typisierung der Knoten, Metainformationen.
- Unterschiedliche Möglichkeiten (Shapes) zur Darstellung von Knoten.
- Einfache Interaktionen (Editierfunktionen) mit den Knoten eines Netzes.

Abbildung 2 zeigt den 3D-Client.

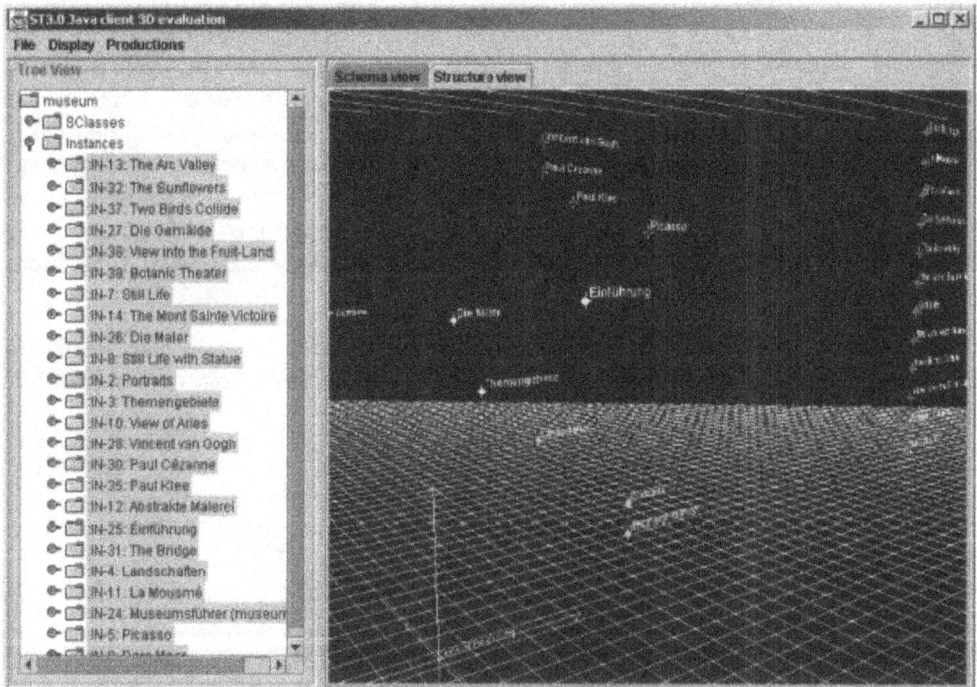

Abb. 2: SchemaText 3D-Client

Bei der Realisierung des 3D-Systems standen zunächst die Wahl geeigneter Ein- und Ausgabegeräte im Vordergrund. Die intendierten Benutzer sind also Mitglieder im Dokumentations-Team, wenn auch in unterschiedlichen Rollen. Insbesondere beim 3D-Client ist der Systembenutzer ein erfahrener Redakteur. Folgende Funktionen im Vordergrund:

- Eine problemadäquate Visualisierung komplexer Strukturen.

- Ermöglichung unterschiedlicher problemspezifischer Sichten (z.B. Auswahl der unbearbeiteten Objekte, Auswahl aller Objekte mit Handlungen).
- Schnelle Manipulation und Navigation im Problemraum.
- Weniger wichtig sind Funktionen, wie sie für unerfahrene Benutzer von Bedeutung sind (z.B. Exploration, Browsing und Suche in einem unbekannten System).

Aus diesem Benutzungsszenario lassen sich folgende Anforderungen ableiten:

- Alle Systemkomponenten müssen für einen typischen Redakteursarbeitsplatz geeignet sein, d.h. es handelt sich um Rechner und Komponenten auf einem Schreibtisch; die Kosten für den Arbeitsplatz dürfen die Kosten für einen typischen Arbeitsplatzrechner nicht wesentlich überschreiten.
- Der Redakteursarbeitsplatz wird typischerweise einen vollen Arbeitstag produktiv eingesetzt. Damit müssen alle Systemkomponenten den ergonomischen Ansprüchen einer Dauerbenutzung genügen.

Durch die Anlehnung an einen klassischen Büroarbeitsplatz scheiden viele 3D-Visualisierungen bzw. Manipulationsmöglichkeiten von vorne herein aus. Insbesondere immersive Techniken (siehe Kapitel 6.4) sind für traditionelle Arbeitsplätze in der Redaktion in naher und mittlerer Zukunft nicht denkbar. Aus diesem Grund wurde für die Visualisierung auf dem Bildschirm eine Lösung mit einer 3D-Schutterbrille bzw. eine 2D-Projektion der dreidimensionalen Darstellung gewählt. Zur Navigation und Manipulation wurde eine Spacemouse eingesetzt, die – nach einer kurzen Einarbeitungsphase – eine effiziente Manipulation von 3D-Objekten erlaubt.

Die Oberfläche des SchemaText 3D-Clients erlaubt die Navigation in einer dreidimensionalen Anordnung von Dokumentationsstrukturen und die Interaktion mit einzelnen Objekten. Um Irritationen zu vermeiden, und um eine möglichst intuitive Navigation zu realisieren wurden die Freiheiten bei der Navigation in experimentellen Szenarien eingeschränkt. Dabei hat sich gezeigt, dass eine völlig freie Navigation nicht wünschenswert ist. Insbesondere Bewegungen um die x-Achse führen zur Verwirrung. Aufgrund der Schwächen bei der Navigation und Manipulation wurde die Entwicklung des 3D-Clients nicht mehr weiterverfolgt.

Matrix Visualisierungen
Eine Visualisierung in Form einer Matrix wird vom GRIPS System der STAR Group verwendet (siehe STAR Group). Dabei werden drei Klassen von Informationen unterschieden:

- Produkte und Produktkomponenten,
- Varianten,
- Informationstypen.

Die GRIPS Benutzeroberfläche visualisiert diese Dimensionen. Je zwei der drei Informationsdimensionen können gleichzeitig angezeigt werden. Dies erlaubt eine redundanzfreie Verwaltung von Textbausteinen und das schnelle Auffinden von Informationsbausteinen zum Zwecke der Wiederverwendung. In der Informationsmatrix können Aktionen ausgelöst werden, indem Kreuzungspunkte angeklickt werden, wie zum Beispiel das Öffnen der Inhalte in einem SGML Editor. Die Informationsmatrix dient auch zur Überwachung und Visualisierung des Fertigstellungsgrades der einzelnen Informationsobjekte.

5.4.3   Innovationen und Ergebnisse

Als wichtigstes Ergebnis wurde das Visualisierungsmittel des Matrixbrowsers in einer angepassten Form im Redaktionssystem ST4 prototypisch implementiert und integriert. Dazu war es notwendig, dass der Systemkern des Redaktionssystems ST4 so modularisiert wurde, dass die integrative Verwendung unterschiedlicher Visualisierungsmodule gleichzeitig in multiplen Clients möglich wurde. Das Grundkonzept des Matrixbrowsers (siehe Kapitel 3.1) wurde entsprechend modifiziert, so dass es den Anforderungen des redaktionellen Arbeitsalltags entsprach. Schließlich wurden in einem Benutzbarkeitstest die verschiedenen möglichen Visualisierungstechniken gegeneinander evaluiert.

Modularisierung des ST4 Systemkerns
Um eine vergrößerte Flexibilität bei der Anbindung von Visualisierungskomponenten zu ermöglichen, wurde der Systemkern des Redaktionssystems ST4 modifiziert und teilweise reimplementiert. Mit dem neuen Systemkern von ST4 können nun redaktionelle Objekte gleichzeitig auf unterschiedlichen Clients in unterschiedlichen Visualisierungen dargestellt werden: Solche multiplen Sichten (Views) sind Netzwerkdarstellung, Hierarchien und Bäume oder die Matrixvisualisierung. Dadurch wurde es möglich mit realistischen Anwendungsdaten zu arbeiten, und auch die Funktionalität der unterschiedlichen Visualisierungen in direkter Zusammenarbeit mit bestehenden Systemkomponenten zu testen und zu vergleichen.

Abbildung 3 zeigt ein Strukturbild der modifizierten ST4 Systemarchitektur. In der Mitte sind die Serverkomponenten abgebildet. Basis des Systems sind eine SQL Datenbank und die Serverkomponenten:

- Ein Application Server, der die Logik des ST4 Systems realisiert, d.h. alle Objekte wie Textbausteine, Verzeichnisse, Metainformationen etc.
- Ein Index Server zur Unterstützung der effizienten Suche in XML Inhalten.
- Ein Workflow Server zur Steuerung von verteilten Arbeitsabläufen.

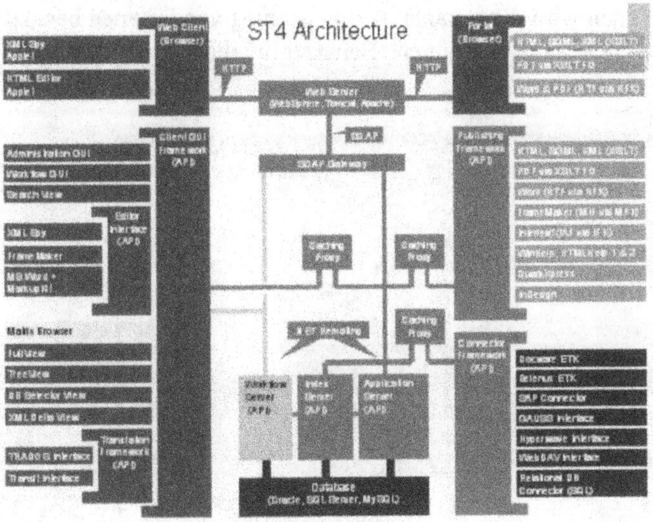

Abb. 3: ST4 Systemarchitektur

Die verschiedenen Clients bzw. Generatoren für die Zielmedien werden über Proxy und HTTP Server an die genannten Serverkomponenten angeschlossen. Auf der rechten Seite von Abbildung 3 sind die Generatoren dargestellt, die zur Erzeugung von Ausgabeformaten (Druck- und Online Formate) dienen.

Auf der linken Seite der Graphik sind die beiden Clientsysteme dargestellt. Neben einem Web-Client für einfache Aufgabenstellungen mit gelegentlichen Benutzern gibt es das Client GUI Framework, das für unterschiedliche Aufgabenstellungen konfiguriert werden kann. Dieser Client enthält auch die Visualisierungskomponente des Matrixbrowsers.

Der Matrixbrowser
Bei den Benutzertests mit der oben beschriebenen 3D-Oberfläche hat sich gezeigt, dass die Effizienz im Umgang mit Netzwerken nicht befriedigend ist. Vor allem die Navigation und Manipulation solcher Netzwerke ist gegenüber einer zweidimensionalen Darstellung nicht verbessert. Aus diesem Grund wurde eine alternative Darstellung von multiplen Relationen entwickelt: Der MatrixBrowser (siehe Kapitel 3.1).

Die neue Darstellung erlaubt die gleichzeitige Visualisierung von mindestens drei Relationen. Dabei können (müssen aber nicht) diese Relationen Ordnungen sein. Ordnungsrelationen stellen die wichtigsten Relation in Dokumenten dar (Inhaltsverzeichnis, logische Ordnung, Druckreihenfolge, Index), daneben gibt es aber auch weitere Relationen, die keine Ordnungseigenschaft aufweisen (Querverweise). Die neu entwickelte Darstellung erlaubt es, diese Relationen zu kombinieren und Teilrelationen ein- bzw. auszublenden, so dass der Fokus des Betrachters schnell auf die interessanten Bereiche des Netzes verschoben werden kann.

Bei der Manipulation der Relationen wird die bekannte Visualisierung von Bäumen benutzt, wodurch eine schnelle Adaption auch durch unerfahrene Benutzer möglich wird.

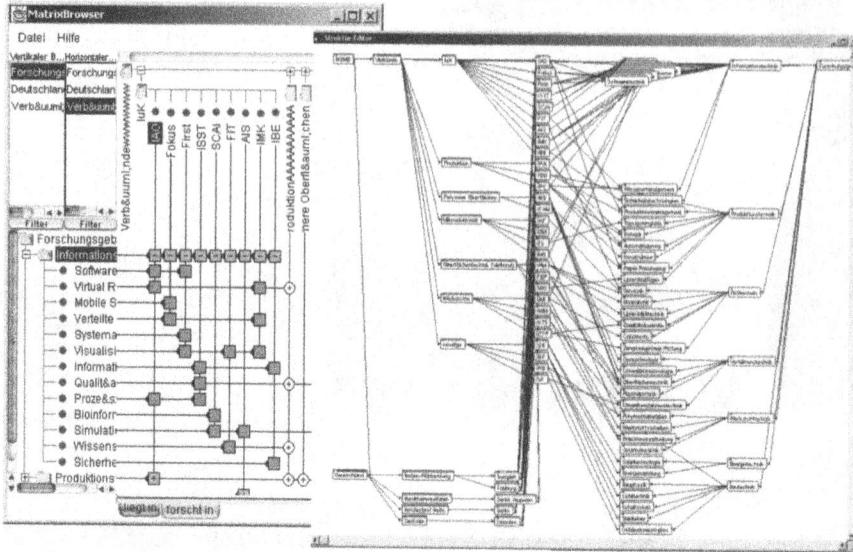

Abb. 4: Gegenüberstellung von MatrixBrowser und Netzwerkdarstellung

Abbildung 4 zeigt eine Gegenüberstellung der Matrixdarstellung mit der Netzdarstellung von SchemaText. Im rechten Teil der Abbildung sind zwei hierarchische Strukturen bzw. Bäume, die zur besseren Übersichtlichkeit gegeneinander angeordnet wurden. Zwischen den Blättern dieser Bäume sind alle Querverweise zu sehen. Die große Anzahl dieser Querverweise macht es schwierig, jeweils den genauen Anfang und Ende der Pfeile zu lokalisieren. Die linke Seite zeigt eine Visualisierung derselben Relationen mit dem MatrixBrowser. Dabei werden die hierarchischen Relationen am linken und oberen Rand der Matrix dargestellt, während die Matrix selbst binäre Relationen der Querverweise visualisiert.

Neben den grundsätzlichen Darstellungseigenschaften des MatrixBrowsers (vgl. Abbildung 4) gibt es weitere Optionen zur Visualisierung multipler Hierarchien, mehrerer bzw. typisierter, binärer Relationen. Eine detaillierte Darstellung dieser Optionen ist in Kapitel 3.1 zu finden.

Matrixbrowser – 45 Grad Variante

Bei ersten Arbeiten mit der „klassischen" Form des MatrixBrowsers hat sich herausgestellt, dass die Bezeichnungen der Elemente des Baums an der horizontalen, oberen Achse nur schwer zu lesen sind. Aus diesem Grund wurde ein alternatives Darstellungsmodul konzipiert und implementiert, in dem die Matrix um 45 Grad gedreht ist. Dadurch können alle Beschriftungen horizontal von links nach rechts dargestellt werden.

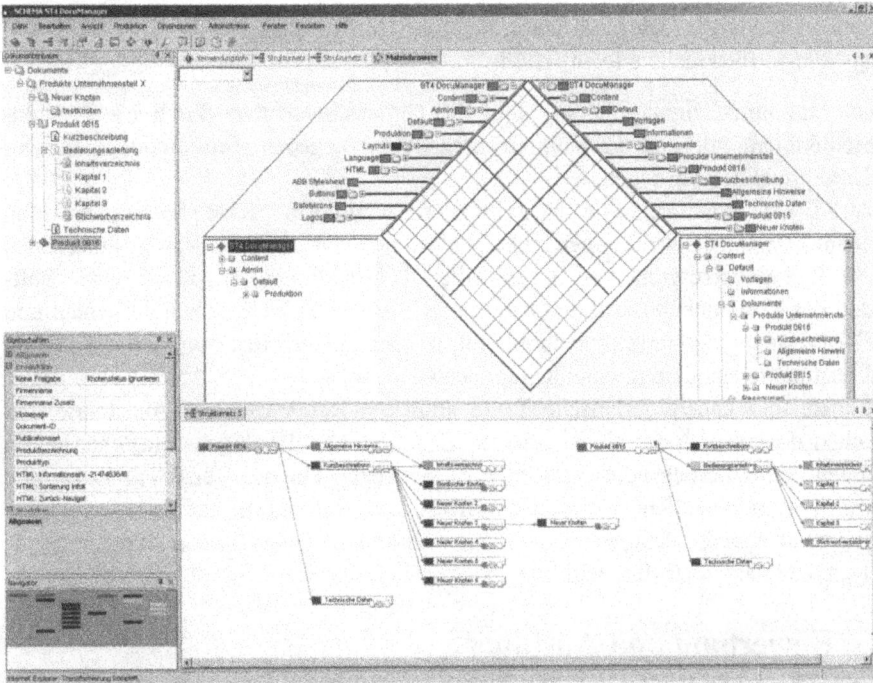

Abb. 5: 45 Grad Variante des MatrixBrowsers eingebettet als Visualisierungskomponente in den ST4 Client.

Abbildung 5 stellt eine typische Konfiguration des ST4 Clients dar. Sie besteht aus Baumdarstellungen für die Objekttypen, die zur Realisierung einer Dokumentation vorgesehen sind (links), und einem Ausschnitt aus der Standardhierarchie aller Dokumentbestandteile (rechts). Den unteren Bildausschnitt nimmt die bekannte planare Netzdarstellung der Dokumentstruktur ein, die für den neuen Client überarbeitet wurde. Unten links ist eine Lupenfunktion für die planare Netzdarstellung zu sehen.

Bei der redaktionellen Arbeit können nun Teiler unterschiedlicher Hierarchien ausgewählt und per „drag and drop" von der einen Visualisierung in die andere übernommen werden. Ein Wurzelobjekt aus der Standardhierarchie wird ausgewählt und in die Netzdarstellung oder in den Matrixbrowser übernommen. Im Falle der Netzdarstellung werden dann zusätzliche Links sichtbar, die im gewählten Netzausschnitt außerhalb der Standardhierarchie existieren. Genauso kann das Wurzelobjekt als eine der beiden Hierarchien des Matrixbrowsers übernommen werden. Verknüpfungen zwischen den beiden Hierarchien können für unterschiedliche Linktypen dargestellt, angelegt und modifiziert werden.

5.4.4 Anwendungsfelder und Verwertungsmöglichkeiten

In ersten Kundenprojekten der SCHEMA GmbH hat sich gezeigt, dass der Matrixbrowser eine gute Option zur Visualisierung von Benutzerdaten darstellt, insbesondere in Fällen, in denen die Information von Natur aus durch mehrere Dimensionen bestimmt ist. Folgende Anwendungsfälle wurden bislang identifiziert:

- In einem Maschinenbauunternehmen sind die Dimensionen etwa durch die Produkt-/Unterprodukthierarchie und die Komponentenstruktur gegeben. Teilkomponenten können in Unterprodukten vorliegen.
- Gute Technische Dokumentation wird in unterschiedlichen Sichten konzipiert. Man unterscheidet zwischen Handlungen (z.B. „so nehmen Sie X in Betrieb"), Funktionen (z.B. „die Energieversorgung von X" mit allen Teilfunktionen, Hardware sowie Software) und der Komponentenstruktur. Jede dieser Sichten ist hierarchisch aufgebaut und enthält Verweise auf die jeweils andere Sicht, so kann die Beschreibung einer Funktion z.B. auf bestimmte Handlungen und Komponenten verweisen.
- Gesetzestexte und andere juristische Texte enthalten Referenzen auf Abschnitte und Paragraphen desselben (oder eines anderen) Gesetzes. Darüber hinaus entstehen durch Änderungen kontinuierlich neue Versionen dieser Texte. Für den Redakteur ist es eine schwierige und gelegentlich zeitraubende Arbeit, alle Referenzen auf ihre andauernde Gültigkeit zu überprüfen. Mit dem Matrix-Browser können Querverweise in unterschiedlichen Textversionen überprüft, angelegt und korrigiert werden.

5.4.5   Bewertung und Ausblick

Neben der Darstellung von Querverweisen gibt es weitere interessante Anwendungsmöglichkeiten für die MatrixBrowser Visualisierung. Speziell zwei Szenarien schienen Erfolg versprechend: Die Behandlung und Darstellung von Tabellen und der Einsatz als Benutzeroberfläche für eine OLAP Software.

Bei der Erstellung und Visualisierung von Tabellen können zwei unterschiedliche Sichten betrachtet werden. Einerseits gibt es die klassische Sicht einer Tabelle als rechteckiges Darstellungsobjekt mit Spalten, Zeilen und Zellen. Andererseits kann jede Tabelle auch als hierarchische Datenstruktur mit mehreren Dimensionen betrachtet werden (Silberhorn 2001). Solche Tabellen gibt es in der technischen Dokumentation in großer Anzahl und in unterschiedlicher Komplexität. Häufig werden dabei vieldimensionale Informationen visualisiert, wobei die einzelnen Dimensionen eine hierarchische Struktur aufweisen. Zwei dieser Dimensionen werden bei einer konkreten Darstellung als Koordinatensystem verwendet. Dabei hat die Wahl der Koordinaten einen starken Einfluss auf das Erscheinungsbild, den Platzbedarf und die Verständlichkeit der resultierenden Tabelle. Offensichtlich eignet sich der MatrixBrowser dafür, gleichzeitig die interne hierarchische Datenmodellierung sowie die rechteckige Tabellendarstellung zu visualisieren.

Der Einsatz des Matrixbrowsers als OLAP Werkzeug erlaubt es, unterschiedliche Facetten des betrachteten Datenbestandes in beliebig genauer Auflösung zu betrachten. Um allerdings ein OLAP Werkzeug zu realisieren, muss zunächst ein Problem gelöst werden, das bei der Verwendung des Matrixbrowsers offensichtlich wurde. Werden die betrachteten Hierarchien sehr groß (mehrere tausend Elemente) dann steigt die Berechnungskomplexität für die visualisierbaren Kreuzungspunkte und ihrer Eigenschaften sehr stark an. Besonders dann, wenn mehrere große Hierarchien kombiniert bzw. geschnitten werden, kann die Berechnung transitiver, d.h. abgeleiteter Schnittpunkte, lange dauern. Eine genauere Analyse und eine Komplexitätsabschätzung stehen noch aus.

5.4.6   Literatur

Chi, E.; Pitkow, J.; Mackinlay, J.; Pirolli, P.; Gossweiler, R.: Visualizing the Evolution of Web Ecologies. Proceedings of the Conference on Human Factors in Computing Systems CHI'98, 1998.

Durand, D.; Kahn, P.: MAPA(tm): a system for inducing and visualizing hierarchy in websites, Proceedings of the Ninth ACM Conference on Hypertext 1998, Seite 66–76.

Furnas, G.: Generalized fisheye views. In Proceedings of the CHI'86 Conference on Human Factors in Computing Systems and Graphic Interfaces. Addison-Wesley, Boston, May 1986, Seite 16–23.

Lamping, J.; Rao, R.: Visualizing Large Trees Using the Hyperbolic Browser, Xerox Palo Alto Research Center, 1996.

Mackinlay, J.; Robertson, G.; Card, S.: The Perspective Wall: Detail and context smoothly integrated, Proc. of CHI'91, New Orleans, April 1991, Seite 173–179.

Munzner, T.: Interactive Visualization of Large Graphs and Networks. PhD Dissertation, Stanford University, 2000.

Richtlinie 92/59/EWG des Rates vom 29. Juni 1992 über die allgemeine Produktsicherheit. Der Rat der Europäischen Gemeinschaften.

Schema GmbH: Schema ST4 Umfassende Leistungsbeschreibung. http://www.schema.de/eds/hierarchy-onClick.st4w?c2VsZWN0ZWQ9NjU1NDQ5NzEmY29tcElkPTY1N TY0MTcx. Besucht: 29.03.2006.

Silberhorn, H.: TabulaMagica: an integrated approach to manage complex tables. In Munson, E.: Proceedings of the ACM Symposium on Document Engineering (DOCENG-01). ACM Press, New York, Seite 68–75, 2001.

STAR Group: GRIPS – Global Editing and Information Planning System. http://www.star-ag.ch/pdf/grips_eng.pdf. Besucht: 29.03.2006.

Ziegler, J.; Kunz, C.; Botsch, V.; Schneeberger, J.: Visualizing and Exploring Large Networked Information Spaces with Matrix Browser. International Conference on Information Visualisation, IV 2002, 10–12 July 2002. London, England, UK. IEEE Computer Society, Seite 361–366, 2002.

6 Einsatzszenarien und Anwendungskomponenten

6.1 Wissensmanagement und Beratungsqualität bei Finanzdienstleistern

Wolfgang Beinhauer

6.1.1 Einleitung

In den vorangegangenen Kapiteln wurde eine Vielzahl neuartiger Interaktionskonzepte und dazugehöriger Werkzeuge und Entwurfsmethoden vorgestellt und ihr potenzieller Nutzen aus Sicht der angewandten Forschung erläutert. Die vorgestellten Teilprojekte befassten sich dabei mit der Neuentwicklung oder Verfeinerung spezieller Interaktionstechniken oder der Ableitung fundamental bedeutsamer Entwurfs- oder Evaluationsmethodiken. Dieses Kapitel widmet sich nun dem Einsatz der entwickelten Techniken in realitätsnahen Einsatzszenarien und der Bewertung des durch sie erzielten praktischen Nutzens. Treiber für die vorgestellten Einzelentwicklungen waren wissensintensive Vorgänge in der DZ Bank. Nun dienen eben diese Abläufe als Anwendungshintergrund für die Evaluation.

Die Wirkung des Zusammenspiels der bereits vorgestellten Entwicklungen auf das Leben und Arbeiten in einer vernetzten Welt wird im Rahmen eines komplexen Anwendungsszenarios evaluiert. Entscheidend für den Erfolg neuartiger Entwicklungen auf dem Gebiet der Mensch Technik Interaktion am Markt ist hierbei, inwieweit die Entwicklungen zur Erreichung der übergeordneten Unternehmensziele beitragen. Daher lassen sich die Untersuchungen von einer Reihe von Forschungsfragen leiten, wie etwa welche Wertschöpfung durch den Einsatz neuer Interaktionstechniken zu erzielen ist, inwieweit sich die entstandenen Entwicklungen als intuitiv auszeichnen, oder welcher ökonomische Mehrwert durch die neuen Ansätze zur Mensch-Technik-Interaktion generiert wird. Die neuen Formen der Mensch-Technik-Interaktion müssen sich anhand folgender Kriterien messen lassen:

- Ermöglichen die neuen Interaktionsformen einen befreiteren, intuitiven Zugang zur Technik?
- Werden neue, bislang unterrepräsentierte Nutzergruppen erschlossen und in das Leben und Arbeiten in einer vernetzten Welt eingebunden?
- Lässt sich durch die nutzerfreundliche Gestaltung und situationsgerechte Adaption der assistiven Technik deren Akzeptanz erhöhen?
- Trägt der Einsatz der entwickelten Techniken zur Steigerung der Innovationsfähigkeit bei?
- Kann durch den Einsatz moderner Verfahren der Mensch-Technik-Interaktion eine Effizienzsteigerung erzielt werden?

Wie also äußert sich der geleistete Fortschritt auf dem Gebiet der Mensch-Technik-Interaktion in der Praxis?

Unter Mensch-Technik-Interaktion soll hierbei die Nutzung technischer Unterstützungsleistungen durch Menschen verstanden werden, genauso wie die technikgestützte Kommunikation und Kooperation von Menschen untereinander. Als Leitlinien für die Evaluation mögen die anfangs gewählten INVITE-Paradigmen kooperative Exploration, dynamische Visualisierung und multimodale Interaktion dienen, anhand derer sich bereits die Entwicklung orientierte.

Aufgrund der folgenden Faktoren sind die Ansprüche eines Finanzdienstleisters an intuitiv bedienbare und hocheffiziente Unterstützungssysteme besonders hoch: hohe Komplexität und Variabilität der Prozesse, große Zahl eingebundener Nutzer und deren Vielschichtigkeit, hohes Informationsaufkommen. Reale Anwendungsfälle aus der betrieblichen Praxis eines Finanzdienstleisters dienen als Szenario für die Evaluation der vorangetriebenen Entwicklungen.

6.1.2 Anforderungen aus der betrieblichen Praxis des Bankenwesens

Aus der betrieblichen Praxis des Bankenwesens heraus ergibt sich eine ganze Reihe von Handlungsfeldern, auf die mit Ansätzen innovativer Mensch-Technik-Interaktion eingegangen werden kann.

Moderne Dienstleistungsunternehmen wie Banken und Finanzdienstleister verspüren seit längerem einen enormen Kostendruck. Gleichzeitig drängt der Markt die Unternehmen zu immer neuen Innovationen bei der Produktentwicklung und Prozessgestaltung. Schließlich zwingen wachsende Ansprüche und eine zunehmende Aufgeklärtheit der Kunden zu einem individuell zugeschnittenen Produkt- und Beratungsangebot sowie zu einer fortwährenden Weiterqualifikation der Mitarbeiter. In diesem Spannungsfeld stellt die effiziente Speicherung, Strukturierung, Lokalisation und Weitergabe von Wissen ebenso wie die Genese neuer gesicherter Erkenntnisse durch Verknüpfung bestehender Wissensfragmente den Schlüssel zu mehr Innovationskraft, Kundenloyalität und Mitarbeiterqualifikation dar. Zudem bedingt die Flexibilisierung der Prozessgestaltung weit reichende Anforderungen an die Adaptivität der unterstützenden IT-Systeme und deren Nutzungsschnittstellen. Intuitive Mensch-Technik-Interaktion kann hier entscheidend zum Unternehmenserfolg beitragen.

Im speziellen Anwendungsfall des Projekts INVITE – dem Produkt- und Wissensmanagement der DZ Bank – kommen zusätzliche Anforderungen hinzu: der organisatorische Vollzug der Zusammenführung der Fusionspartner DG Bank und GZ Bank sowie die Konsolidierung des Konzerns samt seiner Partner im Finanzverbund. Im Detail betrachtet lassen sich eine Reihe von Problembereichen identifizieren, für die Lösungsansätze auch in der Mensch-Technik-Interaktion zu finden sind, u.a.: Innovatives Produktmanagement, hochwertige und tagesaktuelle Beratung, effizientes Wissensmanagement und Prozessqualität.

Die Innovationsfähigkeit in Produktentwicklung und Prozessgestaltung stellt einen zentralen Erfolgsfaktor für Anbieter von Finanzdienstleistungen dar. Im Zuge wachsenden Konkurrenzdrucks und sinkender Margen können Anbieter lediglich über günstige Konditionen nicht dauerhaft erfolgreich sein. Vielmehr sind eine innovative Produktentwicklung und neuartige Formen der Kundenkommunikation gefragt, über die sich echte Alleinstellungsmerkmale am Markt erzeugen lassen. Die DZ Bank ist daher bestrebt, ihre innerbetrieblichen Innovationsprozesse zu fördern und einen individuellen Zuschnitt der Produkte auf Einzelkunden zu ermöglichen. Dabei kommt neuartigen Werkzeugen und Verfahren der Kooperations- und Kreativitätsunterstützung eine bedeutende Rolle zu.

Auch für die qualitativ hochwertige Beratung stellen in INVITE entwickelte Werkzeuge der Mensch-Technik-Interaktion einen Schlüsselfaktor dar. Eine hohe Beratungsqualität bedingt in erster Linie eine exzellente Informationslogistik bei der Zusammenstellung von Kunden- und Marktdaten sowie bei der Berücksichtigung individueller Kundenwünsche. Um der Komplexität dieser Informationsflut Herr zu werden, bedarf es fortgeschrittener Methoden der semantischen Informationsverarbeitung wie des Information Retrieval, der strukturerhaltenden Informationsvisualisierung und intelligenter Schlussverfahren. Außerordentliche Beratungsqualität lässt sich jedoch nicht durch maschinelle Informationsverarbeitung alleine erzielen; vielmehr ist eine kontinuierliche Fortbildung und Spezialisierung der Berater sowie ein fortwährender Erfahrungsaustausch erforderlich. Auch hier bewähren sich Verfahren des kooperativen Explorierens und der dynamischen Visualisierung zur Stimulation von gegenseitiger Qualifizierung.

Ein dritter Schwerpunktbereich von Anwendungen neuartiger Verfahren der Mensch Technik Interaktion stellt das unternehmensweite Wissensmanagement dar. Wissensträger im Unternehmen sind primär die Mitarbeiter, die in ihrer täglichen Arbeit Informationen aufnehmen, Erfahrungen sammeln und aus Fehlern lernen. Erst an zweiter Stelle folgt der Versuch, Wissen dokumentarisch festzuhalten und über elektronische Medien verfügbar zu machen. In beiden Fällen kommt der Mensch Technik Interaktion eine zentrale Rolle zu: einerseits können in den Arbeitsablauf integrierte, intelligente Tracking- und Assistenzfunktionen dazu beitragen, dass die Gesamtheit der Systemnutzer am strukturellen Wissen eines jeden einzelnen teilhaben kann, und es somit zum impliziten Erfahrungsaustausch über kooperative Exploration kommt. Andererseits bedarf es adaptiver Suchmechanismen, die gespeichertes Wissen situationsgerecht aufbereiten und unter Verdeutlichung von strukturellen Abhängigkeiten attraktiv visualisieren. Dieser Gedanke der impliziten wie expliziten Kooperation wurde im Projekt INVITE über die Bildung einer Community verwirklicht.

Schließlich stellt die Vermittlung von Prozesswissen als Spezialfall des Wissensmanagements einen weiteren Anwendungsbereich neuartiger Verfahren der Mensch Technik Interaktion dar. Durch kontinuierliche Erfassung der durchgeführten Arbeitsabläufe kann deren effiziente Gestaltung durch eine adaptive, erfahrungsbasierte Nutzerführung und den situations-gerechten Einsatz von Recommendersystemen unterstützt werden. Die Gesamtheit der Nutzer erarbeitet somit auch auf Prozessebene einen Mehrwert gegenüber der Summe der Einzelnutzer. Die Bildung einer Community trägt somit direkt zur Wertschöpfung im Unternehmen bei.

Wie gezeigt, ist der Einsatz moderner Methoden und Technologien der Mensch Technik Interaktion, insbesondere solcher, die aus den postulierten Interaktionsparadigmen kooperative Exploration, dynamische Visualisierung und multimodale Interaktion erwachsen, in wissensintensiven Arbeitsumgebungen besonderes viel versprechend. Im Folgenden werden einige Beispiele aus der Business Community des Projekts INVITE vorgestellt und auf ihre Werthaltigkeit hin überprüft.

6.1.3 Wertschöpfungskette

Die vom Anwendungspartner DZ Bank getriebenen Entwicklungen erstrecken sich über die gesamte Wertschöpfungskette im Bankenwesen – von der Produktentwicklung über Beratung und Kundenmanagement bis hin zum unternehmensinternen Wissensmanagement. Eine durchgängige Prozessunterstützung über alle Phasen der Wertschöpfung bildet die fachliche Klammer zwischen den genannten Bereichen. Von technischer Seite wird diese Klammer realisiert durch eine allen Bereichen gemeinsame, dynamisch fortentwickelte Ontologie. Diese wird in kooperativen Gruppensitzungen aus einem Sprachstrom erstellt, mit Hilfe kooperativer Werkzeuge verfeinert und visualisiert und bildet die Grundlage eines Nutzermodells, das für bedarfsgerechtes Information Retrieval und situativ auftretende Adaptionsleistungen verantwortlich ist. Im Folgenden beschränkt sich die Diskussion auf die Teilbereiche Produktinnovation und Wissensmanagement innerhalb der Berater Community.

6.1.4 Produktinnovation bei Finanzdienstleistern

Bei Produkten von Finanzdienstleistern handelt es sich um präzise definierte, strengen bankfachlichen Vorgaben und Rahmenbedingungen entsprechende Dienstleistungen, an deren Erstellung Experten aus zahlreichen Domänen beteiligt sind. Dies gilt für Anlageprodukte gleichermaßen wie für die Kreditvergabe oder das Versicherungsgeschäft. In jedem Falle wirken an der Kreation neuer Finanzdienstleistungen neben Bankkaufleuten und Produktmanagern Spezialisten für Risikomanagement, Finanzmathematiker, Juristen, Vertriebsmitarbeiter und Marketingfachleute mit.

Während die genaue Ausgestaltung einer Produktidee bestimmt ist durch die Erfüllung formaler Vorgaben und daher nur von den jeweiligen Experten durchgeführt werden kann, ist die Findung eines neuen Dienstleistungskonzepts ein kooperativer und essentiell interdisziplinärer Prozess. In dieser initialen Phase der Ideenfindung gilt es, Experten aus verschiedenen Domänen zusammenzubringen und sie zu kooperativer Kreativität zu stimulieren. Zudem müssen etwa Verständnisprobleme, die aus dem unterschiedlichen fachlichen Hintergrund der Beteiligten erwachsen, überbrückt werden. Gerade in dieser ersten kreativen Phase des Innovationsprozesses kommt es in besonderem Maße auf die Unterstützung von Spontaneität und ungebundener Meinungsäußerung an. Werkzeuge, die einen Konfigurationsbedarf aufwiesen oder den Teilnehmern einer kooperativen Sitzung eine Disziplin auferlegten, würden den spontanen Ideenfluss hemmen und wären daher ungeeignet zur Unterstützung.

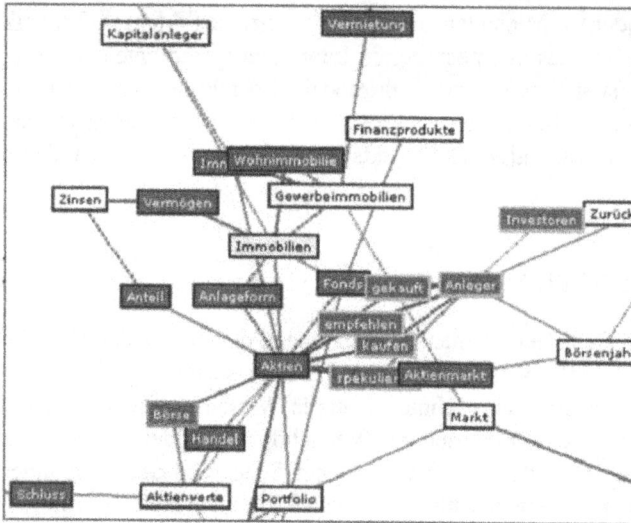

Abb. 1: Ausschnitt eines Begriffsnetzes einer Produktinnovation

Der in INVITE gewählte Ansatz des TopicMiners hingegen passt sich konfigurationsfrei in den natürlichen Arbeitskontext seiner Benutzer ein. Das Werkzeug ist in der Lage aus dem gesprochenen Wort der verschiedenen, am Innovationsprozess beteiligten Personen heraus in Echtzeit ein Begriffsnetz zu extrahieren, das Inhalte und Zusammenhänge des Gesprächs verdeutlicht, strukturelle Abhängigkeiten erkennen lässt und zudem auf weitere, nicht explizit angesprochene Themen hinweist. Das im Laufe der Sitzung stetig wachsende und enger vermaschte Begriffsnetz wird zudem für alle Teilnehmer sichtbar großflächig visualisiert. Die Teilnehmer einer derart unterstützten kooperativen Kreativitätssitzung erleben das Werk-Zeug als im Hintergrund präsente Technik, die keinerlei Anforderungen an das Verhalten der Systemnutzer stellt und somit Spontaneität als Grundlage jeglicher Innovation optimal unterstützt. Zudem ist das System in der Lage, dem Gespräch eigenständig über Begriffsassoziationen neue Impulse zu geben. Eine genaue Systembeschreibung findet sich in Kapitel 5.2.

Aus interaktionstheoretischer Sicht besonders interessant ist die Tatsache, dass der Kopplungsgrad der Mensch Technik Interaktion vollständig im Ermessen der Teilnehmer liegt, je nachdem, inwieweit sie bereit sind, auf das fortlaufend visualisierte Verlaufsprotokoll des Gesprächs bzw. auf neue vom System eingebrachte Themen einzugehen. Der TopicMiner verbindet somit alle drei eingangs postulierten Interaktionsparadigmen – multimodale Interaktion, kooperative Exploration und dynamische Visualisierung.

In der Tat erwies sich im Rahmen von Nutzertests, dass das System in der intendierten Weise auch genutzt wurde. So konnte folgendes Nutzungsverhalten beobachtet werden: Nach kurzer Eingewöhnungsphase, in der die Benutzer zunächst ihre eigenen Wortmeldungen im aufprojizierten Begriffsnetz verfolgten, bildete sich ohne Anleitung von außen eine natürliche, intuitive Nutzungsform aus. Unter dem Druck der Bewältigung einer Aufgabenstellung und der damit einhergehenden Konzentration auf ein Sachthema entwickelte sich schnell eine lebhafte Diskussion, während das mitwachsende Begriffsnetz zunächst weitgehend unbeachtet blieb. Erst nach einiger Zeit, nachdem der spontane Ideenfluss abebbte, wandten sich die Teilnehmer verstärkt dem visualisierten Gesprächsprotokoll zu und vertieften bereits angesprochene Aspekte, auf deren unvollständige Diskussion sie durch das Protokoll aufmerksam gemacht wurden, oder nahmen gar neue Impulse des Systems auf. Im Anschluss an die gemeinsame Diskussion diente das entstandene Begriffsnetz den Teilnehmern als Grundlage für die Beschlussfassung bzw. für die Aufgabenverteilung im Nachgang.

Die Bewertung des Werkzeugs TopicMiner im Kontext des Anwendungsszenarios Produktentwicklung bei einem Finanzdienstleister hinsichtlich der eingangs aufgestellten Kriterien fällt unterschiedlich aus. Aufgrund des impliziten Interaktionscharakters des Gesprächsmitschnitts und der Konfigurationsfreiheit des Werkzeugs erfüllt TopicMiner die geforderte Barrierefreiheit in vollem Maße. Das System vermag auch wenig technik-affine Nutzer in den elektronisch unterstützten Kreativitätsprozess mit einzubeziehen und erleichtert so interdisziplinäres Arbeiten.

Eine tiefergehende Evaluation im Rahmen eines realen Produktentwicklungsprozesses fand bislang jedoch nicht statt. Die Frage, ob sich mit Hilfe des TopicMiner tatsächlich eine Steigerung der Innovativkraft erzielen lässt, die sich beispielsweise in Form eines großen Markterfolgs niederschlägt, bleibt somit bislang unbeantwortet. Nachweisbar ist bislang der Effizienzgewinn, der sich aus der automatisierten Protokollerstellung in Verbindung mit einer Nachbearbeitung durch andere Werkzeuge ergibt.

6.1.5   Kooperative Wissensarbeit

Die eingangs des Kapitels dargestellte Aufstellung der DZ Bank bringt die Notwendigkeit einer effizienten IT-Infrastruktur mit sich, die alle an der Wertschöpfungskette des Unternehmens beteiligten Personen unterstützt. Geschildertes Beispiel mag modellhaft für jede Art verteilt aufgestellter Unternehmen stehen, die im Rahmen von Wissensarbeit über verschiedene Einheiten und Kompetenzen hinweg Informationsaustausch betreiben. So besteht speziell Unterstützungsbedarf für die Kommunikation der Finanzberater in den Filialbanken untereinander, wie auch für den Austausch mit den Mitarbeitern der Frankfurter Konzernzentrale. An diesen Kern schließen sich auf der einen Seite die Kunden an, die durch anspruchsvolle Wünsche und Bedürfnisse Anforderungen an Finanzprodukte spezifizieren, sowie auf der anderen Seite die Supplier des Finanzverbunds, die derartige Kundenanforderungen und wertvolles Feedback der Finanzberater aufnehmen und in neue Produktkreationen einfließen lassen. Ausgangspunkt der Überlegungen ist die Verknüpfung aller Berater in einer gemeinsamen Arbeits- und Kooperationsplattform, der Berater Community. Dabei ist zwischen der Unterstützung der Berater während der Kundenberatung und in Arbeitsphasen ohne Kundenkontakt zu unterscheiden.

Die stark heterogene Nutzerstruktur der Community mit Mitarbeitern aus verschiedenen Unternehmensbereichen, die unterschiedliche Interessens- und Kompetenzschwerpunkte sowie unterschiedliche Entscheidungsgewalt besitzen, erfordert ein hohes Maß an Personalisierung und Adaptivität der Inhalte. Zudem muss das Informationsangebot in Umfang und Darstellung an den jeweiligen Nutzungskontext angepasst werden. Eine rein informative

Wissensmanagement-Plattform ist jedoch für eine signifikante Qualitätsverbesserung der Beratungsleistungen nicht ausreichend. Zusätzlich ist eine bedarfsgerechte Unterstützung für die Filialmitarbeiter während des Beratungsprozesses notwendig, um der steigenden Komplexität der Finanzprodukte und wachsenden Ansprüche der Kunden gerecht zu werden. Hierzu ist eine enge Verzahnung des Informationssystems mit der operativen IT erforderlich, um eine entsprechende dynamische Adaption der Inhalte auf die zu bewältigenden Aufgaben zu gewährleisten.

An das zugrunde liegende Basissystem stellen sich folgende Anforderungen: Das System muss bei der Bewältigung der üblichen Arbeitsaufgaben wie dem Erstellen von Konten, dem Einbuchen von Cheques, oder der Anlage eines Sparbuchs Unterstützung leisten und sich demnach nahtlos in die Landschaft der operativen IT einfügen. Weiterhin muss über alle Funktionen und Anwendungen hinweg ein einheitliches Bedienkonzept gegeben sein. Es bietet sich daher ein webbasiertes System in Form eines Mitarbeiterportals an, das bestehende externe Applikationen einbindet und diese seinerseits mit zusätzlichen Adaptions- und Integrationsmechanismen entlang vorgegebener Prozesse integriert. Wie sich zeigen wird, ist die Ausbildung einer Community, d.h. einer Kooperationsplattform, die einen aktiven wie auch impliziten Wissensaustausch ermöglicht und fördert, jedoch über eine Webschnittstelle allein nicht zu bewerkstelligen.

Im geschilderten Arbeitskontext muss zwischen zwei Situationen unterschieden werden: Zum einen, dass sich der Bankberater in einem Beratungsgespräch befindet und sämtliche Informationen im Zusammenhang mit dem anwesenden Kunden die Grundlage für Adaptionsmechanismen darstellen. Zum anderen, dass sich der Bankberater ungebunden informieren und fortbilden kann. Aus der Perspektive der Mensch Technik Interaktion stellen sich beide Fälle lediglich als zwei unterschiedliche Grundlagen für Adaptionsmechanismen dar.

Die Kernfunktionalität der Community besteht in der Fähigkeit, die jeweils richtige Information in der richtigen Aufbereitung dem jeweils benötigenden Mitarbeiter im passenden Anwendungskontext zur Verfügung zu stellen. Zur Verwirklichung der Zielsetzungen wurden in den vorigen Kapiteln bereits vorgestellte Entwicklungen auf folgenden Forschungsgebieten zusammengezogen und vereint:

Nutzermodellierung: Zur Modellierung der unterschiedlichen Nutzerprofile wird ein dynamisches User Model entwickelt, das zur Beschreibung der Interessensschwerpunkte neben der Gewichtung einzelner Themen auch deren subjektive Zusammenhänge widerspiegelt. Zudem fließen hier Rollen- und Aufgabenkonzepte mit ein.

Adaption der Inhalte und Interaktionsstrukturen: Basierend auf den Nutzermodellen, der Prozesserkennung und den verwendeten Endgeräten werden Konzepte für die systematische Auswahl und Darstellung von Community-Inhalten sowie Adaptionsmechanismen zur deren Strukturierung und zur Navigation entwickelt.

Entwicklung von Metadatenstrukturen und Klassifikationsschemata: Zur geeigneten Auswahl und Darstellung der Inhalte werden Konzepte zur semantischen Erfassung und Autoklassifikation von Community-Beiträgen erstellt und umgesetzt.

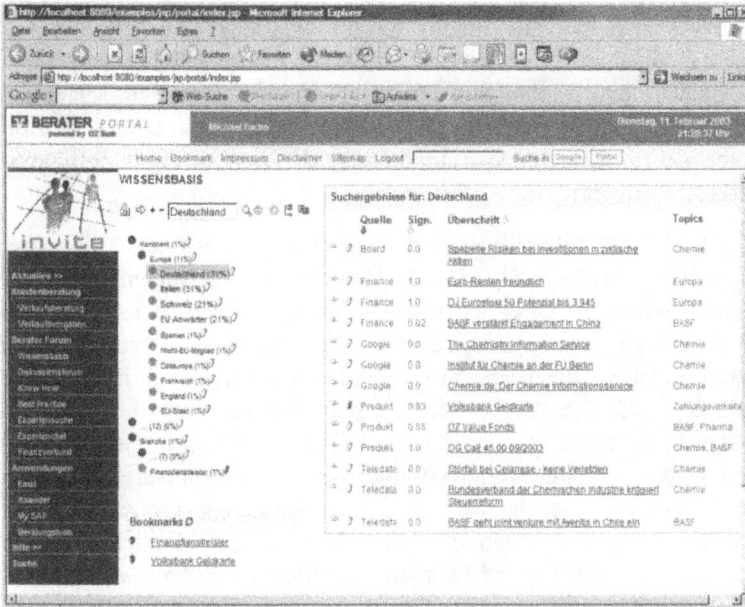

Abb. 2: Wissensmanagement in der INVITE Berater Community. Ganz links ist eine feste Navigationsstruktur, rechts davon eine kontextadaptive Navigationsleiste. Auch die im Inhaltsbereich dargestellte Ergebnismenge eines Suchvorgangs mittels der Navigationsleiste ist vollständig adaptiv.

Je nach Nutzungsmodus – als lernender Berater oder kundenorientierter Kundenbetreuer – werden nun Dokumente aus den verschiedensten Quellen zusammengezogen, priorisiert und in einer Ergebnisliste angezeigt. Die Navigation und die Auslösung der Suchvorgänge werden durch das bloße Betätigen der Navigationsstruktur in Gang gesetzt.

Die Community beinhaltet demnach gegenseitiges Lehren und Lernen, die Schaffung von Gruppenbewusstsein über direkte Kooperationstools wie Videokonferenz, aber auch die Unterstützung impliziter Kooperation über die im Hintergrund laufenden Tracking- und Adaptionsmechanismen.

6.1.6 Bewertung und Ausblick

Wie bereits erwähnt, wurde eine vollständige Evaluation der Community im Bankbetrieb bislang nicht durchgeführt. Die zur Adaption und Prozessoptimierung durchgeführten Trackingmethoden sind nicht frei von datenschutzrechtlichen und arbeitsrechtlichen Bedenken im Hinblick auf den Umgang mit persönlichen Daten. Dennoch lässt die Bewertung der Berater-Community hinsichtlich der eingangs aufgestellten Kriterien folgendes Bild erkennen:

Die Gesamtheit der Nutzer erarbeitet Mehrwert gegenüber der Summe der Einzelmitarbeiter. Die im System gesammelten Inhalte und strukturellen Informationen, etwa über die Effizienz von Arbeitsabläufen, bilden eine Community of Practice und stellen per se schon einen Wert für das betreibende Unternehmen dar. Die Intelligenz der Assistenzfunktionen und Adaptionsleistungen speist sich aus dem Wissen und der Erfahrung der Gesamtheit. Hierfür ist jedoch keine explizite Eingabe oder Mehrarbeit notwendig, die die Akzeptanz schmälern könnte. Die in der Berater-Community zum Tragen kommenden Interaktionsmodi entsprechen somit der Vorgabe der höchstmöglichen Intuitivität, die sich in der Konfigurationsfreiheit des Gesamtsystems äußert.

Das hohe Maß an Adaption trifft gleichzeitig jedoch in dem Augenblick auf Ablehnung, wenn der Wiedererkennungseffekt einer Navigationsstruktur oder eines Dokumentenschatzes behindert wird und somit zusätzlicher Orientierungsbedarf ausgelöst wird. Dies lässt sich verhindern durch die Präsenz fester Navigationsstrukturen, die stabil in jeder Nutzungssituation zur Verfügung stehen, und durch die Möglichkeit, über Bookmarks schnell in bestimmte Inhaltsbereiche zu wechseln. Zusätzlich stabilisierend wirkt es sich aus, wenn die variablen, adaptiven Navigationsstrukturen durch unveränderliche Einträge durchsetzt werden und somit den Wiedererkennungseffekt erleichtern. Wie sich in Untersuchungen zu anderen Mitarbeiterportalen im Finanzwesen gezeigt hat, werden Bookmarks in großer Zahl und wohl positioniert genutzt. Die Berater Community bietet hier mit der Möglichkeit, auch Schnellzugriffe auf Themen und nicht nur auf Dokumente definieren zu können, eine viel versprechende Zusatzfunktionalität.

6.1.7   Literatur

Spath, D. (Hrsg.); Engstler, M.; Praeg, C.P.; Vocke, C.: Bank & Zukunft 2006. Wettbewerbsfähigkeit durch Innovationen im Vertrieb und industrialisierte Prozesse. Stuttgart, Fraunhofer IRB Verlag 2006.

Bullinger, H.-J. (Hrsg.): Fokus Innovation. Kräfte bündeln – Prozesse beschleunigen. München, Carl Hanser Verlag, 2006.

6.2 Medienübergreifende Kundenkommunikation

Peter Wetzel

6.2.1 Kundenkommunikation

Genauso wie einzelne Menschen untereinander kommunizieren, gibt es auch eine Kommunikation von einzelnen Menschen zu Gruppen sowie zwischen Gruppen. Diese Kommunikation kann zwar letztendlich auf die Kommunikation einzelner Akteure zurückgeführt werden, aber die besondere Rolle der Gruppe impliziert den Bedarf nach zusätzlichen, über die Einzelkommunikation hinausreichenden Elementen. Eine besondere Form dieser Kommunikation ist die Interaktion zwischen einem Unternehmen oder einem Dienstleister und seinen Kunden.

Zusätzlich zu den Anforderungen der Individualkommunikation erlebt der Kunde das Unternehmen idealerweise als einen einzelnen Kommunikationspartner, der durch die Gesamtheit der Kommunikationsleistungen der einzelnen Partner erreicht wird. Dies wird oft mit dem englischen Begriff ‚One Face to the Customer' und auch mit dem Schlagwort Multi-Channel Management umschrieben. Die Informationstechnik muss für dieses Erleben ein kollektives Bewusstsein schaffen, für die einzelnen Mitglieder der Gruppe alle in den verschiedenen einzelnen Kontakten gewonnenen Informationen zu einem Bild des Kunden integrieren und jedem Beteiligten in der geeigneten Form zur Verfügung stellen. Dieses Wissen wird mit dem Begriff Kundenbeziehungsmanagement (engl. Customer Relationship Management, kurz CRM) umschrieben. Darüber hinaus muss die Informationstechnik selbst dieses Wissen verarbeiten und mit dem Kunden interagieren können. So müssen Kundenanfragen zielgerichtet an die richtige Person mit dem richtigen Informationskontext weitergeleitet werden – oder das IT-System kann sogar selbst Auskünfte erteilen oder interagieren, d.h. es erlaubt dem Kunden die Selbstbedienung oder hält ihn automatisch über Vorgänge im Unternehmen auf dem Laufenden.

Erschwerend kommt in den letzten Jahren das reichhaltige Spektrum der Medien hinzu. Wurde bis vor wenigen Jahren weitgehend per Personenkontakt, Brief und Telefon kommuniziert, so kommen nun weitere Medien hinzu: Fax, E-Mail, Web, SMS, Chat, Escorted Browsing, Application Sharing, Webinars, Videokonferenz und – ganz wichtig – auch gleichzeitig auftretende Mischformen der verschiedenen Medien.

Die Infoman AG hat im Rahmen des INVITE Projekts Kommunikationstechnologien erforscht und Lösungen erarbeitet, die in praxistaugliche Produkte umgesetzt werden können. Ziel ist die medienübergreifende, IT gestützte Kundenkommunikation für dieses ‚One Face to the Customer'.

6.2.2   State of the Art

Die Medienübergreifende Kundenkommunikation ist ein technischer Aspekt des Multi-Channel Management, das Management der Kundenbeziehungen über die unterschiedlichen Vertriebskanäle eines Unternehmens hinweg betrachtet:

„Ortsunabhängig, zeitunabhängig, Kommunkationskanal-unabhängig Informationen aufnehmen, verarbeiten und abrufen, wenn der Kunde es verlangt und daraus relevante Wissensinhalte ableiten, um neue Marktpotenziale und Chancen zu erkennen." (Gronover et al. 2001).

Die medienübergreifende Kundenkommunikation beschäftigt sich mit der Abbildung der bei den kundenorientierten Geschäftsprozessen anfallenden Kommunikationsvorgänge über die verschiedenen Medien hinweg, eben den ‚Kommunikationskanal-unabhängigen' Aspekten des Multi-Channel Managements.

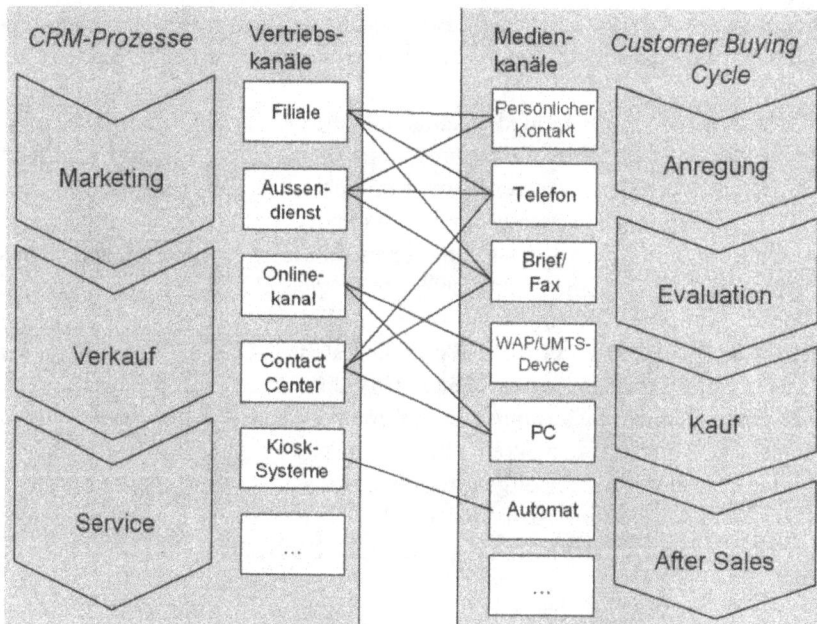

Abb. 1: Vertriebskanäle und Medienkanäle (verändert aus Schulze 2000, Seite 27)

6.2.3   Innovationen und Ergebnisse

Im Rahmen des Projekts Invite wurde ein technologisches Basiskonzept, das Communication Management System (CMS), entwickelt, dass die medienspezifische Kommunikation eindeutig von der medienneutralen Kommunikation trennt. Wie später dargestellt wird, ist auf Basis des CMS das Produkt Customer Communication Portal™ der Infoman AG (vgl. CCP 2001) entwickelt worden, das die Basisarchitektur und die bewährten Technologien weitgehend übernommen hat. Daher werden im Folgenden, wenn sinnvoll, die Bezeichnungen der späteren Produktkomponenten gewählt.

Kategorisierung der Kommunikationsarten über IT-Systeme

Die Kommunikation zwischen Kunden und Unternehmen kann grundsätzlich mit den folgenden differenzierenden Merkmalen kategorisiert werden:

1. Die Kommunikation geschieht nachrichtenbasiert oder entlang einer stehenden Verbindung. Diese Differenzierung bezeichnen wir als Offline versus Online.
2. Der Aufbau der Kommunikation kann auf ein einzelnes Individuum ausgerichtet sein oder auf eine Gruppe. Diese Differenzierung bezeichnen wir in unserem Kontext als personenbezogen versus unternehmensbezogen.
3. Die Kommunikation findet zwischen zwei Menschen, zwischen Mensch und Maschine oder rein zwischen Maschinen statt. Diese Formen bezeichnen wir in unserem Kontext als Mensch-zu-Mensch-Kommunikation, Customer-Self-Service und vollautomatisierte Verarbeitung.

Bildet man diese Differenzierungen in einer dreidimensionalen Matrix ab, so ergeben sich 2 * 2 * 3 = 12 verschiedene Kommunikationsformen, die im System berücksichtigt werden müssen.

Das vierstufige Bearbeitungskonzept

Das entwickelte System versucht, die verschiedenen Kommunikationsformen in einem vierstufigen Stufenmodell einheitlich zu verarbeiten. Dabei wird die folgende Verarbeitungslogik beim Verbindungsaufbau angewandt:

1. Soll die Verbindung von Maschine zu Maschine als vollautomatisierte Verarbeitung stattfinden, so wird die Information formalisiert erwartet und direkt verarbeitet. Beispiele dafür sind die Annahme von Faxnachrichten, SMS oder E-Mail zur direkten Umsetzung in lokale Informationssysteme. Andernfalls geht das System in Stufe 2 über.

2. Findet die Verbindung von Mensch zu Maschine statt, so prüft die Maschine, ob sie die Anfrage automatisiert in Form eines Customer-Self-Service im jeweiligen Medium bearbeiten kann und startet eine Interaktion mit dem Menschen. Ist das Medium zur Interaktion Self-Service-Interaktion nicht vorgesehen bzw. nicht geeignet oder kann der Vorgang nicht vollständig abgeschlossen werden, so geht das System in Stufe 3 über.

3. Der Mensch, der gerade mit der Maschine kommuniziert möchte eine Verbindung zu einem anderen Menschen aufbauen. Wünscht der Mensch eine bestimmte Person, so wird versucht, die Kommunikation personenbezogen aufzubauen. Andernfalls, d.h. wenn die Anfrage unternehmensbezogen ist, wird anhand des Wissens über den aktuellen Kommunikationskontext eine Zielgruppe von Personen ermittelt und in dieser der geeignetste Kommunikationspartner ausgewählt. Das System geht in Stufe 4 über.

4. Ist das Medium ein Online-Medium, z.B. Telefon, Chat oder Videokonferenz, so muss die Zielperson direkt bzw. nach einer maximalen Wartezeit verfügbar sein. Der Mensch wird dann mit dieser Zielperson direkt verbunden und dieser werden alle im bisherigen

Kommunikationsverlauf ermittelten Informationen zur Verfügung gestellt. Ist das Medium ein Offline-Medium oder ist keine geeignete Zielperson verfügbar, so wird die Nachricht erfasst, die Verbindung abgebrochen und dann die Nachricht mit den Zuordnungskritierien aus Stufe 3 an die betreffende Zielperson weitergeleitet.

Systemarchitektur

Die Schichtenarchitektur des Systems folgt diesem vierstufigen Ansatz, der sich in folgendem Systemaufbau niederschlägt:

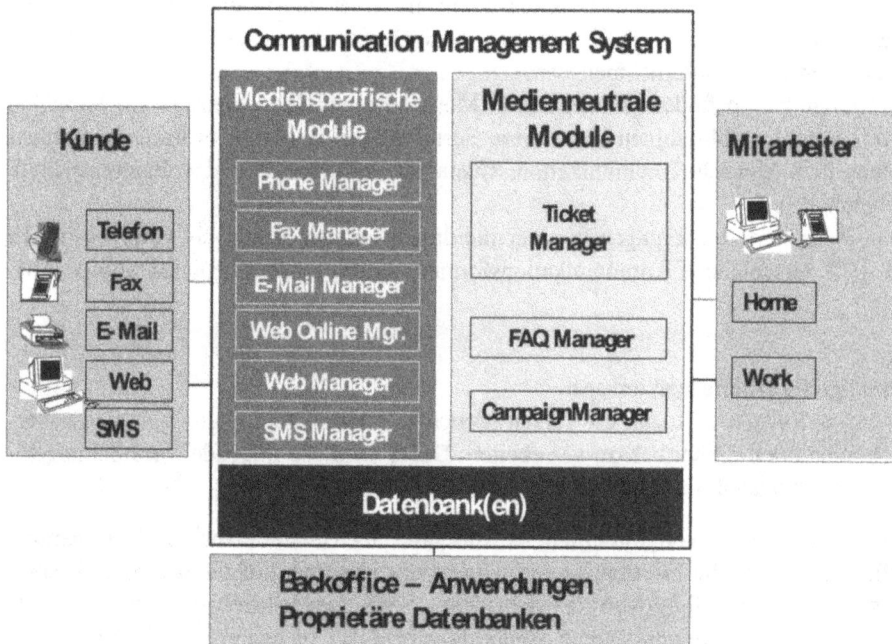

Abb. 2: Modulare Architektur des Communication Management Systems

Das System unterscheidet dabei für die Stufen 1 und 2 der Kommunikation nach den einzelnen Medien, da hier die Kommunikationslogik und die Ergonomie der Kommunikation stark vom Medium abhängen. Mit dem Übergang in Stufe 3 wird dann in einen medienneutralen Teil (hier der Ticket Manager) gewechselt, da die weiteren Verarbeitungsschritte für alle Medien neutral durchgeführt werden können.

Die Hauptkomponenten des Systems zur medienspezifischen Bearbeitung sind der

- Phone Manager, der Telefongespräche annimmt (inbound), vermittelt und/oder qualifiziert (IVR) und als Ticket weiterleitet, Voicemail aufnimmt, sowie Telefongespräche und Rückrufe initiiert (outbound).

- Fax Manager, der eingehende Faxe annimmt (inbound) und als Ticket weiterleitet, sowie Faxe nach Abruf automatisch versendet (Fax-On-Demand) oder als normales Outbound-Fax versendet.
- E-Mail Manager, der eingehende E-Mails annimmt (inbound), vorqualifiziert und als Tickets weiterleitet, sowie automatisierte Antworten und Statusmails versendet.
- Web Manager, der Anfragen von Webseiten als Tickets weiterleitet, und Informationen über Tickets und aus der FAQ für eine Webschnittstelle zur Verfügung stellt.
- Web Online Manager, der Online-Verbindungen über das Web (Chat, Konferenz) annimmt (inbound), bedient oder vorqualifiziert und bei Bedarf als Ticket weiterleitet und auch solche Verbindungen zu Kunden aufbaut (outbound).
- SMS Manager, der eingehende SMS Nachrichten entgegennimmt (inbound), vorqualifiziert und weiterleitet, sowie verschiedene Varianten des SMS Versands (outbound) unterstützt.

Die Hauptkomponenten des Systems zur medienneutralen Bearbeitung sind der

- Ticket Manager, der Kommunikationsvorgänge registriert, Informationen zu jeder Anfrage sammelt, geeignete Mitarbeiter zur Bearbeitung bestimmt (skill-based routing, ACD) und den Workflow der Anfrage unterstützt. Der Ticket Manager bindet dabei die Informationen aus der Kommunikation in einem Kommunikationsticket zusammen und stellt auch die Bindung einer bestehenden Online-Kommunikation an die Ticketverarbeitung (Weiterleitung etc.) sicher.
- Campaign Manager, der zu adressierende Kundenlisten aktiv verwaltet und teilautomatisch oder vollautomatisch geeignete Tickets erzeugt und Kommunikationsverbindungen zu diesen aufbaut.
- FAQ Manager, der als leichtgewichtige Wissenskomponente den Mitarbeitern des Unternehmens erlaubt, Wissen über die Gruppe hinweg zu teilen und dieses auch im Selbstbedienungsbereich anzubieten.

Das CMS wurde auf einer Client/Server Architektur mit Web-Browsern als Clients für die Arbeitsplätze im Unternehmen realisiert. Als Anlaufstelle für die CMS Arbeitsplätze dient der CMS Server. Alle Arbeitsplätze sind über Intranet/Internet/VPN und Telefon mit dem CMS Server verbunden. Dies gewährleistet eine stets konsistente Informationsbasis. Da der Server die gesamte Kommunikation mit dem Kunden über alle Medienarten hinweg betreut, stehen den Mitarbeitern jederzeit vollständige und aktuelle Informationen zur Verfügung. Die medienspezifischen Manager sind über das Microsoft Distributed Common Object Model (DCOM) miteinander verbunden.

Durch die Erfassung und Auswertung von statistischen Daten behalten Manager und technisches Servicepersonal des Communication Center stets den Überblick über die Geschehnisse. Dazu wurde im Rahmen des Projekts ein universelles Statistikrahmenwerk aufgesetzt, dass es ermöglicht schnelle Ad-Hoc Auswertungen und sogar ständig aktuelle Online-Statistiken zu fahren.

Zwei Anwendungsszenarien als Beispiel

Um die Funktionalitäten des CMS besser zu veranschaulichen, werden nachfolgend zwei typische Anwendungsszenarien für den Einsatz des Systems beschrieben:

Szenario 1: Telefonische Kundenanfrage im Unternehmen

Eine Kundenanfrage erreicht via Telefon das Unternehmen. Der Anruf wird von einem automatischen System, dem Phone Manager, entgegengenommen.

Der Phone Manager unterhält sich mit dem Anrufer und ermittelt Informationen über den Grund seines Anrufs. Schon durch die Auswertung der anrufenden und der angerufenen Telefonnummer kann auf Kunde, Vorgang, Produkt etc. geschlossen werden. Weitere Informationen können unter Verwendung von DTMF und Spracherkennung im Dialog mit dem Anrufer ermittelt werden. Kann die Anfrage bereits automatisch beantwortet werden, dann werden dem Anrufer die notwendigen Informationen über das gewünschte Medium zugestellt und der Vorgang automatisch abgeschlossen. Der Phone Manager erstellt mit Hilfe der ermittelten Informationen ein neues Ticket. Dieses wird eventuell mit zusätzlichen berechneten Ticketattributen sowie mit weiteren aus Unternehmensdatenbanken beschafften Informationen angereichert und zur Bearbeitung an den Ticket Manager weiter gereicht. Der Phone Manager hält die Telefonverbindung und unterhält sich mit dem Anrufer, bis er vom Ticket Manager weitere Infos bekommt.

Der Ticket Manager führt das Ticket nach einer konfigurierbaren Logik denjenigen Bearbeitern (Operatoren) zu, die für diese spezielle Anfrage des Kunden am besten qualifiziert sind. Dazu wurde für jeden Operator und jedes relevante Attribut in der Konfiguration festgelegt, wie gut ein Operator oder eine Operatorgruppe für eine bestimmte Thematik geeignet ist (Skillprofile). Das Ticket wird dann nicht nur einem Operator zur Bearbeitung vorgelegt, sondern je nach Gruppeneinteilung mehreren Mitarbeitern, jedoch mit eventuell unterschiedlicher Bearbeitungspriorität, abhängig von deren Eignung (Skill).

Für die Zuweisung an den Operator gibt es zwei Alternativen:

- Passive Zuweisung: Ein Operator öffnet und liest das Ticket und entscheidet, dieses zu bearbeiten. Daraufhin geht es in den Besitz des Operators über und wird nicht mehr in den Ticket-Listen der anderen, geeigneten Operatoren angezeigt. Ist der Kunde noch in der Leitung, kann der Operator sofort mit ihm telefonieren. Andernfalls kann er das Ticket auch zuerst bearbeiten und den Kunden anschließend direkt aus dem Ticket zurückrufen oder ihm eine E-Mail senden. In jedem Fall wird die Anfrage geklärt und die Lösung im Ticket erfasst.
- Aktive Zuweisung: Ist der Operator für die aktive Zuweisung (ACD = Automated Call Distribution) angemeldet, so bekommt er jeweils das für ihn geeignetste Ticket automatisch zugewiesen und einen eventuell damit verbundenen Telefonanruf zugestellt, sobald er seine vorangegangene Arbeit abgeschlossen hat (klassische Vorgehensweise im Call Center).

Das Ticket bleibt aktiv, bis der Kunde eine zufrieden stellende Antwort erhalten hat. Dies kann sofort beim ersten Kontakt sein, aber auch über längere Zeiträume und verschiedene

Interaktionen geschehen. Der Operator schließt das Ticket ab, wenn er glaubt, dass die Anfrage zufrieden stellend beantwortet wurde. Ist der Vorgang abgeschlossen, so wird das Ticket nach einer konfigurierbaren Karenzzeit, in der es noch einmal reaktiviert werden kann, im Archiv abgelegt.

Alle Informationen, die bei der Bearbeitung des Tickets anfallen (Zeitstempel, definierte Attribute, Notizen von Agenten) können zur statistischen Auswertung oder auch zur Fakturierung herangezogen werden. Ebenso stehen die Ticket-Inhalte, insbesondere natürlich die Fragen/Antworten als Wissensbasis für künftige Anfragen zur Verfügung.

Szenario 2: Anfrage mit Customer Senf Service und Web-Callback

Ein Kunde hat eine Anfrage über ein Produkt der Firma. Er greift zur Lösung seiner Frage auf die Website des Unternehmens zu und erhält über den Web Manager Informationen der entsprechenden Herstellerfirma. Es werden Antworten aus dem öffentlichen Teil des FAQ Manager präsentiert. Für sein spezielles Problem findet er im relevanten Themenbereich keine detaillierte Antwort.

Um weitere Auskünfte zu erhalten, drückt er den Call-Me-Back-Button. Auf einem vorausgefüllten Webformular mit Informationen über den Kunden und seiner bisherigen Recherche im Web Manager kann der Kunde seine Anfrage detailliert spezifizieren.

Der Web Manager erzeugt aufgrund der Formulardaten ein Ticket, das er an den Ticket Manager weiterleitet. Der Kunde erhält automatisiert über sein bevorzugtes Medium eine Bestätigung der Anfrage unter Mitteilung seiner Servicenummer (der Ticket-Nummer). Mit dieser Nummer kann er sich im weiteren Verlauf (z.B. über Internet) stets über den Bearbeitungsstatus seiner Anfrage informieren.

Im Falle dringender Anfragen steht dem Kunden auf der Website auch ein Push-to-Talk-Button zur Verfügung, über den er sich mittels IP-Telefonie über den Web Online Manager sofort mit einem Mitarbeiter in Verbindung setzen kann.

Beim Hersteller wird für die Anfrage ein vorausgefülltes Ticket mit den über das Formular erfassten Inhalten generiert und genau wie im ersten Szenario an einen fachlich geeigneten Mitarbeiter zur Bearbeitung übergeben. Auch hier kann dies mit aktiver oder mit passiver Zuweisung geschehen.

Wie bei Szenario 1 kann der Mitarbeiter die direkte Online-Kommunikation aufgreifen und im Falle des Push-To-Talk-Button mit dem Kunden telefonieren, einen gewünschten Rückruf initiieren oder dem Kunden per E-Mail antworten.

Die Architektur im Detail
Die Softwarearchitektur des CMS beruht im Wesentlichen auf einem Dreischichtenmodell, das aus der Datenbasis, der Businesslogik und den Interfaces besteht.

Medienspezifische Module

Die medienspezifischen Module werden im Wesentlichen durch die oberste Schicht der Interfaces repräsentiert. Gemäß den technologischen Anforderungen der einzelnen Medien kommen in den jeweiligen Modulen spezielle Softwareprodukte zum Einsatz.

Für die Module Fax Manager und Phone Manager des CMS bildet das Produkt CorporateInfoCenter der Infoman AG die technologische Plattform. CorporateInfoCenter ist ein automatischer Telefonieserver, der unter Einsatz der Technologien ASR (Automated Speech Recognition) und TTS (Text-to-Speech) die gängigen Protokolle für Sprach- und Faxdatenübertragung bedient. CorporateInfoCenter selbst basiert auf dem Architekturmodell des Enterprise Computer Telephony Forum (ECTF) und ist konsequent auf der darin beschriebenen S.100 Schnittstelle aufgebaut. Diese Standardisierung gewährleistet größtmögliche Flexibilität hinsichtlich der eingesetzten Hardware und ermöglicht die Integration von Call Control Funktionalitäten wie z.B. der Einbindung von TAPI- oder TSAPI-Anwendungen (vgl. Corporate Info Center 2001).

Als Schnittstelle des E-Mail Managers zur Außenwelt werden die gängigen Standards POP3, IMAP4 sowie SMTP unterstützt. Damit ergeben sich weit reichende Möglichkeiten zur Einbindung eines bereits vorhandenen E-Mail Servers in das System. Über Microsoft Outlook wurde im Projekt die Innenseite zum Portal realisiert. Für die beiden webbasierten Schnittstellen (unternehmensintern für Mitarbeiter und -extern für Kunden) bilden HTML und Javascript die Softwarebasis zur Darstellung der Informationen im Browser. Für die komplexen unternehmensinternen Anforderungen kommt zusätzlich die Sprache Java zum Einsatz.

Durch dieses Konzept benötigen Arbeitsplatzrechner zur Anbindung an das CMS nur einen Browser. Dies ermöglicht z.B. auch Clients mit unterschiedlichen Betriebssystemplattformen auf die Anwendungen zuzugreifen. Des Weiteren entfallen aufwendige Installationsarbeiten an den Arbeitsplatzrechnern. Die Aufbereitung der Internetseiten für die Clients wird standardmäßig von einem Microsoft Internet Information Server übernommen, der dynamisch ASP-Seiten auswertet und den Clients zur Verfügung stellt. Diese Technologie wird im Wesentlichen sowohl für Benutzungs- als auch für Administrationsinterfaces verwendet.

Mittelschicht und medienneutrale Module

In der Mittelschicht ist die Intelligenz des Systems in den Business-Objects konzentriert. Diese beinhalten die Basisfunktionalitäten von Ticket Manager, FAQ Manager und Campaign Manager des CMS und sind in Form von Microsoft DCOM Objektkomponenten realisiert. Auch die Interaktion dieser Module mit den medienspezifischen Komponenten findet über DCOM Objekte statt. Da die DCOM Objekte über ADO (Abstract Database Object) auf die Datenbank zugreifen, können zahlreiche Datenbankprodukte zum Einsatz kommen und bei Verwendung spezieller Treiber hohe Bearbeitungsgeschwindigkeiten erzielt werden.

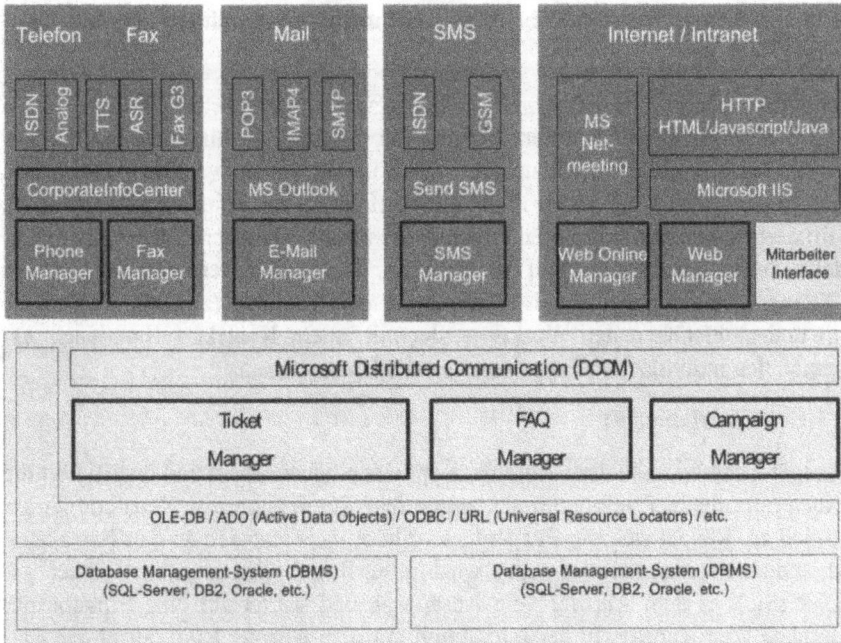

Abb. 3: Eingesetzte Technologien zur Implementierung der Architektur

Für die unterste Schicht der Datenbasis werden die gängigsten relationalen Datenbanken unterstützt. Neben der Datenbank für Ticket Manager, Campaign Manager und FAQ Manager selbst greift das CMS auch auf im Unternehmen vorhandene Datenbanken zu, um so möglichst viel über den Kommunikationskontext zu ermitteln und bei Bedarf zur Verfügung stellen zu können, z.B. Kundenkontakthistorien aus einem CRM-System oder Bonitätsstati aus der Buchhaltung.

Medienbearbeitung am Beispiel des Phone Manager

Im Rahmen dieses Beitrags soll die hohe Automatisierung und die Kundenfreundlichkeit im Bereich der Medienbearbeitung am Beispiel der Telefonie verdeutlicht werden. Für die anderen Medienmanager sei auf das Whitepaper von Customer Communication Portal™ (vgl. Customer Communication Portal 2001) verwiesen, das auch die anderen Komponenten beschreibt, soweit deren Funktionen in das Produkt umgesetzt wurden.

Der Phone Manager verfügt über zahlreiche Inbound sowie Outbound Funktionalitäten, durch die Effizienz und Nutzen des Kommunikationskanals Telefon für Kunden und Betreiber gesteigert werden. Das Leistungsspektrum reicht von der Annahme von Anrufen, über die automatische Vorqualifizierung und Weiterleitung zum gewünschten Gesprächspartner mit Hilfe von Interactive-Voice-Response, bis hin zur Beantwortung von Routineanfragen durch das System. Die Ausgabe von Informationen kann dabei sowohl über zuvor aufgesprochene Sprachdateien als auch durch das automatische Vorlesen von Texten mittels Text-to-Speech (TTS) erfolgen. Text-to-Speech eignet sich besonders um Informationen, die häufigen Änderungen unterliegen (meist datenbankbasierte Inhalte) wirtschaftlich über das Telefon zur Verfügung zu stellen.

Um die ständige Erreichbarkeit des Unternehmens zu gewährleisten besteht für Anrufer am Phone Manager die Möglichkeit Sprachnachrichten (Voicemails) zu hinterlassen. Darüber hinaus können im Falle eines Rückrufwunsches des Kunden die notwendigen Daten wie Telefonnummer, bevorzugtes Medium für die Kontaktaufnahme etc. erfasst werden. Um die Kontakte qualifiziert bearbeiten zu können, erzeugt der Phone Manager Tickets für eingehende Gespräche, die im weiteren Verlauf mit Hilfe des Ticket Manager bearbeitet werden können. Die Tickets gewährleisten die Protokollierung der Kontakte (z.B. für statistische Auswertungen) und unterstützen den Workflow, der mit einem Kontakt verbundenen Arbeitsschritte gemäß den individuellen Erfordernissen des Unternehmens.

Ankommende Gespräche (Inbound)

Der Phone Manager erfasst gemäß dem Stufenkonzept einen neuen Anruf und qualifiziert die technischen Daten (anrufende Telefonnummer, angerufene Telefonnummer, Zeit) und nimmt dann das Gespräch an. Meldet sich ein Faxgerät, so gibt er das Gespräch an den Fax Manager weiter. Ein anderer, automatisierter Anruf wird in der Regel nicht erwartet. Je nach gewählter Nummer spielt er dem Anrufer eine Ansage ab und wartet auf eine Eingabe per DTMF oder Sprache vom Anrufer. In der Interaktion mit dem Anrufer kann der Phone Manager für den Customer Self Service nun Ansagen abspielen, Menüeingaben abfragen, oder auch Dokumentnummern für den Fax-On-Demand-Dienst erfassen. Geht der Anruf über die eigentliche Informationsbeschaffung hinaus, so kann der Phone Manager im Ticket Manager ein Ticket anlegen, mit einem Mitarbeiter verbinden oder eine Sprachnachricht aufzeichnen und diese mit dem Ticket weiterleiten.

Abgehende Gespräche (Outbound)

Auch bei abgehenden Gesprächen kann das Stufenkonzept angewandt werden, auch wenn in der Regel hier allerdings sofort die Mensch-zu-Mensch-Kommunikation gewünscht wird. Der Phone Manager kann einen Anruf tätigen und den Angerufenen mit einer Ansage begrüßen, ihn dann automatisiert bedienen oder mit einem Mitarbeiter verbinden. Im Prinzip sind dieselben Möglichkeiten verfügbar wie bei eingehenden Gesprächen. Damit sind z.B. Statusmeldungen vollständig automatisierbar oder es kann automatisiert erfragt werden, ob überhaupt die Mensch-zu-Mensch-Kommunikation seitens des Angerufenen erwünscht ist.

Medienneutrale Bearbeitung im Ticket Manager

Von den medienneutralen Modulen ist der Ticket Manager das wichtigste und soll hier stellvertretend für diese Gruppe beschrieben werden. Der Ticket Manager stellt das zentrale Modul innerhalb des CMS dar. Alle über die unterschiedlichen Medien ins Unternehmen kommenden Anfragen werden von diesem Modul hinsichtlich ihrer weiteren Verarbeitung gesteuert. Dazu werden die automatisch bei Anfragen erzeugten Tickets durch Skill Based Routing einem geeigneten Mitarbeiter des Unternehmens zur Bearbeitung übergeben, d.h. jedem Mitarbeiter ist ein Qualifikationsprofil zugeordnet, das mit dem Anforderungsprofil aufgrund des Gesprächskontextes verglichen wird. So kann der am besten geeignete Mitarbeiter ausgewählt werden.

Darüber hinaus wird für jedes Ticket eine Wichtigkeit berechnet, nach der dieses Ticket priorisiert wird. Basis der Berechnung sind dabei die direkt aus der Kommunikation gewonnenen Informationen wie z.B. die anrufende Telefonnummer oder die E-Mail-Adresse, aber auch indirekt gewonnene Informationen wie z.B. der Service-Level des Kunden oder das Alter des Kontakts. So gewährleistet das System, dass immer die wichtigsten Kommunikationsvorgänge zuerst bedient werden.

Bei aktiver Zuweisung und einem entsprechend priorisierten Ticket geschieht die Bearbeitung so schnell wie möglich durch Pop-Up eines Tickets auf dem Bildschirm eines freien Mitarbeiters. Das mit zahlreichen vordefinierten Attributen ausgestattete Ticket, dem bei Bedarf auch beliebige weitere Informationen angefügt werden können, gewährleistet die strukturierte Erfassung jedes Kundenkontakts.

Auch die Kommunikation nach außen kann von einem Ticket aus angestoßen werden. So lässt sich direkt über die Weboberfläche ein Rückruf einleiten um einem Anfragenden eine telefonische Rückmeldung zu geben.

6.2.4 Anwendungsfelder und Verwertungsmöglichkeiten

Auf Basis der Ergebnisse des Projekts wurde das Produkt Customer Communication Portal™ als Standardsoftware entwickelt und in individuellen Kundeninstallationen auf seine Tauglichkeit evaluiert. Dabei hat sich gezeigt, dass nicht alle Funktionen einfach in ein Produkt umzusetzen sind. So erfordert das Produkt hohe, bekannte Funktionalität bei den bewährten Technologien Telefon, Fax, E-Mail und Web. Die innovativen Funktionen wie z.B. die Webkonferenz können sich dagegen nur zögerlich durchsetzen, da diese Kommunikationsformen auch dem Kunden noch nicht vertraut sind. Die Erfahrungen des Projekts fließen daneben auch in individuelle Kundenlösungen ein und sind Basis für Anträge zukünftiger Forschungsvorhaben.

6.2.5 Bewertung und Ausblick

Insgesamt hat sich der Ansatz bewährt. Die Infoman AG lässt die Erkenntnisse aus dem Projekt schrittweise in das Produkt Customer Communication Portal™ einfließen. So wurde im Projekt bereits die Verteilung der Architektur auf verschiedene Server als aktiver Cluster verprobt. Dies wird ebenso wie die Webkonferenz bald zukünftiger Bestandteil des Produkts werden.

Die Kundenkommunikation ist allerdings erst der Anfang der Betrachtung der Kommunikation zwischen Menschen, Unternehmen und Maschinen. An nächster Stelle steht die Integration der mehrstufigen Kommunikation. Hier geht es einerseits um den Ausbau solcher Systeme zur Unterstützung der Kommunikation über mehrere Stufen im Unternehmen als integrierende Funktion unterschiedlichster Stellen und Geschäftsprozesse. Andererseits geht es um die Kommunikation über mehrstufige Unternehmens- oder Kundenketten, z.B. im Rahmen von Zulieferketten oder Dienstleistungsketten hinweg. Neben einer durchgängigen Unterstützung solcher Abläufe durch Bereitstellung eines in der ganzen Kette verfügbaren

Kommunikationskontextes spielen hier dann auch gemischte Medien, Konferenzen und Sichtbarkeiten für die verschiedenen Rollen in diesen Ketten eine wichtige Rolle.

Die Kundenkommunikation und die Unternehmenskommunikation, sei es als Business-To-Customer (B2C) oder Business-To-Business (B2B) bieten noch ein weites Feld der Forschung und der Optimierung. Die IT gestützte Kommunikation kann einen wichtigen Anteil zur Optimierung von firmenübergreifenden Geschäftsprozessen und zur damit verbundenen Kostenoptimierung und Effektivitätssteigerung der Industrie beitragen.

6.2.6   Literatur

Infoman AG: Corporate Info Center, Technical Whitepaper, Stuttgart, 2001.

Infoman AG: Customer Communication Portal, Technical Whitepaper, Stuttgart, 2001.

Bamberger, R.: Strategien und Potenziale im Customer Service, Maschinenbautag Nürnberg 2002, Deutsche Telekom AG, 19.11.2002.

Bauer, C.: Außendienstunterstützung im virtuellen CallCenter, Präsentation auf der Invite Konferenz, Haus der Wirtschaft in Stuttgart, Stuttgart, 26.11.2002.

Janzen, A.: Untersuchung von Verteilungsstrategien für zustandsbehaftete Objekte im Kontext einer verteilten Anwendung unter Berücksichtigung von Skalierbarkeit und Ausfallsicherheit; Diplomarbeit der Fakultät Informatik, Universität Stuttgart, 2002.

Gronover, S.; Riempp, G.: Kundeorientiertes Multi-Channel-Management – Konzepte und Techniken zur Einführung, Universität St. Gallen, Institut für Wirtschaftinformatik, St. Gallen, 1.8.2001.

Schulze, J.: Prozessorientierte Einführungsmethode für das Customer Relationship Management, Institut für Wirtschaftsinformatik, Universität St. Gallen, Dissertation, St. Gallen, 2000.

Wetzel, P.: Architekturen und technische Trends von Unified Messaging Systemen; Euroforum-Konferenz „Unified Messaging", Euroforum, Bad Homburg, 2.5.2001.

Wetzel, P.: Unified Communication – Persönlich oder für ein ganzes Unternehmen; Kongress „Online 2002", Düsseldorf, 2002.

Wetzel, P.; Brunner, W.: Effizientes und integriertes Kundenbeziehungsmanagement über alle Kommunikationskanäle, Maschinenbautag München 2002, Deutsche Telekom AG, München, 20.2.2002.

6.3 Kooperative Lieferantenportale

Thorsten Gurzki, Kolja Cords

6.3.1 Kooperation in Lieferantenportalen

Die Beschaffung von Waren und Dienstleistungen ist eine zentrale Aufgabe in einem Unternehmen. Dieser Bereich ist damit prädestiniert für die Abbildung in E-Business Systemen. Neben hoch strukturierten Prozessen im Bereich der Kommunikation mit den Lieferanten, die klassisch mittels Enterprise Data Interchange vollautomatisiert zwischen Warenwirtschaftsystemen abgewickelt werden, haben sich Lieferantenportale als ein weiterer interaktiver Kommunikationskanal etabliert. Dieser Beitrag beschreibt die Entwicklungen im Rahmen des Leitvorhabens INVITE, das Lieferantenportale zu einer interaktiven Plattform, mit Nutzen für das beschaffende Unternehmen und Lieferanten gleichermaßen, weiterentwickelt hat.

6.3.2 State of the Art

Portale sind eine direkte Weiterentwicklung der Internet/Intranettechnologien. Als wesentliches neues Merkmal kommt zur Informationsverbreitung die Prozessorientierung hinzu. Ein Portal ist nach Gurzki und Özcan (2003) definiert als eine Applikation, welche basierend auf Web-Technologien einen zentralen Zugriff auf personalisierte Inhalte sowie bedarfsgerecht auf Prozesse bereit stellt. Über diese Basisdefinition hinaus lassen sich weitere optionale charakteristische Merkmale für ein Portal aufführen:

- Integration: Prozessabwicklung und Datenaustausch zwischen verschiedenen heterogenen Anwendungen über eine Portalplattform.
- Zentraler Zugriff über eine homogene Benutzungsoberfläche auf unternehmensrelevante Applikationen.
- Die Möglichkeit, Zusammenarbeit in Arbeitsgruppen zu unterstützen.

Portale integrieren externe Prozesse in die internen Prozesse des Unternehmens. Abbildung 1 stellt das Prozessumfeld eines Unternehmens und die Integration durch ein Portal dar. Je nach Zielgruppe werden Portale weiter in Lieferanten-, Geschäftskunden-, Mitarbeiter- und Endkundenportale untergliedert.

Lieferantenportale, auch Supplier-Portale genannt, bilden als Schnittstelle zwischen einem Unternehmen und seinem Zulieferer den Beschaffungsprozess ab. Das Portal wird dabei vom beschaffenden Unternehmen betrieben. Der Zulieferer stellt seine Kataloge über das Lieferantenportal ein und holt sich Aufträge über diese Plattform ab. Er pflegt somit alle ihn betreffende Daten in dem Portal. Das beschaffende Unternehmen kann die im Portal hinterlegten Informationen direkt in das E-Procurement-System übernehmen und Bestellungen über diese Schnittstelle abwickeln.

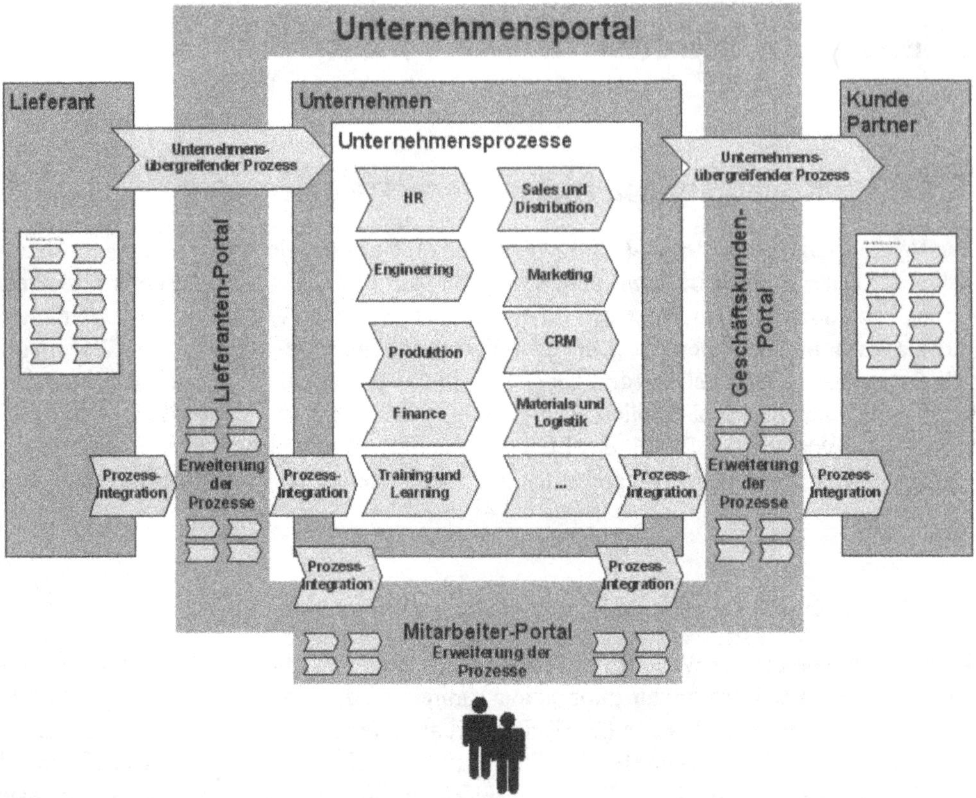

Abb. 1: Prozessumfeld nach Gurzki (2002), Gurzki und Özcan (2003)

Die hohe Bedeutung von Supplier-Portalen zeigen auch aktuelle Untersuchungen: 8,9 Prozent der Unternehmen mit mehr als 200 Mitarbeitern aus den Branchen Maschinen- und Anlagenbau, sowie Elektrotechnik, betreiben ein Lieferantenportal. Mehr als 23 Prozent planen einen Aufbau (vgl. Gurzki und Özcan 2003).

6.3.3   Innovationen und Ergebnisse

Auf Grundlage des Funktionsumfangs der sich am Markt befindlichen „State of the Art" Portale wurde bei der Spezifikation des Supplier Portals eine Schwachstellenanalyse durchgeführt. Zusammen mit den Anforderungen wurden neue innovative Funktionsmerkmale für das Supplier Portal ermittelt und spezifiziert. Diese neuen Funktionsmerkmale dienen dem Zweck, den sonst üblicherweise anzutreffenden unilateralen Informationsfluss zwischen den Lieferanten und den Unternehmen hin zu einem Kooperativen Informationsfluss auszubauen

(Abbildung 2), um somit einen deutlich verbesserten Informationsaustausch zwischen den beiden Parteien zu ermöglichen. Als direkte Folge wird der Informationsgehalt qualitativ und quantitativ zu verbessert.

Konventionelle Supplier-Portale

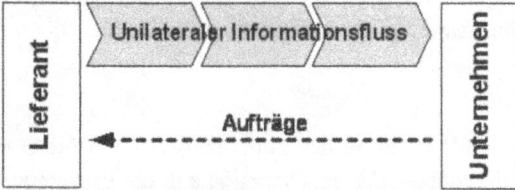

Kooperative Supplier-Portale

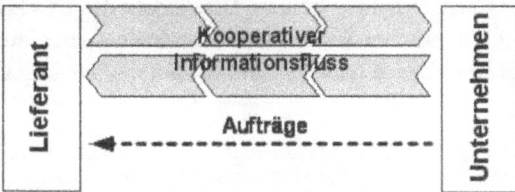

Abb. 2: Unilateraler und kooperativer Informationsfluss im Vergleich

Der unilaterale Informationsfluss in Lieferantenportalen ist ein Abbild der Abhängigkeit im Lieferanten-Abnehmer-Verhältnis. Der Lieferant ist durch die Marktposition des Abnehmers motiviert, seine Daten in dessen Portal zu pflegen. Eine weitergehende Motivation im Sinne eines Mehrwerts für die Nutzung des Lieferantenportals durch den Zulieferer ist von beiden Seiten aus wünschenswert. Ein wesentlicher Mehrwert ist die Bereitstellung von detaillierten Informationen über die Art der Nutzung der Produkte und Bewertungen aus Vertriebssicht für den Lieferanten.

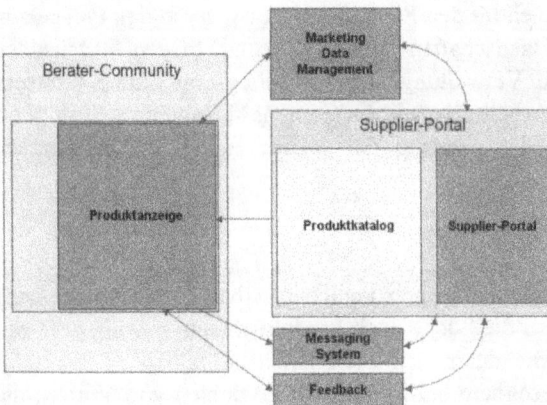

Abb. 3: Einbindung des Supplier-Portals in die Berater-Community

Im Rahmen des BMBF-Leitvorhabens INVITE wurden neue Verfahren für die Interaktion zwischen Lieferant und beschaffenden Unternehmen entwickelt. Die Arbeiten wurden am Beispiel eines Banken-Lieferantenportals für Finanzprodukte durchgeführt. Das Portal ist eng in die Berater-Community der Bank integriert und liefert die für den Betrieb notwendigen Produktinformationen. Darüber hinaus wurden weitere neue kooperative Interaktionstechniken entwickelt. Die folgenden Abschnitte zeigen die Innovationen im Detail.

Lieferanten Bewertung

Die Bewertung von Lieferanten erfolgt in den Portalen in der Regel pauschal pro Lieferant. Sie basiert auf der Gesamtbewertung des Lieferanten, die gegebenenfalls in die Einzelpunkte Qualität der Produkte und Liefertreue untergliedert sein kann. Dieser Mechanismus gestattet jedoch nicht ein differenziertes Bild eines Lieferanten aufzuzeigen. Der Ansatz des INVITE-Lieferantenportals basiert auf einer produktorientierten Bewertung. Hierdurch finden auch außergewöhnlich gute Produkte eines ansonsten eher durchschnittlichen Lieferanten Eingang in den Vertrieb.

Feedbackmechanismus

Die Idee des Feedbackmechanismus ist, dem Lieferanten einen Überblick darüber zu geben, wie häufig seine Produkte durch die Bankberater aufgerufen werden. Dies eröffnet dem Lieferanten die Möglichkeit, abzuschätzen, wie sich der Verkauf des Produktes zukünftig entwickeln wird und erlaubt ein Ranking seiner Produkte untereinander. Durch das Ranking kann der Lieferant erkennen, welche Art von Produkten zum derzeitigen Zeitpunkt für den Markt von besonderem Interesse ist.

Bereitstellung von Marketing-Materialien

Der Vertrieb komplexer Produkte erfordert die Nutzung von Marketingmaterialien des Herstellers bzw. Anbieters, um die Produkteigenschaften zu verdeutlichen. Darüber hinaus werden Bildmaterialien vom Hersteller benötigt, die in eigenen Publikationen verwendet werden können. Dies gilt in besonderem Maße auch für den Finanzbereich, da hier in den Prospekten auch wesentliche, rechtlich relevante Eigenschaften verzeichnet sind. In den bestehenden Portalsystemen ist die Zulieferung und Verwaltung von Marketing-Materialien nur sehr rudimentär ausgeprägt. Im Rahmen der Arbeiten wurde ein Content Management System für Marketing-Materialien entwickelt, das die Nutzung der Inhalte innerhalb der Berater-Community gestattet.

Erweiterte Suchmöglichkeiten

Die Berater in der Berater-Community werden in ihrer täglichen Arbeit bei der Suche nach geeigneten Produkten unterstützt. So wird die Suche nach Produkten nicht nur über die reinen Produktdaten, sondern auch über die durch den Lieferanten hinterlegten Marketing-Materialien durchgeführt. Dies ist insbesondere bei komplexen Produkten von Vorteil, die nicht vollständig über die Stammdaten beschreibbar sind. Bei der Darstellung der Ergebnisse werden Produkte entsprechend der Bewertung der anderen Berater sortiert.

Einführung von Berechtigungen

Für einige Wirtschaftsbereiche spielen Berechtigungen für Produkte eine große Rolle. Ein Beispiel hierfür sind Finanzprodukte, die nach Risikoklassen eingeteilt sind. Diese Einteilung muss durch den Lieferanten gepflegt und bei der weiteren Nutzung berücksichtigt werden. So dürfen bei der Suche nach Produkten durch den Bankberater nur bevorzugt Produkte angezeigt werden, die der Berechtigung des Beraters entsprechen. Nachrangig können andere Produkte angezeigt werden, die jedoch entsprechend mit einem Warnhinweis versehen sind. Entsprechend lässt sich dieses Konzept auf den aktuell betreuten Kunden ausweiten, für den dieses Produkt gesucht wird. In diesem Fall werden mit dem Kontext aktueller Kunden nur die Produkte gefunden, die der Risikobereitschaft des Kunden entsprechen.

Klassifizierung von Produkten

Die Unterstützung von Produkt-Klassifikation im Finanzbereich wird derzeit nur in geringem Maße unterstützt bzw. umgesetzt. Im Rahmen des Demonstrationsszenarios wurde die Produktklassifizierung unter Verwendung des Produktklassifikationssystems UNSPSC exemplarisch durchgeführt. Somit wird eine lieferantenunabhängige Suche im Produktkatalog der Berater-Community ermöglicht und bietet den Beratern eine höhere Produkttransparenz.

Informationsaustausch über Messaging-System

Das Messaging-System bietet dem Lieferanten verschiedenen Möglichkeiten, sich Detailinformationen über die Produkte eines Lieferanten zu verschaffen. Er kann Nachrichten (Messages) an die Lieferanten verschicken, die Produkte anbieten, und den Produkt-Content im Supplier Portal pflegen. Dabei hat er die Möglichkeit, entweder zu einem bestimmten Produkt eine Message zu schreiben, die dann an den Autor des Produkt-Contents adressiert ist, oder allgemein an einen Lieferanten eine Message zu schicken, die dann wiederum an alle Anwender adressiert wird, die diesem Lieferanten angehören.

6.3.4 Beschreibung der Portalanwendung

Funktionales Ziel des Supplier-Portals ist die Aufbereitung und Pflege von Informationen über Bankprodukte und deren Bereitstellung in der Berater Community und anderen relevanten bankinternen und externen Bereichen. Hierbei steht die intuitive Bedienung des Portals im Vordergrund.

Zu den Hauptzielen des Supplier-Portals gehört die Selbstverwaltung von Produktdaten und erweiterten Produktdaten, wie zielgruppenspezifische Produktinformation oder Marketing-Daten und werbliche Informationen bzw. Dokumente durch den Lieferanten. Dieses Management könnte einerseits direkt von autorisierten Mitgliedern der Lieferanten selbst durchgeführt werden oder in deren Namen von einer übergeordneten Einheit (Web-Administration). Im Rahmen dieses Projektes kam die erste Variante zur Anwendung, da so die optimale Pflege durch den verantwortlichen Produktmanager selbst ermöglicht wird.

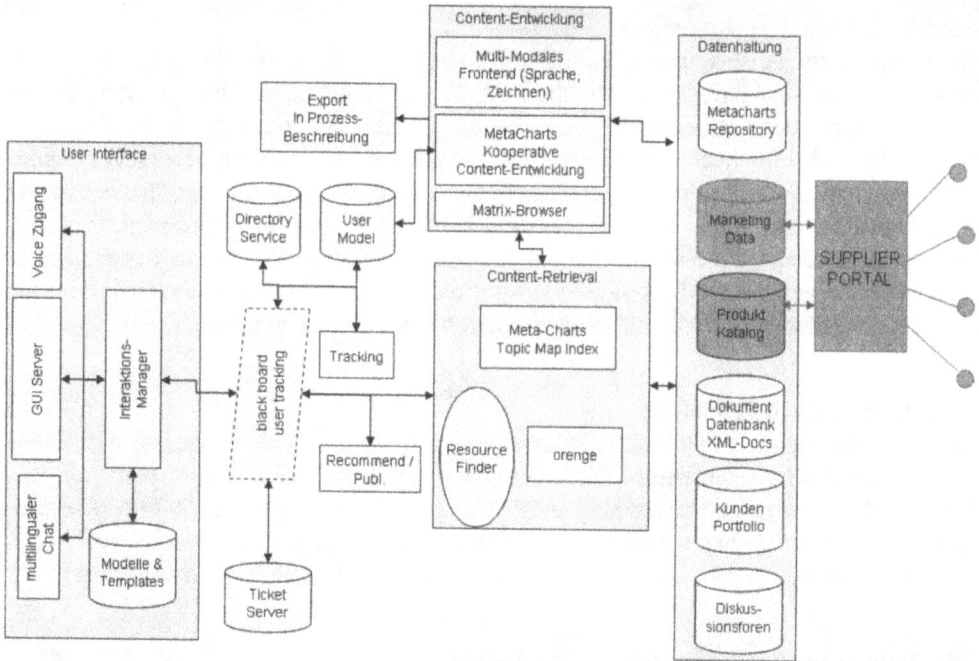

Abb. 4: Gesamtarchitektur mit Berater-Community und Supplier-Portal

Das Supplier-Portal liefert die relevanten Produkt- und Anbieterdaten an die Berater-Community. Hierzu wurde die Datenbasis des Supplier-Portals in die der Community integriert (vgl. Abbildung 4). Diese Integration erlaubt eine Verwendung der Komponenten der Community für die Verarbeitung der Daten. So ist ein Zugriff der Content-Retrieval-Komponente für die Suche im Produktdatenbestand möglich. Das Supplier-Portal beliefert die Community mit zwei verschiedenen Content-Typen:

- Produktdaten (Artikelnummern, Kurzbeschreibungen, Artikeleigenschaften usw.)
- Marketingdaten (Produktinformationen in Form von Bildern, Zeichnungen und Dokumenten, werbliche Informationen)

Aus der anderen Richtung betrachtet versorgen die Berater über die Berater-Community die Lieferanten über das Lieferantenportal mit Feedback-Informationen:

- Bewertungen der Produkte
- Anregungen zu Produkten
- Persönlichen Nachrichten mit Anfragen zu Produkten

Im Folgenden werden die Teilkomponenten des Supplier-Portals eingehender betrachtet.

Marketing Data Management

Die Aufgabe dieser Portalkomponente ist die Konzentration und Verarbeitung von schwach bzw. nicht-strukturierten Marketing-Daten bzw. werblichen Informationen und Media Assets. Zu den Marketing-Daten gehören insbesondere:

- Unstrukturierte werbliche Texte
- Grundlegend mittels Markup-Sprache (z.B. HTML, XML) strukturierter werblicher Text
- Dokumente (z.B. Word, PDF)
- Media Assets (z.B. Bilder, Flash-Animationen)

Das Marketing Data Management (MDM) verwaltet Metadaten je eingestelltes Objekt. Die Daten werden vom Lieferanten eingestellt und gepflegt und von Bankberatern genutzt. Es bestehen Schnittstellen zur Suche und Volltextindizierung der Berater-Community, die den Datenbestand erschließen. Die Marketing-Daten werden begleitend zu den Produkten dargestellt. Auf diese Weise kann bei der Suche nach einem Produkt auch direkt auf das vorhandene Werbematerial zurückgegriffen werden, um es z.B. einem Kunden zukommen zu lassen. Die Marketing-Daten werden darüber hinaus auch in die Produktsuche einbezogen. Dies ist insbesondere bei komplexen Produkten von Vorteil, die nur in umfangreichen Dokumenten beschrieben werden können. Dies ist insbesondere auch im Bereich Finanzprodukte der Fall. Abbildung 5 zeigt ein Beispiel für den Abruf von Marketing-Material.

Dokumente von Produkt bearbeiten

	Dokument	Aufrufe	Beschreibung
	Produktdetails	13	Beschreibung
	Datenblatt	4	Datenblatt von Karte
	AGB	4	Allgemeine Geschäfts Bedingungen

Datei hinzufügen
Zurück zur Produktseite

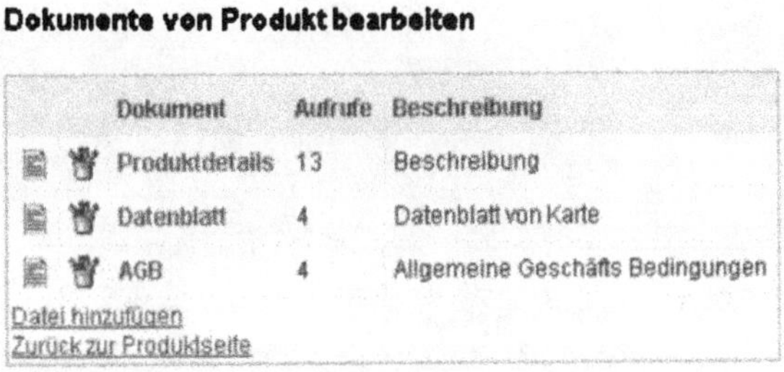

Abb. 5: Abruf von Marketing-Material

Produktkatalog

Der Produktkatalog dient der Berater-Community als Informations-Medium. Im Produktkatalog werden die im Supplier-Portal gepflegten Produkte der Lieferanten präsentiert. Auf den Produktseiten hat der Berater folgende Möglichkeiten zu interagieren:

- Anzeige der Produktinformationen
- Absenden einer Nachricht an den Lieferanten
- Abgabe einer Bewertung über das Produkt

Je nachdem, welche Art von Produktinformationen der Produktverantwortliche auf der Lieferanten-Seite hinterlegt hat, bietet es dem Berater eine große Hilfestellung durch die zusätzliche Möglichkeit zur interaktiven Informationsgewinnung (vgl. Abbildung 6).

Bei dieser Art von Marketing-Material hat der Berater die Möglichkeit, die angezeigten Informationen nach den Bedürfnissen seines Kunden anzupassen. Dadurch bietet sich dem Berater die Möglichkeit, in kürzester Zeit seinem Kunden qualitative, hochwertige Informationen zu vermitteln.

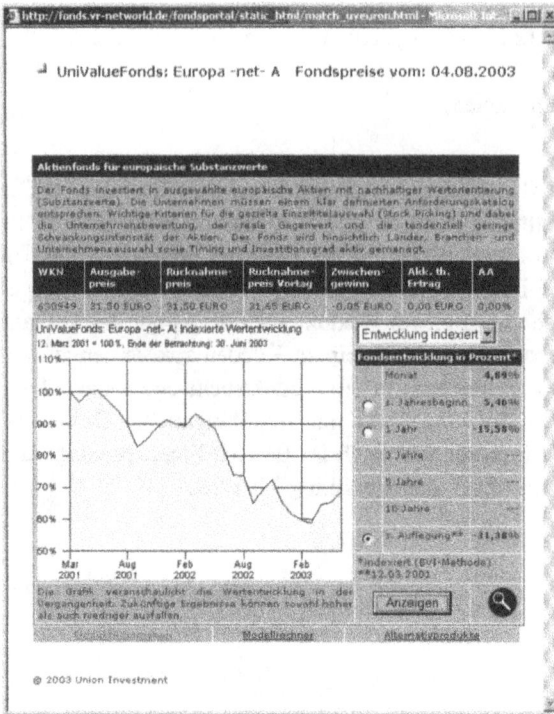

Abb. 6: Produktkatalog

Feedback und Bewertung

In der Bewertungskomponente werden die Bereiche „Vermittelbarkeit/Akzeptanz", sowie „Unterstützung" durch die Berater bewertet. Die Bewertung erfolgt in einem zweistufigen Verfahren:

- Bewertung in einer dreistufigen Skala (positiv/neutral/negativ)
- Bei Wertung mit „positiv" oder „negativ" wird eine zweite, detaillierte Bewertung mit Attributen vom Nutzer gefordert.

Die im zweiten Schritt angebotene Attributierung lässt eine positive und negative Bewertung der Attribute zu. Sie stellt eine Verfeinerung der groben Bewertung dar. Die neutrale Bewertung führt automatisch zum Zustand „Ende der Bewertung". Die Anzeige des Bewertungsformulars erfolgt in der Produktansicht in einem abgeteilten Frame. Der erste Schritt mit den

Bewertungen für „Vermittelbarkeit/Akzeptanz" sowie „Unterstützung" wird gemeinsam angezeigt und per Send-Button vom Nutzer abgesendet.

Ist mindestens eine der Bewertungen nicht „neutral" wird ein neues Fenster geöffnet und es werden nach obigem Schema die Attributierungen für Schritt 2 angeboten. Im zweiten Schritt werden entweder die erweiterten Attribute für „Vermittelbarkeit/Akzeptanz" oder für „Unterstützung" oder für beide angeboten, abhängig von der nicht-neutralen Bewertung im ersten Schritt.

Schritt 1:   **Schritt 2:**

Vermittelbarkeit/Akzeptanz

Vermittelbarkeit/ Akzeptanz	Positiv	negativ
1	Produkt ist vermittelbar	Produkt ist nicht vermittelbar
2	Produkt ist zielgruppengerecht	Zielgruppe passt nicht
3	Gutes Preis-Leistungsverhältnis	Schlechtes Preis-Leistungsverhältnis
4	Bedarf vorhanden	Bedarf nicht vorhanden
5	Produkt ist konkurrenzfähig bzw. marktgerecht	Produkt ist nicht konkurrenzfähig bzw. marktgerecht

Abb. 7: Zweistufiges Bewertungsschema

Der Benutzer kann dabei für alle Attribute entweder die positive oder negative Ausprägung des Attributs (z.B. „Schulung ist gut" oder „Schulung ist unzureichend") wählen. Die Bewertung für „Unterstützung" erfolgt analog.

Durch diese zwei Schritte werden eine Bewertung und eine Attributierung des Produktes durchgeführt, die innerhalb des Community zur Auswahl des Produktes genutzt werden können. Hierzu wird bei der Suche nach Produkten in den Ergebnislisten die Bewertung grafisch dargestellt. Der Bankberater kann auf den ersten Blick empfehlenswerte Produkte erkennen.

Die Lieferanten erhalten für ihre eigenen Produkte eine Rückmeldung über die Eigenschaften in der Praxis. Diese Informationen lassen sich zur Verbesserung der Produkte, der Produktdarstellung und der Produktunterstützung (z.B. Schulungen) verwenden. Diese Funktion ist ein wichtiger Mehrwert für die Lieferanten und motiviert sie zur Nutzung des Portals.

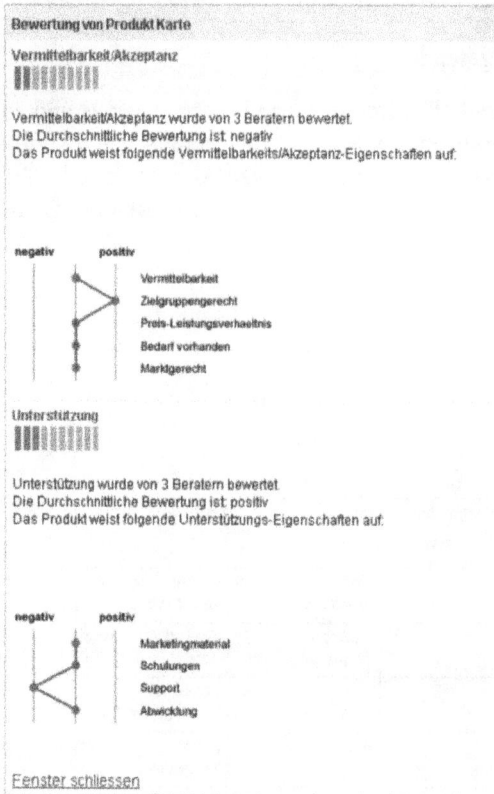

Abb. 8: Produkt-Bewertungsanzeige

Abbildung 8 zeigt die Detaildarstellung der Bewertung am Beispiel Vermittelbarkeit/Akzeptanz und Produktunterstützung. Mittels der Balken wird die allgemeine Bewertung dargestellt (Bewertungsschritt 1). Die detaillierte Bewertung wird als Positiv/Negativ-Diagramm visualisiert.

Supplier-Portal

Das Supplier-Portal bildet die Schnittstelle zu Lieferanten und integriert den Katalog, das Messaging System, die Produktbewertung und das Marketing Data Management System in einer homogenen Oberfläche. Die Lieferanten greifen nach erfolgter Anmeldung auf diese personalisierte Oberfläche zu und pflegen die Informationen bzw. kommunizieren mit den Bank-Beratern.

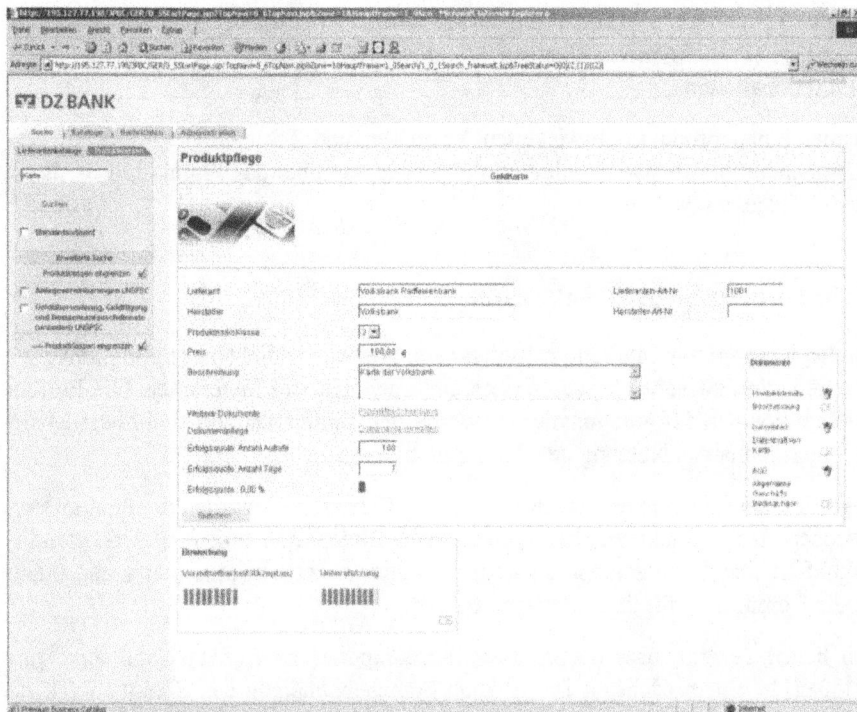

Abb. 9: Lieferanten-Ansicht des Supplier-Portals

Der softwaretechnische Aufbau des Supplier-Portals entspricht funktional dem Referenzmodell für Portalsoftware nach Gurzki und Hinderer (2003). Kern des Portals bildet der Produktkatalog, da dieser auf Grund der starken Produktorientierung als führendes System angelegt wurde.

Abbildung 9 zeigt die Oberfläche mit den Komponenten am Beispiel einer Produkt-Detailansicht mit Produktdaten, Bewertung und Marketing-Material.

6.3.5 Anwendungsfelder und Verwertungsmöglichkeiten

Der innovative Gedanke des kooperativen Informationsflusses spielte bei der Konzeption des Lieferanten Portals (PSX Premium Supplier Exchange) für den automatisierten Produktdatenaustausch eine zentrale Rolle. Das PSX ist Bestandteil der Produktdatenmanagement Lösung der Heiler Software AG. Es hat die Aufgabe, eingehende Produktdaten (Lieferantenkataloge) beim Kunden hinsichtlich seiner Anforderungen automatisiert zu prüfen. Durch qualifizierte Rückmeldungen des PSX an den Lieferanten wird er selbst in die Lage versetzt, die Fehler zu korrigieren und somit qualitativ hochwertige Daten, gemäß den Anforderungen des Empfängers, zu liefern.

Der Gedanke des kooperativen Informationsflusses bildete auch bei der Weiterentwicklung des Katalogsystems (PBC Premium Business Catalog) die Grundlage für die Realisierung innovativer Funktionalitäten.

Die am Beispiel Finanzprodukte entwickelten Verfahren und Technologien sind auf verschiedenste Branchen übertragbar. Somit sind die Ergebnisse über das Projekt hinaus direkt in verschiedenen Projekten verwertbar.

6.3.6   Bewertung und Ausblick

Das vorgestellte Konzept für interaktive Lieferantenportale erschließt neue Möglichkeiten für die Kommunikation zwischen beschaffenden Unternehmen und Lieferanten. Die Einführung eines bidirektionalen Informationsflusses wertet den Lieferanten auf und bietet Mehrwerte, die zu einer intensiven Nutzung des Portals motivieren.

Mit der Integration der Lieferantenseite in die Berater-Community wurde eine direkte Verbindung zwischen den Produktverantwortlichen beim Lieferanten und den verkaufenden Beratern geschaffen. Das Lieferantenportal stellt produktorientierte Informationen und Inhalte bereit, die die Community für ihren Betrieb benötigt.

Die Arbeiten haben gezeigt, dass die vorgestellten kooperativen Konzepte auf eine gute Akzeptanz stoßen. In einem nächsten Schritt kann branchenabhängig das Community-Konzept auf den Bereich der Lieferanten ausgeweitet werden.

6.3.7   Literatur

Bullinger H.-J. (Hrsg.); Gurzki, T.; Hinderer, H.; Eberhardt, C.-T.: Marktübersicht Portal Software für Business-, Enterprise Portale und E-Collaboration. Fraunhofer IRB Verlag, Stuttgart 2002.

Gurzki, T.: Vom Konzept zum Portal: Technologien, Vorgehen, Wirtschaftlich-weit. Tagungsband Seminar Business Portale, Stuttgarter E-Business Tage 2002; http://www.gurzki.de/vortraege/ebusinesstage2002/ Besucht: 07.09.2006.

Gurzki, T.; Hinderer, H.: Eine Referenzarchitektur für Software zur Realisierung von Unternehmensportalen. WM 2003: Professionelles Wissensmanagement – Erfahrungen und Visionen; Ulrich Reimer, Andreas Abecker, Steffen Staab, Gerd Stumme (Hrsg.), GI-Edition – Lecture Notes in Informatics (LNI), Bonner Köllen Verlag, 2003.

6.4   Kooperative Reviews von 3D-Modellen

Roland Blach, Michael Pulina, Andreas Rössler

6.4.1   Einführung

Eines der wichtigsten Ziele von Automobilherstellern ist die Verkürzung der Entwicklungs-
zeiten bei gleichzeitiger Erhöhung der Qualität und der Planungssicherheit. Ein wesentlicher
Ansatz dafür ist die durchgängige Nutzung digitaler Prototypen bereits in frühen Entwick-
lungsphasen mit folgenden Zielen:

- Frühe Fehlererkennung bei geringeren Kosten
- Höhere Entscheidungssicherheit durch mehr Varianten
- Evaluierung komplexer Fragestellungen durch die Verknüpfung von Konstruktion, Simu-
  lation und Fertigung

Für die genannten Ziele werden heute noch vielfach reale Prototypen eingesetzt. Allein im
Designbereich werden bis zu 50 Modelle im Maßstab 1:10 und mehrere Prototypen im Or-
ginalmaßstab gebaut. Weitere Prototypen werden in den Bereichen Montage und Werkzeugbau benötigt. Die Erstellung eines Prototyps ist eine manuelle Tätigkeit und kann mehrere
Wochen in Anspruch nehmen.

Die realen Prototypen werden erstellt, obwohl die Modelle in CAD-Systemen angefertigt
werden, und dementsprechend als dreidimensionale Datenmodelle vorliegen. Offensichtlich
ist die Präsentation eines Modells am Bildschirm mit den heutigen Möglichkeiten noch un-
genügend.

Die diesem Beitrag zugrunde liegende Anwendungsaufgabe „Kooperative Reviews von 3D-
Modellen" ist die Begutachtung einer Werkzeugkonstruktion bei BMW in der Sparte Press-
werk, welche von einem externen Konstruktionsbüro erarbeitet wurde. In dieser Teamsitzung
sind alle Personen versammelt, die an der Werkzeugentwicklung und dem späteren Produk-
tionseinsatz bei BMW und beim Zulieferer beteiligt sind. Nach Aufnahme der konstruktiven
Anpassungen wird das weitere Vorgehen der beteiligten Partner geplant.

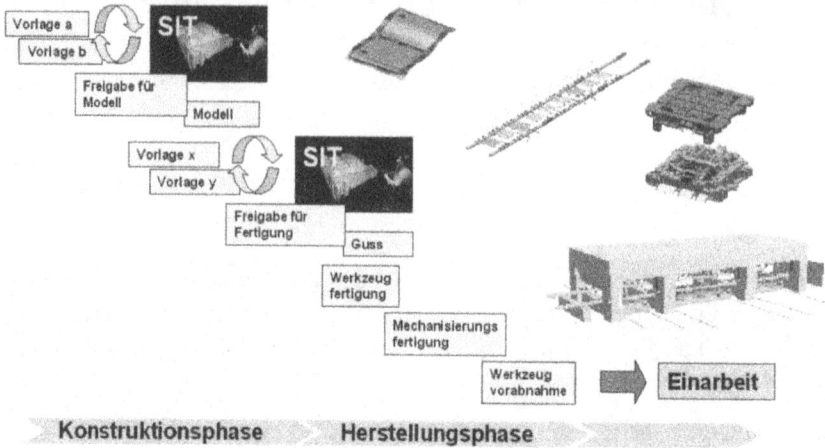

Abb. 1: Werkzeugentstehungsprozess – SIT = Einsatz immersiver Systeme

Szenario

Herr Weber trifft sich mit seinen Kollegen aus der Karosserieentwicklung, der Methodenplanung und der Prozessplanung und dem Lieferanten zur Beurteilung des gelieferten CAD-Modells eines Umformwerkzeugs zur Herstellung der Tür-Außenhaut des neuen Roadsters, bei dem der Serienanlauf immer näher rückt.

Das Team trifft sich im Visualisierungsraum und setzt die Stereobrillen auf. Herr Weber, der die Begutachtung leitet, spricht in sein Mikrofon und öffnet damit das aktuelle Projekt. Ebenso wird eine speziell für ihn konfigurierte Toolbox geladen, die sein notwendiges „Handwerkzeug" für die Begutachtung beinhaltet. Das virtuelle Werkzeug erscheint in Originalgröße auf der großflächigen Stereoprojektionswand.

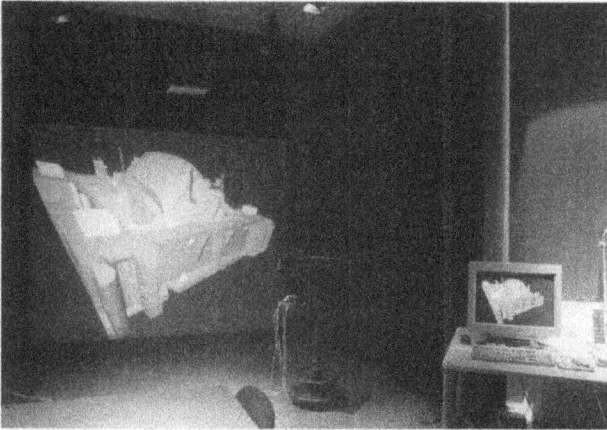

Abb. 2: Arbeitsplatz bei BMW

Herr Weber ruft aus der dafür vorgesehenen Repräsentation die Annotationen aus der letzten Besprechung auf. In der jeweiligen Annotation erscheinen Marker am Werkzeug, die Konstruktionsfehler kennzeichnen. Marker für Marker werden die Sprachdokumente mit dem virtuellen Laserpointer aufgerufen. Herr Weber kontrolliert das neue Werkzeug und bespricht mit dem Lieferanten weitere Änderungen. Zur Kollisionskontrolle im Umformwerkzeug und deren Mechanisierung aktiviert Herr Weber die Simulation des kinematischen Arbeitsablaufes. Er schneidet das Werkzeug mit dem Eingabegerät interaktiv auf, um den Blick auf schwer zugängliche Bereiche der Konstruktion zu ermöglichen. An einem Schnitt erscheint dem Fertigungsexperten die Rippenstärke des Gussteils als zu dünn. Herr Weber aktiviert über ein 3D-Menü das Laser-Messwerkzeug. Die Messung am Modell widerlegt den Verdacht, denn die Mindestwandstärke wurde eingehalten. An einigen Stellen sind durch die aktuellen Anpassungen weitere Probleme entstanden. An Problemstellen werden mit Hilfe des virtuellen Zeigers Marker positioniert, Kommentare über das Mikrofon und Spracheingabesystemen protokolliert und daraufhin über eine Screenshot-Funktion ein 2D-Abbild der aktuellen Szene erzeugt.

Eine Bauteiländerung scheint es notwendig zu machen, das Werkzeug zu ändern. Herr Weber ruft über das Mikrofon die Heckklappe und ihre benachbarten Teile auf. Es erscheint die 3D-Produktstruktur mit ausgewählten Zusatzinformationen zur Geometrie, die aus dem PDM-System abgefragt wurden. Herr Weber und sein Team prüfen die Bauteiländerung im Werkzeug auf Umsetzbarkeit.

Herr Weber diktiert an der „Wall" eine Besprechungsnotiz an den Bauteilkonstrukteur Herrn Schmidt, in der er die notwendigen Änderungen kurz beschreibt. Zuvor hat er von der im Werkzeug betroffenen Stelle ein „Bild" erzeugt, das er an die Notiz anhängt. Die Beurteilung geht weiter. Nach zwei Stunden trifft die Antwort von Herrn Schmidt ein, welche die Notwendigkeit der Bauteiländerung unterstreicht. Das Werkzeug ist definitiv zu überarbeiten.

Zur Dokumentation wird aus den Bildern und der Sprachdokumentation ein schriftliches Dokument erzeugt, in dem alle kritischen Bereiche erfasst sind. Dieses Dokument fließt zurück in die Projektablaufstruktur und steht allen verantwortlichen Personen zur Verfügung.

Das oben geschilderte Szenario stellt bezüglich Navigation und Interaktion im virtuellen Raum besondere Anforderungen. Dieses Szenario ist Ausgangspunkt für die entwickelten Interaktionskonzepte.

6.4.2   State of the Art

Die Techniken, die bei der Entwicklung der CAD-Review Anwendung eingesetzt wurden, basieren auf den Grundlagen der in Kapitel 3.6 beschriebenen Techniken der Interaktion in immersiven virtuellen Umgebungen.

Kollaboratives Arbeiten

Kollaboratives Arbeiten in immersiven Umgebungen ist Gegenstand aktueller Forschung. Einen Überblick bietet das Werk von Singhal und Zyda (1999). In dem hier vorgestellten Ansatz wird die Kollaboration unter zwei Gesichtspunkten betrachtet:

- Vor-Ort Kollaboration im Team vor der Powerwall.
- Kollaboration an anderen Standorten (Remote).

Für die Remote-Kollaboration werden Standard-Client-Server-Modelle eingesetzt, die auch hier Verwendung finden.

CAD-Review Anwendungen

Die CAD-Review Anwendung und die darin erarbeiteten Interaktionskonzepte gehen auf Arbeiten von Simon, Doulis und Häfner (2000) zurück. Arbeiten, die spezifisch den CAD-Review Prozess im Werkzeugbau betrachten, sind unter anderem von Knöpfle (2000). Für das CAD-Programm CATIA V5 wurde versucht, ein ähnliches Konzept zu integrieren. Die oben genannten Ansätze verfolgen ein ähnliches Konzept wie hier vorgestellt, thematisieren aber nicht die Bereiche Konfigurierbarkeit des Interfaces und Verteilung unter Benutzungsaspekten.

6.4.3   Innovationen und Ergebnisse

Die neu erarbeiteten Konzepte, die spezifisch für die CAD-Review Anwendung sind, umfassen drei Themengebiete:

- Innovative Interaktionskonzepte,
- Kollaboratives Arbeiten,
- Konfigurierbares Interface.

Interaktionskonzepte für CAD-Review

Die generellen Interaktionskonzepte zur Selektion, zur Navigation und zur Menüauswahl werden in Kapitel 3.6 vorgestellt. Diese werden wie dort beschrieben in dieser Anwendung eingesetzt. Folgende Funktionen sind in der Anwendung realisiert:

Abb. 3: Funktionsübersicht der CAD-Review Anwendung

Im Folgenden werden nur die spezifischen Interaktionskonzepte für die CAD-Review vorgestellt.

3D Schnittebene

Ein Hauptwerkzeug zur Begutachtung von Konstruktionen am Desktop, sowie bei realen Modellen, sind Schnitte. Um Nutzern ein virtuelles Pendant zu diesen Schnittwerkzeugen zu geben, wurde eine virtuelle Schnittebene konzipiert und implementiert, die frei im Raum positionierbar ist.

Abb. 4: Schnittebene mit Menü

Auf der virtuellen Schnittebene wurde eine Textur mit einer Maßreferenz vergleichbar mit
Millimeterpapier aufgebracht, um eine Referenzeinheit zur Größenbeurteilung zu geben.

Annotationsfunktionen
Um die Begutachtungssitzungen und die dabei gefundenen Fehler zu dokumentieren, wurden
räumliche Annotationswerkzeuge konzipiert.

Zur Markierung von Fehlern wurden so genannte 3D-Marker entwickelt, die vergleichbar
mit Menüs eine geringe Verdeckung der Szene verursachten und gleichzeitig noch einen
punktgenauen Zeiger haben, um die Fehlerstelle exakt zu markieren.

Abb. 5: 3D-Marker am Werkzeug

Mit den Markern wurde gleichzeitig der Systemzustand gespeichert. Somit kann bei der
Überarbeitung im CAD-System exakt der Zustand reproduziert werden. Weiterhin kann man
Screenshots von der jeweiligen Ansicht mit den aktuellen 3D Sichtparametern abspeichern.
So können in jeglichen 3D Systemen die Ansicht rekonstruiert und somit die Fehler und die

damit verbundenen Annotationen nachvollzogen werden. Eine weitere Form, Markierungen zu setzen, ist direkt auf dem 3D Objekt Linien zu zeichnen (Red-Lining). Dies ermöglicht, ähnlich wie mit einem Filzstift auf realen Schaummodellen, die Markierung von Fehlerstellen.

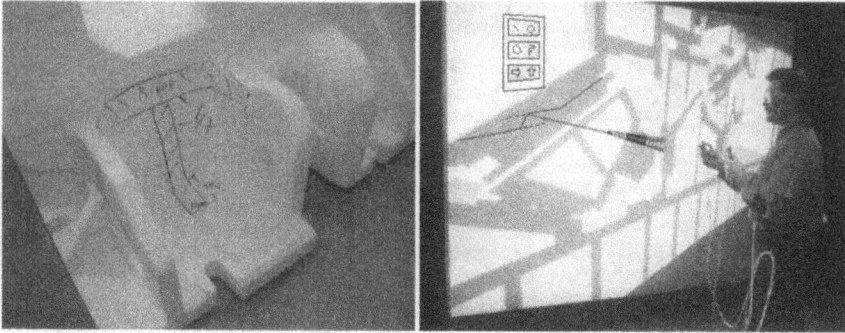

Abb. 6: Red-Lining auf realem und virtuellem Modell

Messfunktionen
Weiterhin wurden Messfunktionen eingeführt, die gerade in Team-Sitzungen ein objektivierbares Maß für Größen gewährleisten. Die Benutzung ist durch Gesten gesteuert. Am Cursor erscheinen kontextsensitiv die Koordinaten, gleichzeitig kann ein 3D Gitter dynamisch der Geometrie überlagert werden.

Abb. 7: Messfunktionen an Beispielobjekt

Kollaboratives Arbeiten
Kollaboratives Arbeiten zeigt sich in einer CAD-Review Anwendung als sinnvolle Erweiterung. Hier können Benutzer an unterschiedlichen Orten an einer Begutachtung in einem über Netzwerk gekoppelten virtuellen Raum gleichzeitig teilnehmen.

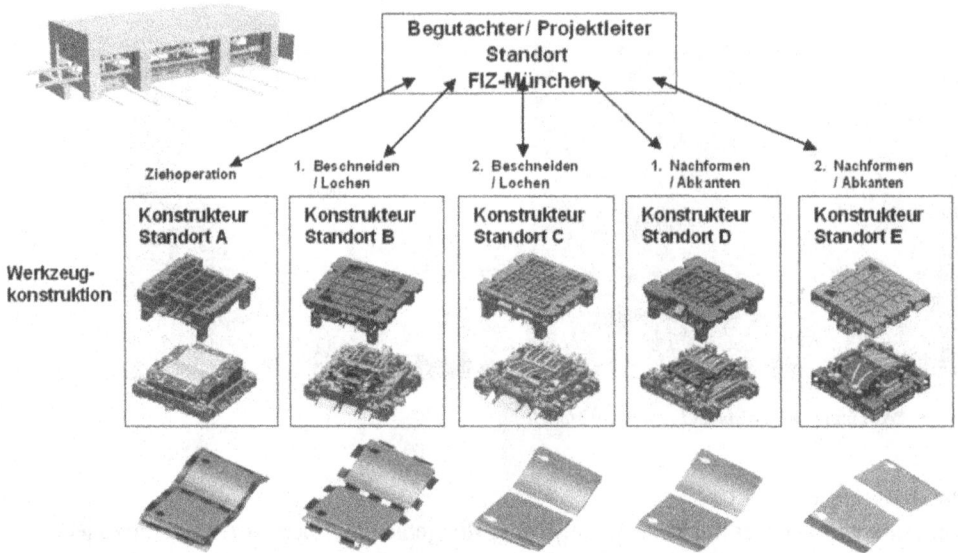

Abb. 8: Verteilte Werkzeugkonstruktion bei BMW

Gerade wenn mit Zulieferfirmen Zwischenstände begutachtet werden, können aufwändige Reisen vermieden werden. Hier wurde die Möglichkeit entwickelt, auch mit unterschiedlichen Gerätekonfigurationen (Desktop vs. Immersive Powerwall) eine Begutachtungssitzung durchzuführen. Hauptaugenmerk wurde auf die Navigation mit Hilfe der unterschiedlichen Konfigurationen gelegt. Dabei wurde die Objektnavigation auf Kamerabewegungen abgebildet. Der Benutzer hat so den Eindruck, er bewege das CAD-Modell – tatsächlich wird die Kamera um das Objekt bewegt. Dieser Interaktionsmodus hat den Vorteil, dass Nutzer unterschiedliche Standpunkte einnehmen können und trotzdem ein CAD konformes Navigationsverhalten ermöglicht wird.

Konfigurierbarkeit des Interfaces

Um eine variable Konfigurierbarkeit des Interfaces zu ermöglichen, wurde ein Interaktionsbaukasten entwickelt und im Bereich der Werkzeugabnahme eingesetzt und getestet. Die folgenden Bilder zeigen die erste mit dem Interaktionsbaukasten erzeugte Konfiguration der Anwendung. In der Konfiguration sind folgende Funktionen enthalten:

- Laden von Objekten,
- Direktes Greifen und Bewegen der ganzen Szene,
- Dokumentation mit Markierungen und blickrichtungsgesteuerten Screenshots,

- Interaktives Schneiden von Objekten,
- Interaktive Kontrolle einer Lichtquelle,
- Anwendungsstrukturierung mit Hilfe eines Menüs, das visuell unterstützte Handgesten interpretiert,
- Messen von Abständen,
- Point & Fly Navigation, um mehrfaches Umgreifen zur Bewegung der Szene zu vermeiden,
- Freies Selektieren und Bewegen einzelner Objekte.

Die Funktionen werden über eine Reihe von Interaktionsmöglichkeiten gesteuert:

- Interaktionen mit Tasten: Klicken bzw. Halten,
- Gesten: Zeigen mit dem Interaktionsgerät nach oben, unten, links, rechts, hinten,
- Menüs: die bekannten Kugelmenüs können vom Anwender frei konfiguriert werden,
- Auswahllisten,
- Kombinationen von Interaktionsgesten, z.B. zeigen nach oben und Klicken.

Die Konfigurationen, d.h. die Interaktionen einer Anwendung, werden in Form von Zustandsmaschinen beschrieben. Einzelne Zustände sind Funktionen zugeordnet. Der Übergang zwischen Funktionen bzw. Zuständen ist durch Bedingungen definiert. Jede Konfiguration besitzt einen Hauptzustand, der automatisch gestartet wird. Entsprechend den Folgezuständen des Hauptzustandes können danach unterschiedliche Interaktionen aktiviert werden. Um die Komplexität der Konfiguration zu verringern, werden mehrere Interaktionselemente zu Bausteinen zusammengefasst. Dies bringt den Vorteil, dass zusammengehörende Interaktionen vorliegen, wie z.B. das Handling des Lichts oder der Schnittebene in einem wieder verwendbaren Konfigurationsmodul.

Der Interaktionsbaukasten der CAD-Review Anwendung enthält etwa 80 Modi in 24 Konfigurationen und kann beliebig erweitert werden. Zur Visualisierung der Konfigurationen des Interaktionsbaukastens wurde ein Werkzeug auf der Basis des frei verfügbaren Programms „dot" entwickelt, das die Zustände, die durchlaufen werden, in Diagramme umsetzt. Die Diagramme sind hilfreich, um Fehler und überflüssige Modi anzuzeigen.

Implementierung
Die aktuell eingesetzte Hardware bei BMW besteht aus einer Powerwall mit optischem Tracking, welche von zwei PC-Workstations betrieben wird.

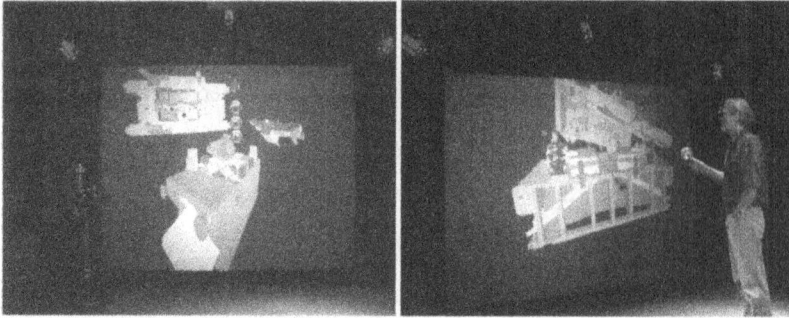

Abb. 9: Powerwall bei BMW

Basis für die Implementierung der ersten Prototypen war das VR-Anwendungsentwicklungssystem Lightning (Blach, Landauer, Simon & Rösch 1998). Dieses System stellt Basiskomponenten zur Entwicklung von virtuellen Umgebungen bereit. Diese werden mit Hilfe der Skriptsprache Tcl (Ousterhout 1989) und einem Plugin-Konzept für externe Programmbausteine in C++ zu einer Anwendung zusammengebaut.

Evaluation

Während der Konstruktionsphase zum Fahrzeugtyp E60 (neue 5er-Reihe) wurde die CAD-Review Software im produktiven Umfeld (Abnahmeprozess von Presswerkzeugen) getestet. Die Testpersonen waren Konstrukteure der BMW Group sowie der Zulieferpartner, die es gewohnt sind Konstruktionen in Papierform zu begutachten. Dies bedeutet für den Konstruk-teur die Umstellung von einem 2D Prozess auf einem völlig neuen 3D Prozess mit komplett neuen Hilfsmitteln, wie der VR Softwarelösung von ICIDO mit dem hier entwickelten Inter-aktionsbaukasten. Begutachtungen mit dem bei BMW eingesetzten CAD-System CATIA waren wegen der fehlenden Übersichtlichkeit am Desktop und des zeitlich hohen Aufwandes bei der Ausführung von Funktionen (z.B. bei Schnitten) nicht akzeptabel. Klar wurde, dass die Umstellung von einem 2D auf einen 3D Prozess ohne entsprechende Hilfsmittel, wie der hier entwickelten Software, ohne Qualitätseinbußen nicht möglich ist. Beim Begutachtungs-start wurden die Konstrukteure in das Bedienkonzept der Software eingeführt und dann lediglich bei Ihrer Arbeit unterstützt.

Während des Produktiveinsatzes wurden Erfahrungen und Anregungen der einzelnen Benut-zer von einem Systementwickler aufgenommen. Diese wurden in einem Workshop klassifi-ziert, um gezielte Veränderungen im System und der Benutzerkonfiguration greifbarer zu machen.

Klar herausgestellt hat sich, dass aus dem Interaktionsbaukasten vorgegebene und dadurch für alle Anwendungen gleich bleibende, leicht erlernbare Interaktionen zum intuitiven Um-gang mit den Anwendungen und zur Akzeptanz der Software führten.

Ebenso wurde deutlich, dass ein Aufblättern der Menüstruktur negative Auswirkungen auf die Begutachtungszeiten hat. Um das zu vermeiden, wurde die neue Konfiguration auf zwei Menükugeln beschränkt.

Das bedeutet, dass viele Funktionen nicht sofort zur Verfügung stehen und vom Interaktionsbaukasten, ähnlich der Favoritenlösung von Microsoft, bei Bedarf in die VR Umgebung nachgeladen werden müssen.

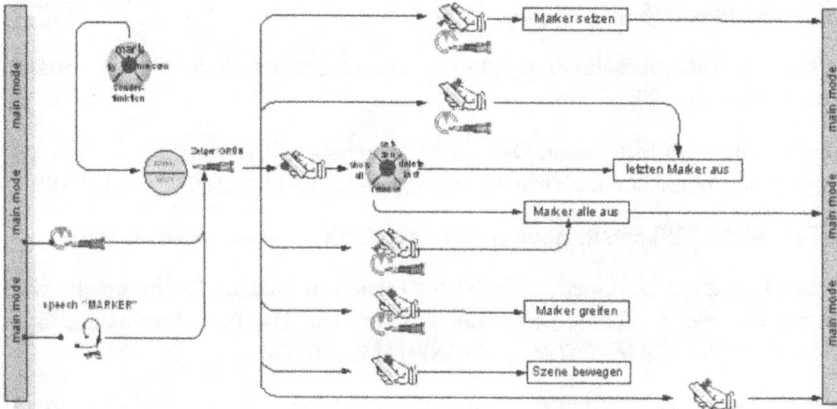

Abb. 10: Beispielhafte Menüstruktur

6.4.4 Anwendungsfelder und Verwertungsmöglichkeiten

Die Interaktionskonzepte zur CAD-Daten Evaluation wurden im Werkzeugbau der Firma BMW in einer produktiven Anwendung umgesetzt und evaluiert. Im Projektverlauf wurde das VR Basissystem Lightning kommerzialisiert. Das aktuelle System der Firma BMW läuft auf dem Basissystem der Firma ICIDO idoBase mit dem Applikationsmodul idoReview (http://www.icido.de).

Hier zeigt sich, dass die erarbeiten Interaktionen grundlegenden Charakter haben und in einem breiten Anwendungsspektrum einsetzbar sind.

6.4.5 Bewertung und Ausblick

Das Anwendungsszenario zeigt deutlich den Nutzen von virtuellen Umgebungen bei komplexen, räumlichen Evaluations- und Kommunikationsfragestellungen. Das CAD-Datenevaluationsmodul profitiert von den neuen Interfacekonzepten. Diese werden auch in anderen Anwendungskontexten eingesetzt. Sollte sich die CAD-Daten Begutachtung auf Basis immersiver VR-Techniken durchsetzen, gibt es ein erhebliches – auch ökonomisches – Potential bei der Zulieferindustrie. Der Einstieg in diese oft mittelständischen Firmen eröffnet neue Marktperspektiven. Dies wird durch den permanenten Fall der Hardwarepreise und damit kostengünstiger 3D Leistung unterstützt.

6.4.6   Literatur

Blach R.; Landauer J.M.; Simon A.; Rösch A.: A Flexible prototyping Tool for 3D Real-Time User-Interaction. In: Virtual Environments 98, Proceedings of the Eurographics Workshop on Virtual Environments. Seite 195–203, 1998.

Rößler, A.; Reiber, T.: Produktbeschreibung idoBase und idoReview: Icido GmbH Suttgart, http://www.icido.de, Besucht: 23.1.2006.

Knoepfle C.: Interacting with Simulation Data in an Immersive Environment. In: Proceedings of the Eurographics Workshop on Virtual Environments, van Moulder, L. (ed.), 2000.

Ousterhout, J.: Tcl and the Tk Toolkit. Addison-Wesley, Reading, Massachusetts, 1993.

Simon A.; Doulis M.; Häfner U.: Unencumbered Interaction in Display Environments with Extended Working Volume. In: Three-Dimensional Video and Display: Devices and Systems. SPIE Proceedings Vol. CR76. Tokyo, Japan, SPIE PRESS, 2001.

Singhal S.; Zyda M.: Networked Virtual Environments. ACM Press, Addison-Wesley, Reading, Massachusetts, 1999.

7   Zukünftige Entwicklungen in der Mensch Technik Interaktion

Wolfgang Beinhauer

7.1   Das Spannungsfeld Mensch und Technik

Die in den vorangegangenen Kapiteln vorgestellten Innovationen stellen nur einen Ausschnitt aus den aktuellen Forschungsthemen im Bereich der Mensch Technik Interaktion dar. Dennoch sind – vorweggenommen bereits durch die Interaktionsparadigmen – die Kerntechnologien der Mehrzahl der aktuellen Entwicklungen auch in INVITE enthalten: Kooperation, Multimodalität, Dynamik und Exploration. Es stellt sich nun die Frage, inwieweit diese Interaktionsparadigmen weiterhin als Leitlinien für die Forschung eignen, und welche neuen Ansätze in Zukunft bestimmend sein werden.

Aufgrund der Vielzahl von Einflussfaktoren und der enormen Breite des Themengebiets erscheint es schwierig, einen Ausblick auf die Zukunft der Mensch Technik Interaktion zu wagen. Als Bindeglied zwischen den Bedürfnissen und Notwendigkeiten der Menschen einerseits und dem technologischen Fortschritt andererseits kommt der Disziplin eine Brückenfunktion zu. Während menschliche Grundbedürfnisse wie Sicherheit, Gesundheit oder Selbstbestimmung seit jeher stabile Werte darstellen, ist die Welt der Technik von steter Erneuerung gekennzeichnet. Gleichwohl unterliegt auch die Technik gebrauchende menschliche Seite stetigem Wandel in der Ansicht, wie genannte Grundbedürfnisse am besten innerhalb einer Gesellschaft befriedigt werden könnten.

Die Zukunft der Mensch Technik Interaktion ist also nicht isoliert zu betrachten, sondern hängt in hohem Maße von der Fortentwicklung der Basistechnologien, dem Einfluss ökonomischer Faktoren und gesellschaftlich-politischen Trends ab.

7.2   Fortentwicklung der Basistechnologien

Ein Blick auf die Fortentwicklung der Basistechnologien lässt erkennen, in welchen Bereichen Fortschritte in den kommenden Jahren zu erwarten sind und inwiefern Innovationen im Zusammenspiel von Mensch und Maschine durch sie begünstigt werden.

Zu den wichtigsten Einflussfaktoren dürfte die zunehmende Verfügbarkeit kostengünstiger, breitbandiger drahtloser Netzwerktechnologie zählen, wobei es hierbei zunächst zweitrangig ist, ob es sich dabei um UMTS, WLAN, bluetooth oder andere Netzwerke handelt. Aus diesem Trend erwachsen gleich mehrere Konsequenzen für die Mensch Technik Interaktion: Einerseits wird eine uneingeschränkte Mobilität der Nutzer ermöglicht, was wiederum eine zunehmende Bedeutung von ortsgebundener Kontextinformation impliziert. Andererseits begünstigt die drahtlose Breitbandtechnologie die Ausbildung engmaschig verknüpfter Netzwerke verschiedener Geräte und Sensoren, was wiederum Szenarien in den Bereichen Smart Homes und Ambient Assisted Living Auftrieb verleiht. Zusätzliche Impulse und Forschungsfragen werden von spontan gebildeten ad-hoc Netzwerken ausgehen, da hier ein vorübergehender Zusammenschluss autonom agierender Einzelkomponenten durch Nutzer angesprochen und kontrolliert werden muss.

Ein zweiter stabiler Megatrend, der Einfluss auf die Mensch Technik Interaktion hat und behalten wird, ist die Miniaturisierung jeglicher technischer Geräte und Sensoren. Zunächst ermöglicht die kompakte Bauweise von Sensoren, Funkmodulen und Steuerungselektronik deren Einbau in tragbare Geräte bzw. die Ausstattung von Alltagsgegenständen mit unsichtbarer Sensorik, wie etwa ein RFID-Teppich. In einem weiterem Schritt der Miniaturisierung sind nun inkorporierte Sensoren oder – in Verbindung mit der Nanotechnologie – auch Aktoren denkbar. Im Grenzbereich von Neurologie und Informatik tun sich gar völlig neue Möglichkeiten der Interaktion von Mensch und Maschine auf, wie das Berlin Brain Computer Interface zeigt. Hier ist jedoch auf absehbare Zeit nicht mit einem Einsatz auf breiter Front zu rechnen, wohl aber die Entwicklung von Prototypen für exotische Anwendungsfälle.

Ein drittes Forschungsgebiet, dessen Dynamik maßgeblich Einfluss auf die Zukunft der Mensch Technik Interaktion haben wird, ist der Bereich neue Materialien und Werkstoffe. So bieten beispielsweise organische Leuchtdioden (OLED) völlig neue Möglichkeiten in der Displaytechnik, da sie großflächig herstellbar, biegsam und energiesparend sind. Ein weiteres Beispiel ist der Bereich der Akustik, in dem sich durch neue Basistechnologien Impulse für die Mensch Technik Interaktion ergeben.

Auch in anderen technologische Entwicklungsfeldern sind Innovationen erkennbar, die absehbar Einfluss auf die Fortentwicklung der Mensch Technik Interaktion haben werden, wie etwa haptische und akustische Feedbackmechanismen, olfaktorische Sensoren und weitere exotische Modalitäten, die jedoch hier nicht alle aufgezählt werden können.

7.3 Gesellschaftliche, politische und ökonomische Trends

Die Wirtschaftlichkeit und die gesellschaftliche Akzeptanz sind entscheidend für den Erfolg neuer interaktiver Produkte. Vielen technologisch innovativen Produkten war deshalb kein Erfolg beschieden, weil sich für sie kein echter Bedarf einstellte bzw. eine wirtschaftliche Rentabilität nicht gegeben war. Gesellschaftspolitische Trends markieren gewissermaßen den aufnehmenden Markt für Innovationen auf dem Gebiet der Mensch Technik Interaktion und bestimmen somit die Durchsetzungsfähigkeit neuer Ansätze.

Einer der wichtigsten gesellschaftspolitischen Trends ist sicher die Alterung unserer Gesellschaft. Die traditionell von der Familie übernommene Unterstützung und Pflege wird zunehmend durch technische Hilfsmittel bereitgestellt werden müssen. Andererseits gilt es, die ältere Generation mit ihrem Wissen und ihrer Erfahrung trotz körperlicher Defizite lange im Arbeitsleben zu halten bzw. am gesellschaftlichen Leben teilhaben zu lassen. Für die Entwicklung der Mensch Technik Interaktion bedeutet dies, dass sich speziell für die Märkte der Telekommunikation, Haustechnik, Pflegedienste und Robotik neue Chancen ergeben. Voraussetzung für den Erfolg neuartiger Produkte in diesem Bereich ist die intuitive Bedienbarkeit, Zuverlässigkeit und Konfigurationsfreiheit derartiger Systeme. An Stelle einzelner Systeme tritt hier die intelligente Umgebung.

Als zweiter gesellschaftspolitischer Trend sei der fortschreitende Individualismus genannt, der die Absetzung des einzelnen von der Masse bisweilen über die Funktionalität stellt. Funktionale Anforderungen an neue technische Produkte konkurrieren mit deren Ästhetik und Individualität, das Interaktionsdesign und das allgemeine Produktdesign gewinnen an Bedeutung. Der Erfolg der neuen Rechner- und Bildschirmgeneration von Apple hat gezeigt, dass neben technischer Innovation auch neue Designelemente zu Verkaufserfolgen führen können. Gleichzeitig geht mit dem Trend zur Individualität ein Trend zur Sozialisierung einher. Virtuelle Gemeinschaften, wie sie in der INVITE Business Community gebildet wurden, werden zunehmend über das Netz geformt und ausgelebt.

Aus ökonomischer Sicht ist schließlich eine deutliche Segmentierung des Markts in teure Qualitätsprodukte (meist aus europäischer Herstellung) und Einfachprodukte zu erkennen. Der Markt für die „Mitte", qualitativ durchschnittlicher Produkte zu moderaten Preisen verschwindet zusehends. Während sich Produkte im Premiumsegment durch anspruchsvolles Design und edel angehauchtes Interaktionsverhalten auszeichnen, zeichnen sich Billigprodukte durch ihre Simplizität und somit auch tendenziell einfachere Konfigurierbarkeit aus. Beispiele für diesen Trend sind etwa einfache Mobiltelefone, die sich wieder auf die Kernfunktionalität der Telefonie zurückziehen, oder auch Dienstleister wie Low Cost Carrier, die sich auf die reine Flugpassage konzentrieren. Ähnliche Entwicklungen sind etwa im Automobilmarkt zu erwarten.

7.4   Neue Trends der Mensch Technik Interaktion

Die vorgenannten technischen Entwicklungen und gesellschaftspolitischen Trends begünstigen Neuentwicklungen der Mensch Technik Interaktion in manchen Bereichen besonders. Dort, wo gereifte innovative Basistechnologie auf einen dankbaren Abnahmemarkt trifft, ergibt sich für die Entwicklung neuer Ansätze der Mensch Technik Interaktion ein günstiges Klima. In der Folge sollen daher einige potenzielle Entwicklungslinien des Interaktionsdesigns aus Sicht des Autors vorgestellt werden, ohne dabei den Anspruch auf Richtigkeit erheben zu wollen.

7.4.1   Multimodales Design und Corporate Identity

Die zuvor aufgeführten Trends und Entwicklungen legen eine steigende Bedeutung von Design in der Produktentwicklung nahe. Dies betrifft sowohl das klassische Produktdesign, als auch das Gesamterscheinungsbild eines Unternehmens als Teil eines Markenbrandings. Angesichts der oben beschriebenen Aufteilung des Markts in Premiumprodukte und einfache Billigprodukte verschärft sich die Konkurrenz im Premiumsegment. Während der Markt der Einfachprodukte über den Preis entschieden wird, bleibt den Herstellern interaktiver Produkte im Premiumbereich zur Differenzierung neben dem Markenprestige ein exklusives Design und ein charakteristisches Interaktionsverhalten. Dies gilt umso mehr für Märkte mit funktional eng beieinander liegenden Produkten wie etwa Mobiltelefonen. Attraktives Design und charakteristisches Interaktionsverhalten können jedoch nicht nur für ein Produkt prägend sein, sondern auch ein ganzes Unternehmen auszeichnen. Dies bedingt ein modalitätsübergreifend aufeinander abgestimmtes „look and feel" und Interaktionsverhalten. Derartige Ansätze sind nicht neu; so werden seit Jahren beispielsweise Sounddesigner im Automobilbau dafür eingesetzt, Motorengeräusche oder das Einrasten einer Tür mit dem Gesamterscheinungsbild eines Fahrzeugs in Einklang zu bringen.

Die Verallgemeinerung modalitätsübergreifenden Interaktionsdesigns auf andere Bereiche dürfte ein interessantes Forschungsthema der nächsten Jahre sein. Für ein akustisches Navigationssystem für Blinde etwa könnte sich die Frage stellen: Wie hört sich ein Zebrastreifen an? Oder, falls es sich um ein System mit haptischem Feedback handelte: wie fühlt sich ein Zebrastreifen an? Hier wird klar, dass man intuitiv als akustische Entsprechung des Zebrastreifens ein Geräusch erwarten würde, das das Bild alternierender Kontrastfarben in entsprechende Tonsequenzen, etwa einen schrillen Wechselton, überführt. Als haptisches Analogon könnte man sich etwa ein niederfrequentes Vibrieren vorstellen. Es liegt nahe, ein Neuaufleben des multimodalen Interaktionsdesigns mit der Konfluenz verschiedener Interaktionstechniken zu erwarten.

7.4.2 „Sozialisierung" des Webs und der Mensch Technik Interaktion

Ein weiterer sich abzeichnender Trend der Mensch Technik Interaktion ist die Rolle der Technik als Mittler und Initiator zwischenmenschlicher Kommunikation. Galt das Internet in weiten Kreisen bislang als kommunikationshemmend und soziale Kontakte degenerierend, so wird nun deutlich, dass Menschen in zunehmendem Maße durch technische Hilfsmittel miteinander in Kontakt gebracht werden. Deutliches Anzeichen für die neue Rolle der Technologie als Mittler sind Blogs, Videostream Server (youtube) und Verallgemeinerungen von Business Communities (myspace, openbc), wie sie unter dem Begriff Web 2.0 zusammengefasst werden. Die hier aufgekommene Bewegung der „Sozialisierung" des Internet steht sicherlich noch am Anfang ihrer Entwicklung und wird auch auf andere Bereiche Einfluss haben. So sind etwa mit AJAX und Web Services neue Vertriebs- und Nutzungsmodelle für Software denkbar, bei denen auf einer pay-per-use Basis fakturiert wird.

Auch außerhalb des Webs, etwa bei mobilen Endgeräten, ist der Trend zur Sozialisierung und Kontaktaufnahme über technische Hilfsmittel unverkennbar. Als Beispiele seien etwa die spielerische Nutzung von Geodaten beim so genannten Geocaching, einer Art GPS-basierten Schnitzeljagd, genannt, oder der Reiz eines Flirts mit einer unbekannten Person über bluetooth Endgeräte.

7.4.3 The Vanishing Interface: Interaktion mit Umgebungen

Als drittes Beispiel möglicher Entwicklungslinien der Mensch Technik Interaktion zeichnet sich der Übergang von der klassischen Geräteinteraktion zur Interaktion mit intelligenten Umgebungen ab. An die Stelle einer expliziten Interaktion mit einem dedizierten Geräteinterface tritt eine interfacefreie Interaktion mit den Diensten, die von entsprechenden Geräten angeboten werden. So wird beispielsweise die Zimmertemperatur in einem Raum bislang üblicherweise über den Drehregler eines Heizkörpers geregelt. Dies bedarf des Kontextverständnisses, dass der Heizkörper für die Raumtemperatur verantwortlich ist, und dass ein Drehen des Reglers im Uhrzeigersinn eine Temperaturerhöhung bewirken wird. Stattdessen könnte auch einfach „wärmer" in den Raum gerufen werden und eine entsprechende Wirkung entfalten. Gestützt wird diese Entwicklung zusätzlich von der Verfügbarkeit drahtloser Netze und kleinformatiger Sensoren, die sich in intelligente Umgebungen unsichtbar einbringen lassen.

Andere Beispiele für Interaktionstechniken ohne dedizierte Schnittstellen sind Handgesten oder die Interaktion mit Alltagsgegenständen. So ist es bereits möglich, durch das Drehen oder Verschieben beliebiger Objekte eine analoge Eingabe zu tätigen. Die Auswahl, auf welches Gerät sich diese Eingabe beziehen soll, kann beispielsweise über eine Blickbewegungsmessung erfolgen.

Bei den genanten drei Innovationsfeldern handelt es selbstverständlich lediglich um Beispiele für Themengebiete der Mensch Technik Interaktion, in denen in naher Zukunft mit neuen Entwicklungen zu rechnen ist. Weitere hochdynamische Entwicklungsfelder sind etwa die

Sprachinteraktion, multimodale Automaten, adaptive Systeme und viele andere mehr. Eine Vorhersage darüber, welche Ansätze sich tatsächlich durchsetzen werden, ist sicherlich nicht möglich. Lassen wir uns überraschen!

7.5   Literatur

Horx, M.: Future Fitness. Eichborn Verlag, Frankfurt am Main, 2003.

Vorwerk Co. Teppichwerke GmbH & Co. KG: Erster Teppichboden mit integrierter RFID-Technologie. Pressemeldung, Hameln, 2005.

Shinar, J. (Hrsg.): Organic Light-Emitting Devices: A Survey. NY: Springer-Verlag, 2004.

Garrett, J.J.: AJAX: A New Approach to Web Applications. Adaptive Path LLC, 18. Februar 2005.

Blankertz, B.; Dornhege, G.; Krauledat, M.; Müller, K.-R.; Kunzmann, V.; Losch, F.; Curio, G.: The Berlin Brain-Computer Interface: EEG-based communication without subject training. IEEE Trans. Neural Sys. Rehab. Eng., 14(2): Seite 147-152, 2006.

8 Die Autoren

Wolfgang Beinhauer studierte in Darmstadt und Grenoble Physik und Informatik. Nach einem Aufenthalt 1999 in Singapur und dem Abschluss der Diplome in Deutschland wechselte er 2002 zum Fraunhofer Institut für Arbeitswirtschaft und Organisation in Stuttgart, wo er 2003 die Leitung des neu gegründeten Marktstrategie Teams Web Application Engineering übernahm.

Schwerpunkte seiner Arbeit sind neuartige Interaktionstechniken, Ambient Intelligence, Semantic Web und Anwendungsintegration mit serviceorientierten Architekturen.

Roland Blach studierte in Stuttgart Technische Kybernetik. Seit 1993 arbeitet er am Fraunhofer IAO im Bereich Virtual Environments. Schwerpunkt ist die Entwicklung des Virtual Reality Anwendungsentwicklungssystems Lightning/Personal Immersion (Fraunhofer Innovationspreis 1999). Er war u.a. an der Konzeption und Durchführung von Forschungs- und Entwicklungsprojekten beteiligt: Schweizer Telekom, FSB, Siemens, Edag, Daimler-Chrysler. Zurzeit beschäftigt er sich im Rahmen des BMBF-Forschungsprojekts INVITE mit dem Thema: ‚Interaktion mit Informationsstrukturen in immersiven Räumen'.

Dipl.-Phys. Veit Botsch studierte bis 1993 an der Universität Stuttgart Physik. Bis 2000 arbeitete er als Systemadministrator und Entwickler bei verschiedenen Firmen. Seit 2000 ist er wissenschaftlicher Mitarbeiter am Competence Center Human-Computer Interaction am Fraunhofer Institut für Arbeitswirtschaft und Organisation.

Dipl.-Inform. Christian Brockmann hat an der Universität Dortmund Informatik studiert, wo er 2000 das Diplom erhielt. Seit Januar 2000 ist er wissenschaftlicher Mitarbeiter am Lehrstuhl für graphische Systeme an der Universität Dortmund, wo er im Rahmen des BMBF-Leitprojektes INVITE beschäftigt ist.

Prof. Dr. Michael Burmester studierte Psychologie an der Universität Regensburg. Er war zunächst am Fraunhofer IAO in Stuttgart tätig, wechselte 1997 zu Siemens Corporate Technology – User Interface Design und ab März 2000 leitete er das Münchner Büro und den Bereich Usability Engineering der User Interface Design GmbH. Seit September 2002 vertritt Michael Burmester die Professur für Ergonomie und Usability im Studiengang Informationsdesign an der Hochschule der Medien in Stuttgart. Parallel dazu betreut er den Bereich Research & Innovation bei der User Interface Design GmbH.

Dr. Reinhard Busch ist Gründer und Geschäftsführer von linguatec Sprachtechnologien. Er war für diverse Projekte im Bereich der automatischen Übersetzung und Spracherkennung verantwortlich, für die linguatec in den Jahren 1996, 1998 und 2003 mit dem Europäischen IT Preis ausgezeichnet wurden. Er hat einen Abschluss in Betriebswirtschaftslehre von der Universität München sowie ein MBA von der Stanford Universität in Kalifornien.

Kolja Cords studierte Informatik mit dem Schwerpunkt verteilte Systeme an der Fachhochschule Karlsruhe Hochschule für Technik. Im Anschluss daran absolvierte er den Master-Aufbaustudiengang Master of Science in Computerscience an der Fach-Hochschule Karlsruhe. Kolja Cords ist bei der Heiler Software AG im Bereich Professional Services Projektleiter von Forschungs- und Kundenprojekten.

Prof. Dr.-Ing. Peter Gorny hat das Diplom im konstruktiven Ingenieurbau (TH Hannover) erworben und in der Angewandten Informatik promoviert (Ruhr-Universität Bochum). Er ist Professor für Angewandte Informatik an der CvO Universität Oldenburg und leitet seit 1986 die Abteilung Computer Graphics und Software-Ergonomie im Fachbereich Informatik. Seine Hauptarbeitsgebiete sind Anwendungen der Virtual-Reality-Technologien, Entwicklungsmethoden für Benutzungsoberflächen und E-Learning.

Dipl.-Inform. Michael Gründler studierte an der CvO Universität Oldenburg Informatik. In seiner Diplomarbeit in der Abteilung Computer Graphics und Software-Ergonomie beschäftigte er sich mit Konzepten zur Sprachinteraktion mit Webseiten. Nach dem Diplom ist er seit September 2002 beim Oldenburger Forschungs- und Entwicklungsinstitut für Informatik-Werkzeuge und -Systeme (OFFIS) angestellt und beschäftigt sich im INVITE-Teilprojekt „Zugang zum Internet für Blinde" mit der Entwicklung eines auditiven Webbrowsers.

Thorsten Gurzki studierte Informatik an der Universität Stuttgart. Als wissenschaftlicher Mitarbeiter war er am Institut für parallele und verteilte Höchstleistungsrechner und am Institut für Arbeitswissenschaft und Technologiemanagement der Universität Stuttgart. Er war als selbständiger Berater tätig. Thorsten Gurzki ist Projektleiter und Koordinator für internationale Forschungs- und Beratungsprojekte im Competence Center Electronic Business Integration am Fraunhofer-Institut für Arbeitswirtschaft und Organisation. Schwerpunkte: Strategien und Technologien für E-Business, Vertrieb, Beschaffung; Enterprise Architectures; IT-Wirtschaftlichkeitsbetrachtung; Softwaretechnik.

Dipl.-Psych. Marc Hassenzahl hat sein Studium der Psychologie mit Nebenfach Informatik an der Technischen Universität Darmstadt 1998 abgeschlossen. Er arbeitete er als freier Usability-Berater, im Fachzentrum „User-Interface Design" der Siemens AG in München und bei der User Interface Design GmbH in München. Seit Oktober 2001 ist er als wissenschaftlicher Mitarbeiter am Institut für Psychologie der Technischen Universität Darmstadt in den Bereichen Sozialpsychologie, Forschungsmethodik und Urteilen und Entscheiden tätig. Forschungsinteressen: Bereich „Usability Engineering", attraktive Software, neue Analyse- und Evaluationsmethoden.

Prof. Dr. Frank Heidmann ist Professor für das Themengebiet „Design of Software Interfaces" im Studiengang Interfacedesign an der Fachhochschule Potsdam. Davor war er Leiter des Competence Center Human-Computer Interaction am Fraunhofer-Institut für Arbeitswirtschaft und Organisation (IAO) in Stuttgart. Seine Interessengebiete umfassen das Design und die Evaluation von Benutzungsschnittstellen, Methoden und Verfahren des Usability Engineerings sowie Aspekte der Blickbewegungsregistrierung im Anwendungsbereich Mensch-Technik-Interaktion.

Dipl.-Betriebswirtin (BA) Doris Janssen studierte von 1994 bis 1997 Betriebswirtschaftslehre, Fachrichtung Wirtschaftsinformatik, an der Berufsakademie Stuttgart. Danach war sie als Software-Entwicklerin für Flughafen-Verkehrssysteme bei der Flughafen München GmbH tätig. Seit 2001 ist Doris Janssen wissenschaftliche Mitarbeiterin im Competence Center Human Computer Interaction am Institut für Arbeitswissenschaft und Technologiemanagement (IAT) der Universität Stuttgart und am Fraunhofer-Institut für Arbeitswirtschaft und Organisation (IAO).

Dipl.-Inform. Palle Klante arbeitet seit vier Jahren beim Oldenburger Forschungs- und Entwicklungsinstitut für Informatik-Werkzeuge und -Systeme (OFFIS) im Bereich Multimedia und Internetinformationsdienste. Seit 2000 arbeitet er an seiner Dissertation zur „Gestaltung auditiver Benutzungsoberflächen" an der Universität Oldenburg. Dort studierte er Informatik und machte 1999 sein Diplom in der Abteilung Computer Graphics und Software-Ergonomie. Sein Arbeitsschwerpunkt ist das Usability Engineering von auditiven Benutzungsoberflächen und die Entwicklung von Methoden, Tools und Interaktionsobjekten.

Dipl.-Inform. Franz Koller studierte an der Universität Stuttgart Informatik mit Nebenfach Steuerungstechnik. Danach arbeitete er am Institut für Arbeitswissenschaft und Technologiemanagement der Universität Stuttgart. Am Competence Center Softwaretechnologie des Fraunhofer IAO war er Leiter des Marktstrategieteams „Interaktive Produkte". 1998 wechselte er zur schwedischen UI Design AB, Linköping und wurde geschäftsführender Gesellschafter der neugegründeten User Interface Design GmbH. Schwerpunkte liegen im Bereich Consumer-Anwendungen (Digital TV, Smart Home) sowie Webanwendungen/-Technologien.

Dipl.-Ing. Christoph Kunz studierte bis 2000 an der Universität Stuttgart Elektrotechnik mit Schwerpunkt Regelungs- und Automatisierungstechnik. Bis 2001 arbeitete er als Softwareentwickler bei der ID-Media AG und ist nun als wissenschaftlicher Mitarbeiter am Competence Center Human-Computer Interaction am Fraunhofer Institut für Arbeitswirtschaft und Organisation beschäftigt.

Dr. Christian Leubner hat an der Universität Dortmund Informatik studiert, wo er 1999 das Diplom erhielt. Seit Oktober 1999 ist er wissenschaftlicher Mitarbeiter am Lehrstuhl für graphische Systeme an der Universität Dortmund, wo er im Rahmen des BMBF-Leitprojektes INVITE beschäftigt ist. 2002 wurde er mit einer Dissertation über ein Thema aus der digitalen Bildverarbeitung und dem Computersehen promoviert.

Prof. Dr. Heinrich Müller hat an der Universität Stuttgart Informatik und Mathematik studiert, wo er 1981 auch mit einer Dissertation aus der theoretischen Informatik promoviert wurde. 1987 habilitierte er sich an der Universität Karlsruhe mit einer Schrift zur fotorealistischen Computergraphik für das Fach Informatik. 1988 wurde er auf eine Professur für praktische Informatik an die Universität Freiburg berufen. 1992 übernahm er den Lehrstuhl für graphische Systeme an der Universität Dortmund.

Dipl.-Psych. Matthias Peissner leitet das Competence Center Human-Computer Interaction am Fraunhofer-Institut für Arbeitswirtschaft und Organisation (IAO) in Stuttgart. Seine Arbeitsschwerpunkte sind Voice User Interface Design, Mobile Computing und Usability Engineering Methoden. Er ist einer der Gründer und Mitglied des Vorstands des German Chapters der Usability Professionals Association e.V.

Michael Pulina ist Maschinenbau-Techniker und seit 1984 bei der Fa. BMW. Nach mehrjährigem Einsatz in der NC-Programmierung, in der Fahrzeug-Karosserieentwicklung, arbeitete er im PC-Support und später in der Presswerk-Strukturplanung. Seit 2000 arbeitet er im Bereich Werkzeugkonstruktion mit an der Umsetzung von VR-Methoden in der Fahrzeugentwicklung, speziell in der Werkzeugkonstruktion. Seit 2002 ist er innerhalb BMW zuständig für das Projekt INVITE und dessen Umsetzung im Werkzeug-Entwicklungsprozess.

Andreas Rößler arbeitete nach dem Studium der Technischen Kybernetik an der Universität Stuttgart zwei Jahre in der Industrie, bevor er 1993 als wissenschaftlicher Mitarbeiter in das Competence Center Virtual Reality des Fraunhofer IAO eintrat. Von 1998 bis 2001 leitete Andreas Rößler das Competence Center; seit 2001 ist er als Geschäftsführer der ICIDO GmbH, einem Spin-Off des Fraunhofer IAO, tätig. Im Jahr 1999 wurde Andreas Rößler gemeinsam mit Kollegen des CCVR mit dem Josef-von-Fraunhofer-Preis ausgezeichnet. 2001 schloss Andreas Rößler seine Promotion über räumliche Benutzungsschnittstellen ab.

Prof. Dr. Josef Schneeberger studierte Informatik an den technischen Universitäten in München und Darmstadt. Ebenfalls in München und Darmstadt arbeitete er als Wissenschaftlicher Mitarbeiter über Verfahren zum synthetischen Planen und Konfigurieren, worüber er 1992 promovierte. Anschließend war er stellvertretender Forschungsgruppenleiter am Bayerischen Forschungszentrum für Wissensbasierte Systeme (FORWISS) in Erlangen. 1996 trat er als Gesellschafter in die neu gegründete SCHEMA GmbH Nürnberg ein. Seit 2002 ist er auch Professor für Software- und Internettechnologie an der Fachhochschule Deggendorf.

Dipl. Inform. Peter Wetzel studierte an der Universität Stuttgart Informatik und Linguistik. Er beschäftigt sich seit 1983 mit Fragen der Mensch-Maschine-Interaktion und hat an zahlreichen Forschungsprojekten zu Dialogsystemen mit Sprache, Zeigen, Gesten, grafischen Benutzungsoberflächen und Dialogwissen aktiv forschend mitgearbeitet. Seit 1996 baut er als Vorstand die Infoman AG mit dem Ziel auf, Produkte und Lösungen zu schaffen, die die zwischenmenschliche Kommunikation und die Mensch-Maschine-Kommunikation in den Mittelpunkt optimierter kundenorientierter Geschäftsprozesse stellen.

Dipl.-Inform. Michael Wissen studierte Informatik an der Universität des Saarlandes und machte 1999 seinen Abschluss als Diplom-Informatiker. Seitdem ist er wissenschaftlicher Mitarbeiter am Competence Center Human Computer Interaction am Fraunhofer IAO in Stuttgart. Seine Forschungsschwerpunkte liegen in den Bereichen Web Modellierung sowie kooperative und interaktive Systeme.

Prof. Dr.-Ing. Jürgen Ziegler ist Inhaber des Lehrstuhls für Interaktive Systeme und Interaktionsdesign an der Universität Duisburg-Essen. Zuvor war er Leiter des Competence Center für Softwaretechnik und interaktive Systeme am Fraunhofer IAO in Stuttgart. Er studierte Elektrotechnik und Biokybernetik an der Universität Karlsruhe und promovierte an der Universität Stuttgart. Seine Forschungsschwerpunkte liegen in den Feldern Mensch-Computer-Interaktion, Engineering für interaktive Systeme und kontextadaptive Web-Applikationen.